U0159789

 普通高等教育"十一五"国家级规划教材

电子测量技术

（第四版）

田华　刘斌　袁振东　编著

周志杰　　　　主审

西安电子科技大学出版社

内 容 简 介

本书以测量原理与测量方法为主线，详细阐述了现代电子测量的基本原理、常用电子测量仪表及测试系统的工作原理，以及它们在实际中的应用。全书分为 12 章，内容包括：电子测量概论，基本测量理论与测量数据处理，电流、电压与功率测量，电子元器件与集成电路测量，测量用信号发生器，频率与时间测量，波形显示与测量，频域测量技术，数据域分析测试技术，非电量的测量，智能仪器与自动测量技术，电子测量技术的综合运用等。

本书在选材上注重系统性、实用性和一定的先进性，概念原理阐述透彻、通俗易懂，内容丰富、实用，特别是在系统阐述测量原理和方法的基础上提出的电子测量技术的综合运用与优化配置方法，具有一定的实用指导意义。

本书既可作为高等职业院校电子信息类专业的教材或参考书，也可供广大从事电子技术和测试测量工作的工程技术人员参考。

图书在版编目(CIP)数据

电子测量技术/田华，刘斌，袁振东编著. —4 版. —西安：西安电子科技大学出版社，2022.9

ISBN 978 - 7 - 5606 - 6640 - 2

Ⅰ. ①电… Ⅱ. ①田… ②刘… ③袁… Ⅲ. ①电子测量技术 Ⅳ. ①TM93

中国版本图书馆 CIP 数据核字(2022)第 161444 号

策　　划　马乐惠
责任编辑　马乐惠
出版发行　西安电子科技大学出版社(西安市太白南路 2 号)
电　　话　(029)88202421　88201467　　　　邮　编　710071
网　　址　www. xduph. com　　　　电子邮箱　xdupfxb001@163.com
经　　销　新华书店
印刷单位　陕西天意印务有限责任公司
版　　次　2022 年 9 月第 4 版　2022 年 9 月第 1 次印刷
开　　本　787 毫米×1092 毫米　1/16　印张 16.5
字　　数　389 千字
印　　数　1～3000 册
定　　价　39.00 元

ISBN 978 - 7 - 5606 - 6640 - 2/TM

XDUP 6942004 - 1

＊ ＊ ＊如有印装问题可调换＊ ＊ ＊

前　言

本书自 2004 年出版以来，得到了许多读者的厚爱与支持，被国内多所院校使用，许多老师和读者对本书提出了很多宝贵的意见和建议。虽几经修订再版，但时代和技术的发展带来了新的需求。为适应电子测量技术的发展及教学实践的新需求，编者在上一版的基础上，参考相关技术发展与应用资料，综合各方面意见和建议，结合自身的教学体会，再次对部分章节进行了修订。本次修订后全书内容共分为 12 章，具体安排如下：

第 1 章电子测量概论，介绍电子测量的基本概念、内容、分类、特点、发展历程、重要作用，以及本课程的任务和学习方法。

第 2 章基本测量理论与测量数据处理，介绍测量标准、测量方法、测量误差等概念，以及测量数据和测量误差的处理方法。

第 3 章电流、电压与功率测量，介绍电流、电压、功率的测量方法，以及数字万用表的原理与特点。

第 4 章电子元器件与集成电路测量，介绍电阻、电感、电容、二极管、三极管、场效应管的测量方法，集成电路的测试以及相关的测量/测试仪表。

第 5 章测量用信号发生器，介绍低频、高频、函数、脉冲、专用信号发生器的组成与原理、主要性能指标、使用要点等。

第 6 章频率与时间测量，介绍频率与时间测量的方法、仪器组成、原理、主要性能指标等。

第 7 章波形显示与测量，介绍示波器的功能与分类、基本原理，模拟、取样、数字存储、数字荧光示波器的工作原理与主要参数，以及示波器的应用。

第 8 章频域测量技术，介绍频域测量的原理与分类，以及频率特性、频谱分析、谐波失真度的测量原理与测量仪器。

第 9 章数据域分析测试技术，介绍数据域分析测试的特点、方法，数字电路的简易测试，逻辑分析仪的原理、主要技术指标、应用等。

第 10 章非电量的测量，介绍距离与位移，速度，转速与加速度，温度、湿度，压力，流量的测量方法，以及相关的传感器。

第 11 章智能仪器与自动测量技术，介绍智能仪器、个人仪器、自动测试系统、虚拟仪器、网络化仪器的概念、特点及组成等。

第 12 章电子测量技术的综合运用，介绍测量方案制订、电子测量仪器选用与优化配置/优化设计等。

本次修订主要集中在第 3、4、9、10、12 章。全书由田华统稿。在本书的修订过程中多位老师给出了许多建设性意见，在此深表感谢。

虽经编者努力而为，但受认知、水平局限，书中难免存在不妥之处，热忱欢迎读者批评指正。

编　者
2022 年 5 月

目　　录

第 1 章　电子测量概论

1.1　电子测量的基本概念

1. 电子测量的定义

测量一般是指用仪表测定被测对象的物理量的工作过程。电子测量一般是指利用电子技术和电子设备对电量或非电量进行测量的过程。如用数字万用表测量干电池的电压值，用红外测温仪测量人体温度等，都属于电子测量的范畴。

2. 电子测量与计量

电子测量学是测量学的一个重要分支。测量必然与计量密切相联系。这是因为，计量是以《中华人民共和国计量法》作为规范的具有法制效力的基准量的测量，它能保证测量的准确性和一致性，保证在不同的地方用不同的量具进行测量的结果具有确定的有效性和通用性。就像称重量的衡器要经常校准一样，测量城市噪声级别的声级计要定期到计量机构校准以纠正误差，其测量的噪声分贝数才有权威性。由此可见，电子测量与计量是密不可分的。

3. 电子测量与电子测试

电子测量本质上是用电子测量设备将被测量与标准量进行比较，得出被测量的量值的过程。它在很大程度上关注的是被测量的绝对值。举例来说，我们对一个正弦信号进行测量时，往往要测出其幅度、频率、相位等具体数值。

电子测试的内涵比电子测量的内涵要宽泛得多。一方面，它主要关注被测量的存在与否及其相对量的大小；另一方面，对电子元器件或电子装置，电子测试更多的是从整体上测试其功能是否正常和完善。电子测量是电子测试的基础，电子测试是电子测量的递延，在电子工程上，人们一般不严格区分两者的差异。

1.2　电子测量的内容、分类与特点

1. 电子测量的内容

电子测量的范围十分宽广，从狭义上来看，对电子学中电的量值的测量是最基本、最直接的电子测量，其内容有以下几个方面：

（1）电能量的测量，如测量电流、电压、功率等。

（2）电子元件和电路参数的测量，如测量电阻、电容、电感、品质因数以及电子元器件的其他参数等。

（3）电信号的特性和质量的测量，如测量信号的波形、频谱、调制度、失真度、信噪比等。

（4）基本电子电路特性的测量，如测量滤波器的截止频率和衰减特性等。

（5）特性曲线的测量，如测量放大器的幅频特性曲线与相频特性曲线等。

2. 电子测量的分类

电子测量的方法多种多样，为了便于分析和研究，通常将其分为以下几类：

（1）时域测量：测量被测信号幅度与时间的函数关系。

（2）频域测量：测量被测信号幅度与频率的函数关系。

（3）调制域测量：测量被测信号频率、幅度、相位等随时间变化而变化的特性。

（4）数据域测量：测量数字量或电路的逻辑状态随时间变化而变化的特性。

此外，还可以按测量手段把电子测量分为直接测量、间接测量和组合测量，按测量的统计特性把电子测量分为平均测量和抽样测量。在实际的测量过程中，上述的多种测量形式或者互相补充，或者组合运用，以完成特定的电子测量任务。

3. 电子测量的特点

与其他测量技术相比，电子测量具有以下几个明显的特点：

（1）测量范围宽。电子测量可以测量从直流信号到频率为 10^{12} Hz 以上的交流信号。对非电量，可以用传感技术将其转换为电信号来测量。

（2）测量准确度与灵敏度高。以原子频标和原子秒作为基准的时间测量，其测量误差小于 1×10^{-13}。由于电子测量仪器具有信号放大功能，因此对于一些物体的特性，如温度、体积等，即使发生极其微弱的变化，也能很方便地检测出来。

（3）测量速度快。由于电子测量是用电子设备来完成的，因此其工作速度几乎等同于电子运动和电磁波的传播速度，这是其他测量方法所无法比拟的。

（4）易于实现远距离测量和长期不间断测量。人们可以把电子仪器或与它连接的传感器放到人类自身无法到达或不便长期停留的区域进行测量，如进行矿井监测、海底搜索等。

（5）能够与现代电子信息系统紧密结合，组成自动化信息检测和处理系统。电子测量结果和它所需要的控制信号都是电信号，特别是随着嵌入式计算机技术的广泛应用，现代电子测量设备具有了与外界交换信息的能力，因而在许多场合可以与一般电子系统相连接，进行信息检测、信息处理、信息传递，最终实现目标控制的完整的电子信息系统。

1.3 电子测量技术的发展历程和重要作用

电子测量技术是测量技术与电子科学共同发展和相互作用的结晶。自然科学的发展对测量工具不断提出更高的要求，是推动电子测量技术发展的直接动力。随着电子技术的快速发展，电子测量技术也经历了从低级到高级的发展过程。从电子测量的基本工具——电子仪器的特征来看，电子测量技术大致经历了以下四个阶段。

（1）模拟化仪器阶段。较早期的测量仪器基本上是利用电磁原理，采用机械式和指针式结构构成的。典型的模拟化仪器有指针式万用表、真空管（或晶体管）电压表。

（2）数字化仪器阶段。在该阶段，数字技术得到了广泛应用。典型的数字化仪器有数字电压表、数字频率计等。这类仪表具有体积小、重量轻、精度高、便于携带等特点，是目前使用最普遍的仪表。

（3）智能仪器阶段。这一阶段的仪器内置了微处理器，具有相当程度的自动检测和数据处理能力。

（4）虚拟仪器阶段。这一阶段的电子测量技术的特点就是：利用通用计算机作为硬件平台，添加必要的专业模块，扩展相应的软件，构成全新的测试系统。虚拟仪器的功能可以灵活自定义，实现数据交换网络化、硬件功能软件化，因而具有更大的灵活性和更广的应用范围。

电子测量技术不断发展的过程从一个侧面反映了其深厚的科学基础和不可或缺的作用，而电子测量仪器的重要作用也可以从以下几个方面来说明：

（1）电子测量仪器是电信号的基本计量工具。电信号的电压、频率、功率等基本参数必须分别采用电压表、频率计、功率计等电子测量仪表来进行计量。

（2）电子测量仪器是电子科学研究的专业工具。电信号往往超出人类感觉器官的感知范围。电子科学研究必须依赖示波器、频谱分析仪等专业电子仪器来对各种电信号进行观察、记录，才能进行详细的分析研究，发现其奥妙和规律。

（3）电子测量仪器是电子设备和电子产品研发、生产、运行维护过程中的重要工具。要研制新的电子产品，往往需要先行研发相对应的新型开发仪器；一种新的电子设备推广应用之前，必须准备好完善的测试仪器和维护工具。例如，彩电生产线上配备有自动化的彩电性能测试平台；研制手机等移动通信终端设备的新型集成芯片时，投入在开发测试工具上的费用可占到整体投入的50％以上。

（4）一般科学工程可以利用特殊传感器将非电信息转换为电信息，利用电子仪器进行精密而又高效率的分析和研究。医生使用的超声波透视仪、CT扫描仪，环境监测人员使用的噪声测量仪，甚至警察使用的酒精测试仪，都是电子测量技术和仪器延伸应用的例证。

俄国著名科学家门捷列夫指出："没有测量就没有科学。"在世界科学技术高度发展的今天，电子测量已经成为信息获取、处理、显示的重要手段，成为信息工程的源头和重要组成部分。另一方面，电子测量技术与电子技术相伴而生，电子科学的知识和技术在电子测量工程上得到了最全面、最广泛的应用。对电子测量技术的认识深浅反映了一个电子工程师综合素质的高低。电子测量的地位如此重要，我们必须下功夫掌握好这门具有无限发展前景的学科。

1.4　本课程的任务和学习方法

电子测量的内容不仅极其广泛，而且处于不断更新发展之中。本课程主要讨论以下几方面的内容：

（1）测量误差理论与数据处理。这是电子测量的基础。

（2）主要电参数的测量。这部分主要介绍电压、电流、频率、时间等的测量，电子元件

（阻抗）和集成电路的测量，对电子测量中使用的信号源也作了讨论。

（3）电信号显示与分析。这部分包括信号的波形显示和频谱分析。

（4）数字信号的测量和分析。这部分重点介绍了逻辑分析仪。

（5）非电量的测量。

（6）智能仪器与自动测试技术。

（7）电子测量技术的综合利用。这部分讨论如何正确使用电子测量仪器、科学构建电子测量系统等内容。

电子测量是一门实践性极强的课程。在学习的过程中，应注意理论与实践的密切结合。在掌握了理论知识的同时，应在实际应用、操作上多下功夫。也可以将理论和实践的顺序倒过来，选择一种或数种电子测量仪器，熟悉其原理，掌握其应用方法，完成指定的测量任务，再研究与之相关的测量理论。这样的学习方式更简单，更深入，掌握好相关知识可为进一步深造和走向实际工作岗位、从事相关研究应用打下良好基础。

思 考 题 1

1. 请分别解释名词：测量、电子测量、电子测试。
2. 叙述电子测量的主要内容与特点。
3. 电子测量有哪些优点？
4. 举出直接测量、间接测量、组合测量的实例（各一个）。
5. 电子测量仪器大致可以分为哪几类？列举一些常用的电子测量仪器。

第 2 章 基本测量理论与测量数据处理

我们知道，凡是具有科学定义的测量，必然涉及测量的标准、测量的方法以及对测量结果的评价与处理等问题。对这些问题的讨论，构成了电子测量理论的基本内容。

2.1 测 量 标 准

2.1.1 标准的定义和分类

标准是测量的依据，没有标准便无所谓测量。在实验室中，人们常用天平来精确测定实验物品的质量。而一般的磅秤的误差则要用天平来校准。广义地讲，测量标准是指提供参考标准或对其他测量设备进行校准的高级测量设备。测量标准包括以下几种：

（1）参考标准。参考标准是指在给定地区或在给定组织内，通常具有最高计量学特性的测量标准，在该处所做的测量均由它导出。参考标准的应用多数限制在最高级别的标准中，通常称为原始标准。

（2）传递标准或工作标准。传递标准或工作标准是经过与参考标准相比较而得到的测量标准。标准信号发生器和精密电压表是最典型的传递标准的例子。

（3）人为标准。人为标准是一个测量标准的具体物化表现。电阻、电容、电感标准就是常用的人为标准。

（4）内部标准。内部标准专指不需要外部标准设备的测量标准，如铯原子钟等。

（5）工业标准。工业标准是在没有原始的国家标准的情况下，用于作为生产厂家和用户标准的实用标准。

（6）标准参考部件。标准参考部件是用于建立或检验测量设备性能的各种标准部件。

2.1.2 基本的电子标准

电子标准的基础是国际单位制及其导出量。

国际单位制的 SI 基本单位如下：

（1）米（m，长度）。1米等于氪86原子从能级2跃迁至能级5时，发射的射线在真空中的波长的 1 650 763.73 倍。

（2）千克（kg，质量）。千克是质量的单位，它等于国际千克原器的质量。

（3）秒（s，时间）。秒的定义是铯133原子由基态跃迁至第二激发能级所辐射射线周期的 9192631770 倍。

（4）安培（A，电流）。给两根放置在真空里相距 1 m 的无限长平行导线中通以等量恒定电流，当导线间产生的相互作用力为每米 2×10^{-7} N 时所流过的恒定电流即为 1 A。

(5) 开尔文(K，温度)。开尔文是热力学温度单位，它等于水的三相点热力学温度的1/273.16。

(6) 摩尔(mol，物质的量)。摩尔是一系统物质的量，该系统中所包含的基本单元数与0.012 kg 碳 12 的原子数目相等。

(7) 坎德拉(cd，光强度)。坎德拉是指铂金在凝固点温度下，当其压力为每平方米101 325 N 时，黑盒中 1/600 000 m² 表面的光密度。坎德拉是光强度的基本单位。

以下是最常用的国际单位制的导出量：

频率，基本单位为赫兹(Hz)；

功率，基本单位为瓦特(W)；

电荷量，基本单位为库仑(C)；

电位，基本单位为伏特(V)；

电容，基本单位为法拉(F)；

电阻，基本单位为欧姆(Ω)；

电导，基本单位为西门子(S)；

磁通量，基本单位为韦伯(Wb)；

磁通量密度，基本单位为特斯拉(T)；

电感，基本单位为亨利(H)。

为了测量小于单位本身的量，可将实际单位乘以分数；而为了测量比单位本身大得多的量，则可将实际单位乘以倍数。例如，单位电阻的 1/1000 称为毫欧(mΩ)，单位电阻的100 万倍称为兆欧(MΩ)。

2.2　测　量　方　法

有了明确的测量标准，还要选择合适的测量方法，才能高效地完成测量任务。在电子测量技术中应用最普遍的测量方法有直接测量、间接测量和调零测量。

2.2.1　直接测量

直接测量是一个直接的比较过程，所测到的量值就是它最终所需要得到的被测量的值。例如，我们用万用表测定交流电源线上的电压，选定万用表的 500 V 交流电压测量挡位，再将两表笔直接搭接在电源线上，万用表上的读数即为电源线上的电压值。

2.2.2　间接测量

当测量对象不便于测量，而与它有着确定的函数关系的另一个量便于测量时，我们可对后者进行直接测量，并进行数学推演，得到原始测量对象的相应量值，这样的测量方法即为间接测量。例如，要在不断开电路的情况下，测定图 2.1 中流过负载的电流，负载电阻 R_L 已知，我们只要用电压表 V 测得 R_L 两端的电压 U，即可由公式 $I=U/R_L$ 算出负载中的电流。

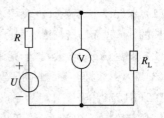

图 2.1　间接测量法测电流

2.2.3　调零测量

调零测量法的原理是：将一个校准好的基准源与未知的被测量进行比较，并调节其中之一，使二者的量值的差为零，这样，从基准源的读数即可推算出被测量的值。以图 2.2 为例，U 为标准电压源，R_1 和 R_2 是标准分压电阻，A 为电流表。测量时，通过调节 R_1 和 R_2 的比例，使电流表指示为零，这时

$$U_x = U \cdot \frac{R_2}{R_1 + R_2}$$

用这种方法测量得到的测量结果准确度较高。我们可以看出，由于电流表无电流流过，因此测量结果只与标准电压源和标准电阻有关。如果换一种测量方案，如图 2.3 所示，采用间接测量法，流过电流表的电流为 I_A，则被测电压 $U_x = I_A R$，测量结果的好坏和电流表的技术等级有着直接的联系。

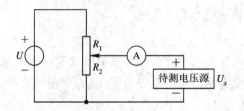 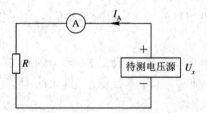

图 2.2　调零测量法测电压　　　　　　　　图 2.3　间接测量法测电压

2.3　测　量　误　差

2.3.1　测量误差的概念与常用测量术语

参照一定的测量标准，选定合适的测量方法，人们即可在一定的测量条件下，借助科学的测量工具开展实际的测量活动。而实际测量所得结果的误差大小是误差理论所要解决的问题。在讨论测量误差问题的过程中，经常要用到以下术语：

（1）真值与示值。真值是指被测对象在测量过程中所具有的实际量值。示值是指测量仪器读数装置所显示出的被测量的量值。

（2）测量误差。测量误差是指测量结果与真值之间的差异。

（3）等精度测量和非等精度测量。等精度测量是指在保持测量条件不变的情况下进行的多次测量，每一次测量都具有相同的可靠性，每一次测量的精度都是相等的。非等精度测量是指在测量条件变化的情况下进行的多次测量，不能确保每一次测量的精度是一致的。

（4）测量准确度。测量准确度是指测量结果与真值之间的符合程度。

（5）测量精密度。测量精密度是指对同一对象进行重复测量所得结果彼此间的一致程度。

（6）测量不确定度。测量不确定度是指测量过程中误差可能变化的最大幅度。

（7）测量正确度。测量正确度是指对有效的多次测量结果取数学平均，其值与真值的接近程度。两者误差越小，正确度越高。

测量的准确度、精密度、正确度的含义可用图 2.4(a)、(b)、(c)来表示。图中空心点为真值,黑点为六次测量值。显然,图 2.4(c)所示是准确度较高,也就是精密度和正确度都较高的测量。

(a) 正确度高,精密度低   (b) 正确度低,精密度高   (c) 精密度、正确度均高

图 2.4 测量结果正确性表示

2.3.2 误差的定义与表示方法

测量误差为测量结果与被测量真值之差。按表示方法可以把测量误差分为绝对误差和相对误差两种。

1. 绝对误差

设测量值为 X,被测量真值为 A_0,则绝对误差 ΔX 可表示为

$$\Delta X = X - A_0 \qquad\qquad (2-1)$$

由于真值 A_0 一般无法得到,因此实际使用中往往选用充分接近真值的约定真值 A 来代替。A 通常为高一等级标准器具的示值,也可以是多次测量的最佳估值。这时误差可表示为

$$\Delta X = X - A \qquad\qquad (2-2)$$

如果测量误差是统计独立且不随时间变化的,则可以用高一等级标准器具检定出来,在实际测量时对测量结果加以修正。修正值一般用 C 表示:

$$C = -\Delta X = A - X \qquad\qquad (2-3)$$

因而有

$$A = X + C \qquad\qquad (2-4)$$

例如,某直流电压表的量程为 10 V,技术说明书中给出的修正值为 0.2 V。当用其测量一电压时,读数为 4.9 V,则可以认为实际电压值为

$$A = 4.9 + 0.2 = 5.1 \text{ V}$$

2. 相对误差

绝对误差并不能作为比较测量结果准确度高低的依据。例如,有两次电压测量的过程:一次测量的电压值是 50 V,绝对误差为 1 V;另一次测量的电压值是 5 V,绝对误差为 0.5 V。尽管前者的绝对误差是后者的 2 倍,但其测量的准确度仍高于后者。因此,测量的准确程度不仅与测量误差的大小有关,还与被测量的大小有关。在绝对误差相同的情况下,被测量的量值越大,测量的准确度越高。为了确切地反映测量的准确程度,测量上引出了相对误差的概念。在实际应用中,相对误差有以下几种:

(1) 实际相对误差。实际相对误差是用绝对误差 ΔX 与被测量的实际值 A 的百分比值来表示的,即

$$\gamma_A = \frac{\Delta X}{A} \times 100\% \qquad\qquad (2-5)$$

(2) 标称相对误差。标称相对误差是用绝对误差 ΔX 与仪器的测量值 X 的百分比值表示的,即

$$\gamma_X = \frac{\Delta X}{X} \times 100\% \qquad\qquad (2-6)$$

（3）满度相对误差，即引用误差。其定义为绝对误差与测量仪器满度值的百分比，即

$$\gamma_{m} = \frac{\Delta X}{X_{m}} \times 100\% \qquad\qquad (2-7)$$

式中：γ_{m} 为满度相对误差；ΔX 为绝对误差；X_{m} 为仪器的满度值。

如果已知仪器的满度相对误差 γ_{m}，则可以推算出该仪器最大的绝对误差，即

$$\Delta X_{m} \leqslant \gamma_{m} \times X_{m}$$

我们来看一个实例。电工仪表分为 0.1、0.2、0.5、1.0、1.5、2.5、5.0 七级，分别表示其满度相对误差为 0.1%、0.2%、0.5%、1.0%、1.5%、2.5%、5.0%。如果某块 2.5 级的电压表在 100 V 量程时的测量误差 $|\Delta U_1| \leqslant 100 \times 2.5\% = 2.5$ V，而在 25 V 挡测量时的测量误差 $|\Delta U_2| \leqslant 25 \times 2.5\% \approx 0.6$ V，若被测电压为 20 V，选用 25 V 挡进行测量，则其测量结果的误差要小得多。

2.3.3　测量误差的来源

一般的测量过程都是条件受限的测量，必然存在不同程度的误差。测量误差的主要来源有以下几个方面：

（1）仪器误差。由于仪器原理的近似性和设计、生产等环节的不完善，仪器作为测量工具自身具有偏差性。

（2）使用误差。使用误差是由于对测量设备操作使用不当而造成的误差。例如，测量时间的仪器要预热，普通万用表测电阻时应校零，毫伏表测量信号的频率范围有限制，如忽略这些因素，就会产生使用误差。

（3）人身误差。人身误差主要是指由于测量人员感官能力的局限性产生的误差。例如，使用指针式仪表时，用不同的视角去读数，会产生明显的误差。

（4）方法误差。方法误差是指所使用的测量方式不当或测量原理不严密所引起的误差。例如，用低输入阻抗的探头去检测高电阻的被测电路，往往会产生严重的误差，得不到正确的结果。

（5）环境误差。环境误差是指由于多种环境因素与要求的测量条件不一致所形成的误差，如环境温度、湿度、电源电压、频率等。

2.3.4　测量误差的分类和处理

虽然各种测量误差产生的原因不尽相同，但按测量误差的性质和特点，大致可以将其划分为三类：系统误差、随机误差和粗大误差。

1. 系统误差

在多次等精度测量同一值时，绝对值和符号保持不变的误差，或当测量条件改变时，按某种规律变化的误差称为系统误差，简称系差。如果系统误差值保持恒定，则称为恒定系差，否则称为变值系差。系统误差的主要特点是：只要测量条件不变，误差即为确切的数值，用多次测量取平均值的办法也不能改变或消除系差。当测量条件改变时，误差也随之变化，并依据一定的规律，具有可重复性。图 2.5 描述了几种不同系统误差的变化规律：

直线 a 属于恒定系差；直线 b 属于变值系差中的累进性系差，而且是直线递增的；直线 c 表示周期性系差，在整个测量过程中，系差值呈周期性变化；曲线 d 属于按复杂规律变化的系差。

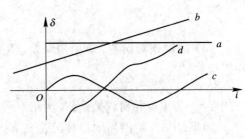

图 2.5　系统误差特征

产生系统误差的原因主要有以下几种：

（1）测量仪器具有局限性。

（2）测量时环境条件（如温度、湿度及电源电压）与仪器使用要求不一致。

（3）采用近似的测量方法或近似的计算公式。

（4）测量人员读取仪器示值时存在偏差。

系统误差体现了测量的正确度，系统误差越小，测量的正确度就越高。在实际测量中，一方面应采取措施，克服产生系统误差的原因，另一方面可以根据系统误差所具有的确定性，在一定程度上对测量数据加以修正。

2. 随机误差

随机误差是指对同一量值进行多次等精度测量时，其绝对值和符号均以不可预计的方式无规律变化的误差。产生随机误差的主要原因有：

（1）测量仪器产生噪声，零部件配合不良等。

（2）温度及电源电压的无规则运动、电磁干扰等。

（3）测量人员感觉器官的无规律变化产生的读数偏差。

随机误差体现了多次测量的精密度，随机误差越小，测量的精密度越高。

随机误差的特点是：在多次测量中，误差绝对值的波动有一定的界限，即具有有界性；当测量次数足够多时，正负误差出现的机会几乎相当，即具有对称性；随机误差的算术平均值趋于零，即具有抵偿性。随机误差的这些特性表明其服从统计规律，用数理统计的方法来表征，其服从正态分布，如图 2.6 和图 2.7 所示。

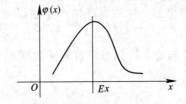

图 2.6　测量值 x_i 的正态分布曲线

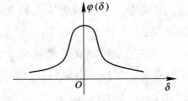

图 2.7　误差 δ_i 的正态分布曲线

一般来说，有

$$\varphi(x) = \frac{1}{\sigma\sqrt{2\pi}}e^{-\frac{(x-Ex)^2}{2\sigma^2}}$$

$$\varphi(\delta) = \frac{1}{\sigma\sqrt{2\pi}}e^{-\frac{\delta^2}{2\sigma^2}} \tag{2-8}$$

式中，Ex 称为数学期望，其定义为

$$Ex = \lim_{n\to\infty}\left(\frac{1}{n}\sum_{i=1}^{n}x_i\right) \tag{2-9}$$

σ 称为方差，其定义为

$$\sigma^2 = \lim_{n\to\infty} \frac{1}{n} \sum_{i=1}^{n} (x_i - Ex)^2 = \lim_{n\to\infty} \frac{1}{n} \sum_{i=1}^{n} \delta_i^2 \qquad (2-10)$$

在工程中，实际上当 n 足够大时，定义：

$$\overline{X} = \frac{1}{n} \sum_{i=1}^{n} x_i$$

$$\bar{\sigma} = \sqrt{\frac{1}{n-1} \sum_{i=1}^{n} (x_i - \overline{X})^2} \qquad (2-11)$$

以 $\overline{X}$ 代替被测量的真值，是处理随机误差的基本方法，而随机误差的分散程度常用 $\bar{\sigma}$ 来表征，$\bar{\sigma}$ 越小，表示测量值的分散程度越小，测量效果越好。

3. 粗大误差

粗大误差是指明显超出规定条件下预期的误差。产生粗大误差的原因主要有：

(1) 测量方法不当或错误，如用数字电压表的低频输入端口测试高频电压信号。

(2) 测量操作疏忽和失误。例如，未按规律操作，读错或记错仪器示值；在使用多量程电压表时，读错量程。

(3) 测量条件变更。例如，电源电压瞬间升高、雷电干扰、机械冲击等都会引起测量仪器示值的剧烈变化。

粗大误差完全偏离了客观实际，在处理测量数据时，应将含有粗大误差的测量值加以剔除。

2.4　测量误差的合成与分配

从 2.3 节的分析中不难得出，对单个确定量的直接测量过程，在剔除了粗大误差以后，系统误差与随机误差往往同时存在。误差处理的原则是：当其中一项起决定作用时，仅对这种误差做出处理，而忽略另一种误差的影响；当两者大致相等时，则分别加以处理。

而实际测量工作中，被测量的值往往不能轻易通过直接测量得到，而需通过直接测量被测量的若干分量，间接计算出被测量的实际值。例如，对于由几个电阻负载组成的实际电路，总电压即为各电阻上的电压之和。总电压的测量误差即为各电阻上电压的测量误差之和。推广开来，当某项误差与若干分项有关时，该项误差就叫作总误差，各分项上的误差叫作分项误差或部分误差。如何根据多分项误差来确定总误差属于误差合成问题；在总误差限定的情况下，如何确定各分项误差的值属于误差分配问题。

2.4.1　测量误差的合成

设最终测量结果为 y，各分项测量值为 $x_1, x_2, \cdots, x_n$，且满足函数关系

$$y = f(x_1, x_2, \cdots, x_n)$$

并设各 x_i 间彼此独立，x_i 的绝对误差为 Δx_i，y 的绝对误差为 Δy，则

$$y + \Delta y = f(x_1 + \Delta x_1, x_2 + \Delta x_2, \cdots, x_n + \Delta x_n) \qquad (2-12)$$

用高等数学的级数展开方法展开式(2-12)，并舍去高次项，得到

$$\Delta y = \frac{\partial f}{\partial x_1}\Delta x_1 + \frac{\partial f}{\partial x_2}\Delta x_2 + \cdots + \frac{\partial f}{\partial x_n}\Delta x_n = \sum_{i=1}^{n}\frac{\partial f}{\partial x_i}\Delta x_i$$

以保守的办法计算，则为

$$\Delta y = \pm\sum_{i=1}^{n}\left|\frac{\partial f}{\partial x_i}\Delta x_i\right|$$

式中，Δy 为系统总的合成误差，其相对误差形式为

$$\gamma_y = \frac{\Delta y}{y} = \sum_{i=1}^{n}\frac{\partial y}{\partial x_i}\frac{\Delta x_i}{y} \tag{2-13}$$

以保守的办法计算，则为

$$\gamma_y = \pm\sum_{i=1}^{n}\left|\frac{\Delta y}{\Delta x_i}\frac{\Delta x_i}{y}\right| \tag{2-14}$$

例 2.1 电阻 $R_1 = 1\ \text{k}\Omega$，$R_2 = 5\ \text{k}\Omega$，相对误差均为 5%，求串联后总的相对误差。

解 串联后，$R = R_1 + R_2$。由式(2-13)得串联后电阻的相对误差为

$$\gamma_R = \pm\left(\left|\frac{\Delta R_1}{R_1 + R_2}\right| + \left|\frac{\Delta R_2}{R_1 + R_2}\right|\right) = \pm\frac{1}{R_1 + R_2}\left(R_1\frac{\Delta R_1}{R_1} + R_2\frac{\Delta R_2}{R_2}\right)$$

$$= \pm\frac{1}{R_1 + R_2}(R_1 \times 5\% + R_2 \times 5\%)$$

$$= \pm\frac{R_1 + R_2}{R_1 + R_2}\times 5\% = \pm 5\%$$

由此可见，相同误差的电阻串联后总电阻的相对误差与单个电阻的相对误差相同。

例 2.2 已知电阻上电压及电流的测量相对误差分别为 $\gamma_u = \pm 3\%$，$\gamma_i = \pm 2\%$，求功率 $P = UI$ 的相对误差。

解 由式(2-14)可得

$$\gamma_P = \frac{\Delta P}{P} = \pm\left(\left|\frac{I\Delta u}{uI}\right| + \left|\frac{u\Delta I}{uI}\right|\right) = \pm\left(\left|\frac{\Delta u}{u}\right| + \left|\frac{\Delta I}{I}\right|\right) = \pm(3\% + 2\%) = \pm 5\%$$

由此可知，两乘积的相对误差等于两因子的相对误差之和。

2.4.2 测量误差的分配

在总误差给定的情况下，有多种方法可以确定各分项误差，最常用的有以下几种。

1. 等准确度分配

当总误差中各分项所起作用相近时，给它们分配以相同的误差。若总误差为 Δy，分项误差为 Δx_i，则有

$$\Delta x_i = \frac{\Delta y}{\sum_{i=1}^{n}\dfrac{\partial f}{\partial x_i}} \quad (i = 1, 2, \cdots, n)$$

例 2.3 有一工作在 220 V 交流电压下的变压器，其工作电路如图 2.8 所示，已知初级线圈与两个次级线圈的匝数比为 $N_{12} : N_{34} : N_{45} = 1 : 2 : 2$，用最大量程为 500 V 的交流电压表测量变压器总输出电压 U，要求相对误差小于 $\pm 2\%$，应该用哪个级别的交流电压表？

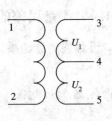

图 2.8 例 2.3 图

解　由于变压器次级线圈的两组电压 U_1、U_2 为 440 V，总电压 U 为 880 V，因此应分别测量 U_1、U_2，再用求和的方法求得总电压 $U=U_1+U_2$。已知总的相对误差 $\Delta U=U\times(\pm 2\%)=\pm 17.6$ V，由于 U_1、U_2 性质完全等同，因此根据等准确度分配原则分配误差，则有

$$\Delta U = \Delta U_1 = \Delta U_2 = \frac{\Delta U}{2} = \pm 8.8 \text{ V}$$

由此推得

$$\gamma_\mathrm{m} = \frac{\Delta U}{U_\mathrm{m}} = \frac{8.8}{500} = 1.76\%$$

可见，选用 1.5 级的电压表能满足测量要求。

2. 等作用分配

等作用分配是指分配给各分项的误差在数值上尽管有一定差异，但它们对误差总和的作用和影响是相同的，即有

$$\frac{\partial f}{\partial x_1}\Delta x_1 = \frac{\partial f}{\partial x_2}\Delta x_2 = \cdots = \frac{\partial f}{\partial x_m}\Delta x_m$$

此时，分配公式为

$$\Delta x_j = \frac{\Delta y / m}{\partial f / \partial x_j}$$

例 2.4　用电压表与电流表测量电阻上消耗的功率，已测出电流为 100 mA，电压为 3 V，算出功率为 300 mW，若要求功率测量的系统误差小于 5%，则电压和电流的测量误差应在多大范围？

解　按题意，功率测量允许的系统误差为

$$\Delta P = 300 \text{ mW} \times 5\% = 15 \text{ mW}$$

又

$$\Delta P = \Delta I u + I \Delta u = \Delta P_1 + \Delta P_2$$

根据等作用分配，有

$$\Delta P_1 = \Delta P_2 = \frac{\Delta P}{2}$$

$$\Delta I = \frac{\Delta P / 2}{u} = \frac{15}{2 \times 3} = 2.5 \text{ mA}$$

则

$$\Delta u = \frac{\Delta P / 2}{I} = \frac{15}{2 \times 100} = 0.075 \text{ V} = 75 \text{ mV}$$

3. 抓住主要误差项进行分配

当各分项误差中某项误差特别大时，就可以不考虑次要分项的误差，或酌情分给次要分项少量误差比例，确保主要项的误差小于总和的误差。若主要误差项有若干项，则可以把误差在这几个主要项中进行等准确度或等作用分配。

2.4.3　最佳测量方案选择

当一个测量任务可以选取不同的测量方案时，首先应注意改善测量的基本条件，使测量的分项误差尽可能小一些，然后设计与比较多种测量方案，最后选出合成误差最小的一

种方案即为最佳测量方案。也就是说，这种方案下，$\Delta y = \sum_{i=1}^{n} \dfrac{\partial f}{\partial x_i} \Delta x_i$ 有最小值。

例 2.5　用电阻表、电压表、电流表的组合来测量电阻消耗的功率，已知电阻的阻值 R，电阻上的电压 U，流过电阻的电流 I，其相对误差分别为 $\gamma_R = \pm 2\%$，$\gamma_U = \pm 2\%$，$\gamma_I = \pm 3\%$，试确定最佳测量方案。

解　有三种测量方法，即 $P = UI$、$P = U^2/R$、$P = I^2 R$，现分别计算每种方案的最大测量误差。

(1) $P = UI$：

$$\gamma_P = \frac{\Delta P}{P} = \pm \left(\left| \frac{\partial P}{\partial U} \frac{\Delta U}{P} \right| + \left| \frac{\partial P}{\partial I} \frac{\Delta I}{P} \right| \right) = \pm \left(\left| \frac{\Delta U}{U} \right| + \left| \frac{\Delta I}{I} \right| \right) = \pm (2\% + 3\%) = \pm 5\%$$

(2) $P = U^2/R$：

$$\gamma_P = \frac{\Delta P}{P} = 2 \frac{\Delta U}{U} - \frac{\Delta R}{R} = \pm \left(\left| 2 \frac{\Delta U}{U} \right| + \left| \frac{\Delta R}{R} \right| \right) = \pm (2 \times 2\% + 2\%) = \pm 6\%$$

(3) $P = I^2 R$：

$$\gamma_P = \pm \left(\left| \frac{2IR \Delta I}{I^2 R} \right| + \left| \frac{I^2 \Delta R}{I^2 R} \right| \right) = \pm \left(2 \left| \frac{\Delta I}{I} \right| + \left| \frac{\Delta R}{R} \right| \right) = \pm (2 \times 3\% + 2\%) = \pm 8\%$$

显然，在给定的分项误差条件下，按测量电压与电流的方法求得的功率合成误差最小。

2.5　测量数据处理

测量人员在取得测量数据后，通常要对这些数据进行计算、分析、整理，有时还要把数据归纳成一定的表达式，甚至制成表格或画成曲线，这就是数据处理的工作。

2.5.1　有效数字及数字的舍入规则

1. 有效数字

由于测量中误差的存在或者测量仪器的分辨力的限制，测量数据中从某位起的右边一位是欠准确的估计数字，称为存疑数字。所谓有效数字，是指从最左边一位非零数字起算到右边第一位存疑数字为止的多位数字。对于确定的数，通常规定误差不得超过末位单位数字的一半。例如，若末位数字是个位，则包含的绝对误差值小于 0.5；若末位是十位，则包含的绝对误差值小于 5。对于这种误差不大于末位单位数字一半的数，从它左边第一个不为零的数字起，直到右边最后一个数字为止，都叫有效数字。例如：

3.141 59	六位有效数字	极限（绝对）误差 $\leqslant 0.000\ 005$
3.1416	五位有效数字	极限误差 $\leqslant 0.000\ 05$
9600	四位有效数字	极限误差 $\leqslant 0.5$
97×10^2	二位有效数字	极限误差 $\leqslant 0.5 \times 10^2$
0.032	二位有效数字	极限误差 $\leqslant 0.0005$
0.302	三位有效数字	极限误差 $\leqslant 0.0005$

数字的不同表示，其含义是不同的。如写成 30.50，表示最大绝对误差不大于 0.005；若写成 30.5，则表示最大绝对误差不大于 0.05。再如某电流的测量结果写成 2000 mA，表

示绝对误差小于 0.5 mA；而如果写成 2 A，则表示仅有一位有效数字，绝对误差小于 0.5 A；但如写成 2.000 A，绝对误差则与 2000 mA 完全相同。

2. 数字的舍入规则

对测量结果中多余的有效数字，应按"小于 5 舍，大于 5 进，等于 5 时取偶数"的法则进行处理。"等于 5 取偶数"是指当尾数为 5 时，要保留的位是奇数时，则加 1，要保留的位是偶数时，则不变。例如：将 10.34，10.36，10.35，10.45 保留小数点后一位有效数字，即

$$10.34 \quad \rightarrow \quad 10.3 \quad （4 < 5，舍去）$$
$$10.36 \quad \rightarrow \quad 10.4 \quad （6 > 5，进一）$$
$$10.35 \quad \rightarrow \quad 10.4 \quad （3 是奇数，5 入）$$
$$10.45 \quad \rightarrow \quad 10.4 \quad （4 是偶数，5 舍）$$

另一方面，在读取测量仪器的示值时，测量误差的小数点后面有几位，则测量数据的小数点后面也取几位。

例如：用一台 0.5 级电压表 100 V 量程挡测量电压，电压表指示值为 75.35 V。我们可以推算得 $\Delta U = \pm 0.5\% \times U = \pm 0.5\% \times 100 \text{ V} = 0.5 \text{ V}$，故小数点后的第一位是存疑数字，根据舍入规则，示值末尾的 0.35 < 0.5，所以应舍去，测量报告值为 75 V。

2.5.2 等精度测量结果的处理

对等精度测量得到的测试数据，通常按下述步骤进行处理：

（1）利用修正值等方法对测得值进行修正，将已减弱恒值系统误差影响的各数据 X_i 依次列成表格。

（2）求出算术平均值 $\overline{X} = \dfrac{1}{n} \sum\limits_{i=1}^{n} X_i$。

（3）列出残差 $U_i = X_i - \overline{X}$。

（4）列出 U_i^2，计算标准偏差的估计值 $\sigma = \sqrt{\dfrac{1}{n-1} \sum\limits_{i=1}^{n} U_i^2}$。

（5）按 $|U_i| > 3\sigma$ 的原则，检查并剔除粗大误差。

（6）判断有无系统误差，如有，可进行修正或重新测量。

（7）算出算术平均值估计值的标准偏差 $\bar{\sigma}_x = \sigma / \sqrt{n}$。

（8）写出测量结果的表达式，即 $X = \overline{X} \pm 3\bar{\sigma}_x$。

例如，对电压进行 16 次等精度测量，计入修正值的测量数据如下：

$$
\begin{array}{cccc}
205.30 & 204.94 & 205.63 & 205.24 \\
206.65 & 204.97 & 205.36 & 205.16 \\
205.71 & 204.70 & 204.86 & 205.35 \\
205.21 & 205.19 & 205.21 & 205.32 \\
\end{array}
$$

按上述步骤可求得 $\overline{X} = 205.30$ V，$\sigma = 0.4434$，按 $|U_i| > 3\sigma = 1.3302$，剔除坏值 206.65，重新计算 15 个数据的平均值得 $\overline{X}' = 205.21$，$\sigma' = 0.27$，$\sigma_x' = 0.07$。最终测量结果为 $X = \overline{X}' \pm 3\sigma_x' = 205.2 \pm 0.2$ V。

2.5.3 实验曲线的绘制

在实际测量中，很少进行孤立量的测量，更多的是成组量的测量。测量的目的是要从一组测量数据(如 n 对 (x_i, y_i))中去求得变量 x 和 y 之间最佳的函数关系 $y=f(x)$。直观地说，就是在平面直角坐标系上，由给定的 n 个点 $(x_i, y_i)(i=1, 2, \cdots, n)$，求一条最接近这一组数据点的曲线，以显示这些点的总的趋向。这一过程称为曲线拟合，该曲线的方程称为回归方程。利用最小二乘原理和方法，可以保证最佳拟合与回归。

常用的拟合方法有直线拟合与曲线拟合两种。

1. 直线拟合

假定实验数据的最佳拟合直线方程为 $Y=AX+B$，式中 A, B 为常数，分别表示直线的斜率与截距。令

$$\Psi(A, B) = \sum_{i=1}^{n} U_i^2 = \sum_{i=1}^{n} (y_i - Y_i)^2 = \sum_{i=1}^{n} (y_i - AX_i - B)^2$$

根据最小二乘原理，满足最佳拟合，也即 $\Psi(A, B)$ 为最小的条件为

$$\sum_{i=1}^{n} y_i = A \sum_{i=1}^{n} x_i + nB$$

$$\sum_{i=1}^{n} x_i y_i = A \sum_{i=1}^{n} x_i^2 + B \sum_{i=1}^{n} x_i$$

最终有

$$A = \frac{n \sum_{i=1}^{n} x_i y_i - \sum_{i=1}^{n} x_i \sum_{i=1}^{n} y_i}{n \sum_{i=1}^{n} x_i^2 - \left(\sum_{i=1}^{n} x_i \right)^2}$$

$$B = \frac{\sum_{i=1}^{n} y_i \sum_{i=1}^{n} x_i^2 - \sum_{i=1}^{n} x_i y_i \sum_{i=1}^{n} x_i}{n \sum_{i=1}^{n} x_i^2 - \left(\sum_{i=1}^{n} x_i \right)^2}$$

例如，有如下四组数据：

n	x_i	y_i
1	1	4.4
2	2	4.6
3	3	5.6
4	4	7.4

代入回归方程，求得 $A=1$，$B=3$，即 $Y=X+3$。

2. 曲线拟合

在一般情况下，可选定 m 次多项式 $Y=a_0+a_1 x+a_2 x^2+\cdots+a_m x^m$ 来作为测量数据所代表的近似函数关系式(回归方程)。

根据最小二乘原理，可得

$$\sum_{i=1}^{n} y_i x_i^k = \sum_{i=1}^{m} \left(a_j \sum_{j=0}^{n} x_i^{j+k} \right)$$

该式包含有 $m+1$ 个方程组，可以联立求解 $m+1$ 个未知数：a_0，a_1，$\cdots$，a_m，即得最佳拟合曲线 $Y = a_0 + a_1 x + a_2 x^2 + \cdots + a_m x^m$，当仅有 a_0 与 a_1 不为 0 时，则为直线拟合。

思 考 题 2

1. 测量误差的来源有哪些？

2. 某数字电压表显示最大数值为 19 999，最小一挡量程为 20 mV，该电压表的最高分辨率是多少？

3. 被测电压为 50 V，分别用 0.5 级量程为 0～300 V 和 1.0 级量程为 0～100 V 的两只电压表去测量，哪一只电压表测量的结果更准确？

4. 测量上限为 500 V 的电压表，当实际值为 445 V 时，示值为 450 V，求该示值的绝对误差、相对误差、引用误差和修正值。

5. 伏安法测电阻的两种电路如图 2.9 所示，图中 A 为电流表，内阻为 R_A，V 为电压表，内阻为 R_V。

（1）在两种电路中，由于 R_A 与 R_V 的影响，R_x 的绝对误差和相对误差各为多少？

（2）比较两种测量结果，指出两种电路各自的适用范围。

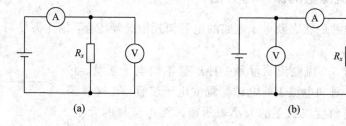

图 2.9 题 5 的电路图

6. 按照舍入法则，对下列数据进行处理，使其各保留三位有效数字：

6.3724，7.9245，5.2850，0.104 125，8935

7. 按照有效数字的运算法则，计算下列结果：

（1）1.1723×3.2；

（2）1.1723×3.20；

（3）50.313×4.52；

（4）55.4×3.7；

（5）66.09＋4.853；

（6）90.4－1.353。

第 3 章　电流、电压与功率测量

电流、电压和功率是表征电信号的三个基本参数。这三个参数的相互关系由公式 $P=UI$ 来表示。一般来说，测定其中的两个参量，即可推算出第三个参量。在实际测量中，应用最多的是电压测量。在集总参数电路中，电子电路及电子设备的各种工作状态和特性都可以通过电压量表现出来；在非电量检测中，许多物理量(如温度、压力、速度等)都可以通过传感器转化为电压来进行测量。而电流测量，特别是直流电流的测量是电压测量的基础，如直流电压表是在直流电流表的基础上加上扩展电路而构成的。此外，在电力工程中，功率的直接测量几乎是必不可少的。因此，本章将对电流、电压和功率的测量原理、方法与工具做较为具体的介绍。

3.1　直流电流的测量

3.1.1　直流电流测量的原理与方法

在考察直流电源的状态及电子电路的电源消耗情况等场合，往往需要对直流电流进行测量。

从原理上来讲，直流电流测量是一种最基本的电子测量。它让直流电流经过一种叫电流表的电磁装置或电子装置，在这些装置上以指针的偏转角度或数字的大小表示出被测电流量的大小。其过程如图 3.1 所示。

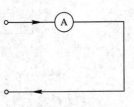

可以用来测量直流电流的仪表有许多，最常用的有模拟直流电流表、模拟万用表、数字多用表等。用电流表进行电流测量要

图 3.1　直流电流测量

注意两个方面的问题。一方面，由于实际电路的外在条件会影响被测电流的大小，因此，为了保证足够的精度，电流表的内阻必须足够小。设电流表的内阻为 r，在图 3.2(a)所示的测量电路中，原电路中电流 $I=E/R$，而在图 3.2(b)所示的电路中，电流改变为 $I'=E/(R+r)$，两者的误差为

$$\Delta I = \frac{E}{R} - \frac{E}{R+r} = \frac{Er}{R(R+r)} = \frac{E}{R} \cdot \frac{1}{1+R/r}$$

仅当 $R \gg r$ 时，ΔI 才可以忽略不计。

另一方面，实际电路一般是密合的整体，要测定其中某一支路中的电流，必须将其断开，插入电流表，这是很不方便的，而且是很危险的，一旦搞错极易造成电路中其他回路电流的不正常增加或减少，引起电子元件的意外损坏，或者造成测量仪表的损坏，这时可以采用间接测量法进行测量。间接测量法是通过测量被测电流所流过的电阻上产生的电

压，由公式 $I=U/R$ 推算出电流的值。在有些工作时不能中断的电路中，可以增设一个电阻，工作时只需检测该电阻上的电压，即可监测其电路中电流的情况，这样的电阻称为取样电阻。取样电阻阻值较小，一般为零点几欧到几十欧。

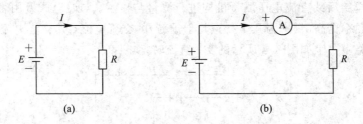

图 3.2　电流表内阻的影响

3.1.2　模拟直流电流表的工作原理

直流电流表多数为磁电式仪表，磁电式仪表一般由可动线圈、游丝和永久磁铁组成。线圈框架的转轴上固定一个读数指针，当线圈流过电流时，在磁场的作用下，可动线圈发生偏转，带动上面固定的读数指针偏转，偏转的角度与通过可动线圈的电流大小成正比。模拟直流电流表具有无须电池驱动、显示稳定等优点，同时亦存在非线性误差大、容易损坏等缺点。

3.1.3　数字万用表测量直流电流的原理

数字万用表是用电子技术来检测直流电流的。通常在直流电流挡，对外电路来说，数字万用表仅相当于一个取样电阻 R_N（不同的量程 R_N 的值不同），测量时 R_N 上有电压信号 $U_i=IR_N$，其测量原理如图 3.3 所示。

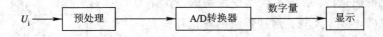

图 3.3　数字万用表测量原理框图

取样信号经过预处理电路放大调理到合适的电平后送给 A/D 转换器进行量化，在单片计算机的控制下，对数据经过推演以求得对应被测电流的值，然后在液晶或数码管上显示出来。数字万用表具有体积小、分辨率高、易于维护等优点。与模拟万用表相同的是，数字万用表的取样电阻也会对被测电流产生影响。

3.2　交流电流的测量

交流电流的测量可分为低频测量与高频测量。低频测量的频率通常在几千赫以下，使用最多的是工频(50 Hz)电流的测量，其特点是测量的电流值较大，为几十安培到数千安培。除了少数功率电路，在电子技术领域，一般线路中要测量的高频电流不会太大。

3.2.1　低频交流电流的测量原理和方法

对于工频(50 Hz)和低频交流电流的测量，完全类似于直流电流的测量。其区别仅仅是将采样信号先进行检波，转换为直流电压再进行测量。以磁电式万用表为例，其交流电流挡比直流电流挡增加了一个二极管整流和滤波电路。被测交流电流经过二极管被整流成单向脉动电流，再经过电容与电阻组成的低通滤波电路，最后成为近似的直流电压，并加以适当修正后送给后续直流电压测量机构进行测量与显示。与磁电式万用表相比，数字万用表可以测量频率更高（频率为几千赫至几十千赫）的交流电流，其交流电流测量电路比直流电流测量电路多一个如图 3.4 所示的交、直流转换电路。

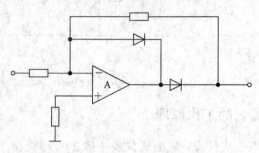

图 3.4　交、直流转换电路

由图 3.4 可以看出，该电路中，运算放大器和二极管组成线性检波单元，二极管将交流电流整流成直流电流，并通过运算放大器形成直流电压，再送给数字电压表进行检测。

3.2.2　高频交流电流的测量原理和方法

从理论上来说，参照低频电流测量的模式，精心挑选高频特性好的检波二极管和电容器，实现高频电流的检测是完全可行的。但是，由于在高频情况下元件的特性是以分布参数的形式表现的，分布电感与分布电容均不可忽略，因此通过类似于低频电流测量的方式进行准确检测几乎是不可能的。

高频电流的测量（特别是在频率特别高的情况下）可以采用热电偶电表来实现。这种方法的理论依据是，在高频电流流过的导体附近的闭合线路内有直流电流产生。因此，我们可以通过测量这种与高频电流密切相关的直流电流的大小，间接地检测出高频电流的大小，具体原理如图 3.5 所示。

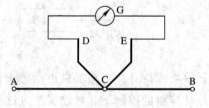

图 3.5　热电偶电表原理

图 3.5 中，AB 为高频电流流过的金属导体，由于电流存在热效应，因此 AB 导线的温度上升；DCE 是一个热电偶，在 DE 之间接有一个磁电式电流表，C 点焊接在 AB 上。当 AB 导线因电流通过而温度上升时，C 点的温度也上升。DC 和 EC 是由两种热电特性不同的材料做成的导体，在 DE 之间由于温差的存在而产生热电动势，这样在整个闭合电路中就产生了热电流，使电流表 G 的指针发生偏转，间接地指示了导体 AB 中流过的电流的大小。

由于热电式电流表的读数与发热器的功率成正比，即与流过加热导体的电流有效值的平方成正比，因此电表按平方律划分刻度，且有较大的非线性误差，特别是相当于额定电流 20％的起始部分为惰性区，这部分无法加以利用。

热电式仪表可以通过配置由电阻、电感或电容组成的分流网络来扩大量程。但是要注意，在极高的频率下，一个元件的特性往往表达为电阻、电感或电容的组合，要使分流网络达到很高的精度是相当有难度的。另外，要注意高频电流所具有的穿透性，以保证测量工作的安全。

3.3 直流电压的测量

直流电压是幅度不随时间变化而改变的电压信号。对直流电压的幅度的测定即为直流电压测量。能进行直流电压测量的仪表称为直流电压表。从我们日常生活中对收音机干电池容量的检查，到电子技术中对电子器件所处直流状态的检测，都属于直流电压的测量。

3.3.1 直流电压的测量原理与方法

一般来说，直流电压测量是将直流电压表直接跨接在被测电压的两端，由直流电压表读出被测电压的值。因此，电压测量是一种最简便的电参数测量，其过程如图 3.6 所示。

从原理上说，直流电压测量是在直流电流测量的基础上加以扩展而来的。我们已经知道，一般形式的直流电流表都可以等效为一个较小的内阻 R_g 和一个指示器的简单形式。当其与适当的分压电阻相配合时，即组成了直流电压表，如图 3.7 所示。

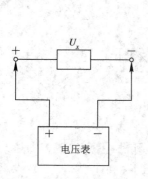

图 3.6 直流电压测量

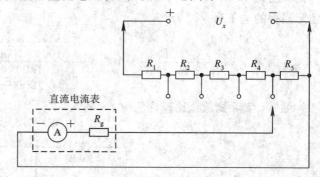

图 3.7 基于直流表的直流电压表构成框图

因此，从本质上来说，直流电压测量和直流电流测量的核心原理是相同的。区别在于：直流电流表具有较小的内阻，测量时直接串接于被测电路中；直流电压表的内阻很大，测量时并接于被测电路的两端。为了保证测量的准确度，要求直流电压表的内阻要比被测电路的等效阻抗大得多。设被测电路可等效为内阻为 R_x、开路电压为 U_x 的电压源，直流电压表的等效内阻为 R_0，则测量的完整电路简化为图 3.8 所示的电路。

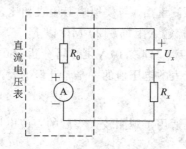

图 3.8 直流电压表测量电路

由图 3.8 可知，当直流电压表并接于被测电路两端时，由于 R_0 的存在，电压表所测得的电压由原来的 U_x 改变为

$$\frac{R_0}{R_0 + R_x}U_x = \left(\frac{1}{1 + R_x/R_0}\right)U_x \tag{3-1}$$

因此，只要 $R_0 \gg R_x$，即可进行精确的测量。

3.3.2 直流电压测量仪表

最常用的直流电压测量仪表有模拟式万用表和数字式万用表。示波器在直流耦合状态下也可以用来大致地观测直流信号的幅度。

1. 模拟式万用表

模拟式万用表的直流电压挡是由表头串联分压电阻而构成的。仪表一般都给出了输入电阻的值。如 MF500 – B 型万用表的指标为 10 kΩ/V，量程大的挡位，其输入阻抗亦大。因此，我们宜选用每伏输入阻抗高的万用表去测量具有较大内阻的被测电路的电压信号。在测量具有高内阻的电路时，要根据万用表的内阻对测量结果加以修正。

在图 3.9 所示的分压电路中，使用 MF500 – B 型万用表的 100 V 挡进行测量，该仪表的灵敏度为 10 kΩ/V，可以推算出在 100 V 挡的输入电阻为 $100 \times 10 = 1000\ \text{kΩ} = 1\ \text{MΩ}$，实际测得的电压为

$$\frac{R_2 \mathbin{/\!/} R_i}{R_1 + R_2 \mathbin{/\!/} R_i} \times 100 = \frac{\dfrac{1000 \times 500}{1000 + 500}}{500 + \dfrac{1000 \times 500}{1000 + 500}} \times 100 = 40\ \text{V}$$

可见，实际测量值比理论值少了 10 V。

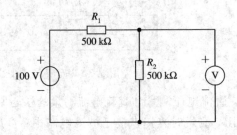

图 3.9　高内阻电路的电压测量

2. 数字式万用表

数字万用表均有直流电压测量挡。与模拟式万用表相比，其主要优点是：

(1) 输入阻抗高，一般直流输入阻抗在 20 MΩ 以上。

(2) 分辨力高，可精确到 1%，即在 10 V 挡，可分辨到 0.1 V，而指针式的模拟万用表的分辨力为最小刻度间隔所代表的电压值的一半，量程越大，其分辨力越低。

3. 示波器

示波器的直流电压挡特别适用于观测较大幅度的直流电压信号或含有交流成分的直流电压信号。

4. 电子电压表

电子电压表一般为数字式仪表，输入端设有由场效应管电路组成的阻抗隔离电路和放大电路，因而具有较高的输入阻抗和灵敏度，适用于在电子电路中测量高内阻电路的电压。

3.4 交流电压的测量

严格来说，电信号大都是随时间而变化的，对这些不断发生变化的电信号的幅度值的测量，即为交流电压的测量。

3.4.1 交流电压的特征与量值表示

1. 交流电压信号的特点

交流电压信号的幅度与时间的关系是复杂的。从波形来看，可以是规则的正弦波、方波、三角波、脉冲波等，也可以是调制波、组合波、随机噪声等；从频率的角度来看，可以是极低频率的信号，如 0.01 Hz 的信号，也可以是极高频率的信号，如高达数千吉赫兹的信号；从幅值的强度来看，可以是微伏级的，也可以是数千伏级的。

常见交流电压的波形如图 3.10 所示。

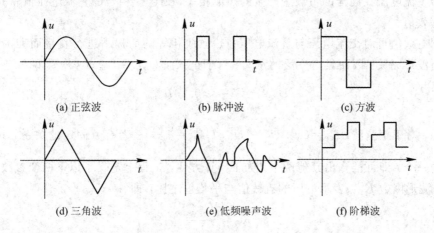

(a) 正弦波　　　　　(b) 脉冲波　　　　　(c) 方波

(d) 三角波　　　　　(e) 低频噪声波　　　　(f) 阶梯波

图 3.10　常见交流电压的波形

正是由于交流电压信号的复杂性，对其的测量比对直流电压的测量要考虑更多因素。出于对波形、频率、振幅强度的考虑，要求选择的测量仪器要有正确的测量原理、合适的工作频率和测量量程。

2. 交流电压的表示量值

交流电压幅度值的相对大小常用峰-峰值、平均值和有效值来表示。

1) 峰-峰值 U_{P-P}

峰-峰值表示信号的最大值与最小值的差。对于对称的正弦信号来说，更常用的是峰值 U_P，其值等于 $U_{P-P}/2$。例如，$U(t)=A\cos\omega_c t$，则有 $U_{P-P}=2A$，$U_P=A$。

2) 平均值 $\overline{U}$

设电压信号为 $U(t)$，其周期为 T，则平均值为

$$\overline{U} = \frac{1}{T}\int_0^T U(t)\,\mathrm{d}t \qquad (3-2)$$

对于一个对称的周期信号（如正弦波、方波等）来说，$\overline{U}$ 等于零。为了普遍地反映电压信号的振幅的平均值大小，通常总是求信号的绝对值的平均值，即交流信号经过整流后的平均值。这时平均值的意义为

$$\overline{U} = \frac{1}{T}\int_0^T |U(t)|\,\mathrm{d}t \qquad (3-3)$$

若 $U(t)=U_P\cos\omega_c t$，则可以算得 $\overline{U} = \frac{2}{T}\int_{-\frac{T}{4}}^{\frac{T}{4}} U_P\cos\omega_c t\,\mathrm{d}t$。电压测量仪器中的检波器基本上是按这种原理工作的。

3) 有效值 U_{RMS}

有效值指的是信号的均方根值（RMS）。电压信号的有效值用 U_{RMS} 表示，其数学表达式为

$$U_{RMS} = \sqrt{\frac{1}{T}\int_0^T U^2(t)\,\mathrm{d}t} \qquad (3-4)$$

有效值的物理意义为：在一个时间周期内，交流电压在一确定负载中所产生的热能如果与一个直流电压在同样的负载中产生的热能相等，则这个相当的直流电压值就是该交流电压的有效值。

采用有效值可对交流电压与直流电压在热效应相等的前提下进行直接而准确的比较。有效值与波形无关，因而具有广泛的意义。对于正弦波 $U(t)=U_m\cos\omega_c t$ 来说：

$$U_{RMS} = \frac{U_m}{\sqrt{2}} \approx 0.707U_m \qquad (3-5)$$

因此，对于正弦波，$U_P=U_m$，$\overline{U}=\frac{2}{\pi}U_P$，$U_{RMS}=\frac{U_P}{\sqrt{2}}$，三者有着固定的关系，只要检测出其中的一个，即可推算出其他两个。为了换算方便，工程上定义了以下两个参数。

(1) 波形因数 K_F：表示电压的有效值与平均值之比，即

$$K_F = \frac{U_{RMS}}{\overline{U}} \qquad (3-6)$$

(2) 波峰因数 K_P：表示交流电压的峰值与有效值之比，即

$$K_P = \frac{U_P}{U_{RMS}} \qquad (3-7)$$

对正弦波形电压信号，$K_P=\sqrt{2}$，$K_F=\pi/2\sqrt{2}$。

3.4.2 交流电压的测量原理与方法

1. 测量方法

交流电压测量与直流电压测量相类似，都是将电压表并联于被测电路上，其电路连接如图 3.11 所示。

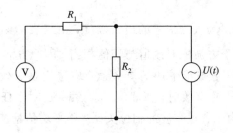

图 3.11　交流电压的测量

2. 测量原理

交流电压的大小一般由峰值、平均值和有效值来表征。交流电压的测量仪器一般由一个对交流电压的 U_P、$\overline{U}$、U_{RMS} 响应的转换器将交流电压转换为对应的直流量，然后用直流电压的测量方法测定其大小，再以相应的量纲在指示器上指示出来。

配置峰值转换器的电压测量仪表称为峰值电压表，配置平均值转换器的电压测量仪表称为平均值电压表，同样，内置转换器对交流电压有效值发生响应的电压表称为有效值电压表。

1）交流电压的模拟测量

用模拟电路的技术和方法测量交流电压，最常用的转换器有峰值检波电路、平均值检波电路和热电偶式转换电路，其工作原理如图 3.12(a)、(b)、(c)所示。

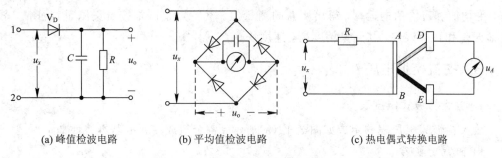

(a) 峰值检波电路　　　　(b) 平均值检波电路　　　　(c) 热电偶式转换电路

图 3.12　测量原理

在峰值检波电路中，二极管仅在输入信号的正半周导通，通过电容的平滑作用，输出直流电压接近于输入电压的峰值。在平均值检波电路中，检波二极管在被测电压的正、负半周内轮流导通，输出电压 u_o 正比于输入电压的平均值。对于热电偶式转换电路，其工作原理与 3.2.2 节中的热电偶电表原理类似，不同之处仅在于加热源 u_x 是交流电压。热电偶式转换电路中，微安表的电流与加热电路中的电流(u_x/R)的平方成正比，也即与输入电压的有效值成正比。

尽管模拟电压表的检波器或转换器有不同的种类，但一般均以有效值来划分指示表头的刻度。这仅对正弦波形的电压来说是正确的。以峰值电压表为例，其显示值是将峰值检波器检测到的电压值除以波峰因数 K_P 得到的，若显示读数为 α，则

$$\alpha = u_{RMS} = \frac{u_P}{K_P} = \frac{u_P}{\sqrt{2}} \qquad (3-8)$$

当被测电压不为正弦波时，其波峰因数不为$\sqrt{2}$，仪表的读数与实际值必然发生偏差。

例 3.1　用一峰值电压表去测量一个方波电压，读数为 10 V，该方波电压的有效值是

多少？

解 峰值检波器的输出为被测信号的最大幅度，由仪表的刻度关系知，被测方波的幅度为$\sqrt{2} \times 10 = 14.1$ V。由于方波的有效值与峰值相当，因此方波的有效值为 14.1 V。

因此，要正确测量非正弦波形电压的有效值，应选用真有效值电压表（即转换电路为按平方律工作的转换器，也称有效值转换器）。其理由是：对于任意波形的周期信号，可以分解为多个正弦波之和。由于各正弦波的相位关系，用平均值检波器或峰值检波器检波，多个谐波的作用有可能发生抵消，得出错误结果。而对于有效值转换器，其特性符合如下公式：

$$u = \sqrt{\frac{1}{T}\int_0^T u_x^2(t)\,\mathrm{d}t} = \sqrt{\frac{1}{T}\int_0^T [u_1(t) + u_2(t) + \cdots + u_n(t)]^2\,\mathrm{d}t} \qquad (3-9)$$

由于不同频率的谐波的乘积项在$(0, T)$上的积分为 0，因此上述式(3-9)可以简化为

$$u = \sqrt{\frac{1}{T}\int_0^T [u_1^2(t) + u_2^2(t) + \cdots + u_n^2(t)]\,\mathrm{d}t} \qquad (3-10)$$

可见，有效值转换器符合叠加定理，故能对非正弦信号进行正确测定。

目前有许多单片精密真有效值-DC 转换器芯片可充当这种有效值转换器，用于对非正弦信号电压进行精确测量，具体参见后续 3.6.4 节中的"有效值-DC 转换电路"。

2）交流电压的数字化测量

现代的数字化电压测量方法是对被测交流电压信号进行抽样，再对抽样值进行求峰值、平均值和有效值的运算，得出所需的测量值。其特点是严格按定义测量特征值，没有波形误差和转换误差，其测量精度高，速度快。

3.4.3 交流模拟电压表

1. 放大检波式电压表

放大检波式电压表的组成如图 3.13(a)所示，各个组成单元的基本特性如下所述。

1）阻抗变换器

阻抗变换器的作用是对外（输入）呈现高阻抗，对内（输出）呈现低阻抗，典型的电路如图 3.13(b)所示。其中，V_1 是高频场效应管，输入电阻极大，等效输入电容小于 2 pF；V_2为高频晶体三极管，输出电阻为 R_4，一般为 100 Ω 左右，该电路传输衰减系数较小，且能驱动 75 Ω 电缆。

2）衰减器

衰减器的作用是在测量大信号时对输入信号进行衰减以扩大测量量程。衰减器亦要求有宽带的特性，在高频时要考虑电路与元件的分布电容效应，采用复合阻容结构。典型的衰减器如图 3.13(c)所示。当 $R_1C_1 = R_2C_2$ 时，衰减比与频率无关。

3）宽带放大器

宽带放大器一般选用宽带线性集成放大器，如 LM733，可工作在直流到 50 MHz 的频率范围。

4）检波器

常用的检波器有峰值检波器和倍压检波器，如图 3.13(d)所示。检波器是将交流信号转变为直流信号的关键电路。对峰值检波器的基本要求是具有较高的检波效率、检波灵敏

度和输入阻抗。以峰值检波器为例，设二极管的正向导通电阻为 R_d，信号周期为 T，则检波器的输入电阻为 $R/2$，充电时间常数为 R_dC，放电时间常数为 RC，在满足条件 $RC \gg R_dC$，$RC \gg T$ 的情况下，检波器的输出电压 $U_R = \dfrac{1}{T}\int_0^T U_c(t)\mathrm{d}t$，正比于输入电压的峰值。很容易推导出，倍压检波器的输出是峰值检波器输出的两倍。由于宽带放大器增益与带宽的限制，这种放大-检波式电压表的工作频率有限，通常为 20 Hz～10 MHz，多用在低频、视频场合，称为视频毫伏表。当工作频率过高时，由于二极管的极间电容起作用，因此会严重影响检波器特性。同时，在小信号工作时，检波器有明显的非线性误差。

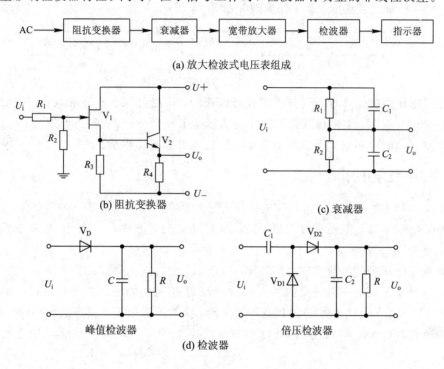

图 3.13　放大检波式模拟电压表原理框图

2. 检波-放大式电压表

检波-放大式电压表首先直接对被测电压信号进行检波，然后对转化成的直流信号进行处理并显示，具有结构简单、输入阻抗高、适用于高频测量的特点，其频率范围和输入阻抗主要取决于检波器。当采用了超高频检波二极管时，频率范围为几十至几百兆赫兹，称为高频或超高频毫伏表。缺点是检波二极管导通需要的起始测量信号较大，一般为几十毫伏，信号非线性误差也较大。其工作原理如图 3.14 所示。

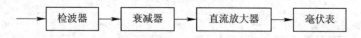

图 3.14　检波-放大式电压表原理框图

3. 热偶式电压表

热电偶不仅可以用于电流测量，还可以作为电压测量的核心部件。我们知道，热电偶的直流输出仅与热电偶接触界面的温差成正比。当我们把被测电压作为加热源，即热电偶的温差由被测电压产生时，通过检测热电偶的热电势，即构成了真有效值电压表。这种电压表可以测量直流至上百兆的交流信号。其缺点是灵敏度低(一般为上百伏)，输入阻抗低，受环境温度影响大，具有非线性特性等。

4. 外差式电压表

由于频响和灵敏度的限制，放大-检波式电压表、检波-放大式电压表和热偶式电压表均不可以用于高频微伏级电压检测。这时可采用外差式电压表，它的测量频率可达几百兆赫，灵敏度一般都是微伏级。其工作原理如图 3.15 所示。

图 3.15　外差式电压表原理框图

外差式电压表的工作原理与外差式收音机相同，信号经探头加到混频器，在混频器内与本地振荡信号混频，本振信号频率比被测信号高出一个中频(故称为外差式)，混频后的信号经固定频率的中频放大器放大后送至检波器检波并输出指示。

3.4.4　交流数字电压表

根据工作频率的高低，交流数字电压表可分为低频、高频和宽带三种类型。

低频数字电压表一般是在直流数字电压表的基础上增加放大器和交、直流变换器而组成的，如图 3.16(a)所示。

高频数字电压表的一般组成如图 3.16(b)所示。它的检波器探头高频特性较好。

宽带数字电压表的一般组成如图 3.16(c)所示。高阻抗的输入探头具有极高的输入阻抗，且能将输入信号无失真地传送到宽带放大器，检波器采用工作频率达数 GHz 的射频检波器，如 AD8361、AD8362 等，因而能够实现在很宽的频率范围对交流电压进行精确的测量。

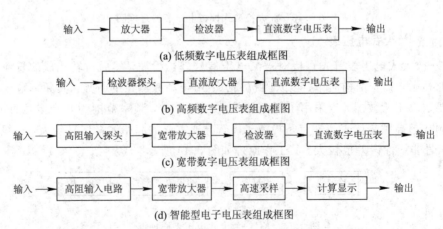

图 3.16　交流数字电压表组成框图

数字万用表的交流电压挡一般采用图 3.16(a)或图 3.16(b)所示的结构，但其检波器或前置放大器的频率特性均较差，因而仅适用于低频电压测量。专用数字电压表一般采用

图 3.16(c)所示的结构。随着微型计算机技术和高速采样技术的发展与应用,出现了智能型电子电压表,其一般结构如图 3.16(d)所示。

与一般数字电压表的显著不同之处在于,这种数字电压表直接对高频信号进行数字化采集与处理,通过微处理器换算出对应的有效值,因此具有更好的动态特性,响应时间极短,同时由于嵌入式微处理器的应用,能够实现自动量程转换和误差补偿,操作更方便,测量更准确。

3.4.5 交流电压测量的其他应用

在电子科学技术中,除了正弦信号,还广泛应用着一些非正弦交变信号,如脉冲信号、随机噪声等,对这些信号的强弱也需要加以测定。我们可以采用交流电压测量的技术和设备,并加以适当改进来解决这方面的问题。

1. 脉冲电压测量

脉冲电压的特点是幅度较大、持续时间短。一些占空比很小的脉冲,含有很高的频率分量。对于一些采用交流放大、检波-直流放大流程的交流电压表,不仅会对其动态范围和频率范围提出更高的要求,而且由于检波器的电容对窄脉冲的电压信号不能很好保持,检波效率大为下降。

如果用峰值检波器检测已知占空比的脉冲电压,可以由数学的方法或根据经验对测量结果进行合适的修正。实用的脉冲电压测量方法是,选用低损耗电容和高输入阻抗跟随器和开关器件构成脉冲幅度保持电路,得到与脉冲幅度相同的直流电压,再用模拟电压表或数字电压表进行测量,这也是一般的脉冲电压表的工作原理。对于智能型电压表,则可由仪表的数据采集部分对脉冲直接进行采集,再由软件分析确认为脉冲波形并显示出幅度值。

2. 噪声电压测量

在电子学领域,噪声电压是一种普遍存在的随机信号。典型的有电阻的热噪声、晶体三极管的内部噪声、电子放大器的输出噪声等。在设计电子电路时,免不了要对噪声(特别是高斯白噪声)进行测量。噪声的幅度与出现的时间是无序的。噪声电压一般是指有效值(均方值),故可选用具有有效值测量能力的交流电压表进行测量。由于峰值检波器不适合噪声电压,因此一般不用这类仪表去测量噪声电压。

3. 选频电压测量

如何对混杂于众多信号或噪声中的某一频率信号的电平进行测量,这便涉及选频电压测量。实现选频电压测量的仪表称作选频电平表。选频电平表的原理框图如图 3.17 所示。输入信号与本地产生的频率可调的本振信号进行混频,混频后的信号通过中心频率固定为 f_0 的窄带滤波器进行滤波,这样,输入信号中只有满足 $f_x = f_L - f_0$ 的频率分量能够通过此窄带滤波器。窄带滤波后信号的后续处理与普通的交流毫伏表一样,经放大、检波后送表头进行电平指示,最终完成选频电压(电平)的测量,测量值以电平(dB)表示,即

$$N = 20 \log \frac{U_x}{0.755} \quad \text{dB} \tag{3-11}$$

式中:N 为被测分量信号电平;U_x 为被测分量信号电压有效值;0.775 为 0 dB 对应的电压

有效值(0.775 V)。

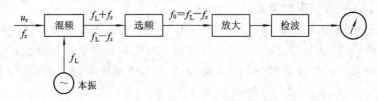

图 3.17　选频电平表原理框图

随着数字处理技术的发展与广泛应用，图 3.17 中的本振、选频、检波、指示等模块均可以用 DDS、DSP、LED/LCD 等数字模块来实现，从而形成界面更友好、精度更高、更智能的数字式选频电平表。

选频电平表作为高灵敏度、高精密的电平测量仪表，既可用于测量输入信号中各组成频率分量信号的电平值或某指定频率信号的电平值，又可与标准电平振荡器配套构成完整的传输测试设备，在电力载波、通信等系统中用于传输线路电平、增益、衰减等特性的精确测量，以及用于电力高频保护收发信机的测量与调试。

3.5　功　率　测　量

电功率测量的主要任务是测量单位时间内电能量的大小，在以下几种场合必须加以考虑：

（1）电力工程中电网的输出功率和负载的消耗功率。

（2）电子装置和电子设备中直流电源的输出功率和各个电路单元消耗的功率。

（3）高频无线电发射设施的发信功率，如广播电视塔的发射功率直接影响到广播电视信号的传播质量。

3.5.1　直流功率测量

由电工学可知，功率即为单位时间内所做的功，具体表达式为

$$功率(P) = \frac{功}{时间} = \frac{W}{t} \tag{3-12}$$

对电功率来说，由于 $W = QU$，$t = \dfrac{Q}{I}$，代入后可得到

$$P = \frac{QU}{Q/I} = UI \tag{3-13}$$

式中：Q 为电荷，单位为 C(库仑)；U 为电压，单位为 V(伏特)；I 为电流，单位为 A(安培)。

在电阻电路中，还可导出：

$$P = I^2 R, \quad P = \frac{U^2}{R} \tag{3-14}$$

因此直流功率的测量是相对简单的，只需测出 I、U、R 中的任意两个，即可算出功率 P。

一般测量中很少使用直流功率计，大多是通过使用电压表、电流表和电阻表来测定其参数。

3.5.2 交流功率测量

交流功率通常是一个周期内的平均功率。当一个电路加上交流电压以后，对于纯电阻性的电路，总可以由本节中所介绍的方式测出其三个参数中的两个，进而求出其功率。但对于存在电感或电容的电路，即非纯阻性电路，此测量不具有适用性。因为在这种电路中，电感与电容不消耗任何功率，只是以电场或磁场的形式交替地存储能量，表现在数学形式上是电压与电流存在一定的相位差。对于纯电感电路，电流滞后电压90°，如图3.18(a)所示；对于纯电容电路，电流超前于电压90°，如图3.18(b)所示。

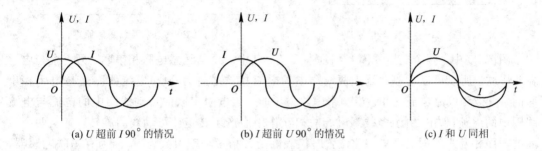

(a) U 超前 I 90°的情况   (b) I 超前 U 90°的情况   (c) I 和 U 同相

图 3.18 U 与 I 的相位关系

设 $u = \sqrt{2}U \cos(\omega_c t)$，$i = \sqrt{2}I \cos(\omega_c t + \theta)$，则平均功率为

$$
\begin{aligned}
P &= \frac{1}{T}\int_0^T ui \, \mathrm{d}t \\
&= \frac{1}{T}\int_0^T 2UI \cos(\omega_c t) \cos(\omega_c t + \theta) \, \mathrm{d}t \\
&= \frac{UI}{T}\int_0^T \left[\cos(2\omega_c t + \theta) + \cos\theta\right] \mathrm{d}t \\
&= UI \cos\theta
\end{aligned}
\tag{3-15}
$$

我们定义视在功率为 $P_A = UI$（单位为伏安），无功功率为 $P_R = UI \sin\theta$（单位为乏），有效平均功率为 $P_T = UI \cos\theta$（单位为瓦），$\cos\theta$ 称为功率因数，当电路是纯电阻时，$\cos\theta = 1$，其变化范围在 $0 \sim 1$ 之间。而当电路是纯电抗时，$\cos\theta = 0$。视在功率、无功功率与有效平均功率的关系为

$$
P_A = \sqrt{P_T^2 + P_R^2}
\tag{3-16}
$$

功率因数与视在功率可以由功率因数表与电动式功率表等仪器直接测得。在电力工程中，往往根据电路是容性的或是感性的，加入相反的电抗进行补偿，使功率因数尽量接近于1，避免电能量在电路中的空耗。电动式功率表的大致原理如下：仪表有两个线圈，一个是固定的，另一个是活动的，两个线圈串联相接。当被测电流流过两个线圈时，指针的偏转量与通过每个线圈的电流之积或被测电流的平方成正比。

图3.19为交直流功率表的工作原理及其与电路中单个负载的连接情况。值得指出的是，电流线圈 $C_1 - C_2$ 是与负载串联的，而电压线圈 $V_1 - V_2$ 是与负载并联的。为了保证测量的可靠性与准确性，电流线圈通常用粗导线绕制，且电感量尽量要小，以减小测量时电源在其上的压降；电压线圈的圈数要足够多，以尽量减小对电源的损耗。

将功率表的结构作适当改变，即可成为功率因数表，其测量原理及电路连接如图 3.20 所示。

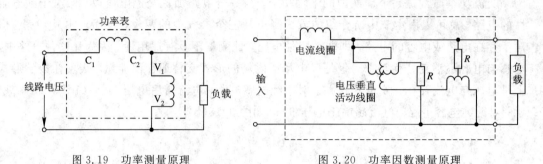

图 3.19 功率测量原理   图 3.20 功率因数测量原理

图 3.20 中，两个电压线圈互相垂直安装，其中一个与无感电阻相串联，另一个与电感器相串联，所以可以近似地认为两线圈中的电流相位之差为 90°。电流线圈是与电路相串联的，与被测线路电流同相。当功率因数为 1 时，与电阻串联的可动线圈中的电流与电流线圈中的电流同相，由于多线圈磁场的相互作用而产生转矩使可动线圈旋转，直至两个线圈的平面相互平行时为止，在此位置时仪表的指针指示功率因数为 1。因为有串联电感器，另一个可动线圈中的电流的相位差为 90°，所以不会产生转矩。

当功率因数为零时，和上述情形相反，仅有与电感器串联的可变线圈中产生的电流与电流线圈中的电流同相，两线圈产生的磁场的相互作用最终使仪表平衡于刻度指针为 0 处。对于介于 0～1 之间的功率因数，每个线圈中的电流均与电流线圈中的电流有同相分量，并产生相应的转矩，最终使指针平衡于总的转矩。

与功率测量密切相关的是电能量的测量。由功率测量的定义知 $P = \dfrac{W}{t}$，故 $W = Pt$。

电能量一般用千瓦小时(kW·h)表示，1 kW·h＝3.6×10⁶ J。能指示消耗多少电能的测量电能量的仪表称为电度表。电度表考虑了功率和时间两个因素。它在原理上是一个小电动机，其瞬时速度与通过它的电流的功率成正比，在给定的时间里总转数与在该时间内所消耗的总能量成正比。经典型电度表的内部结构如图 3.21 所示。

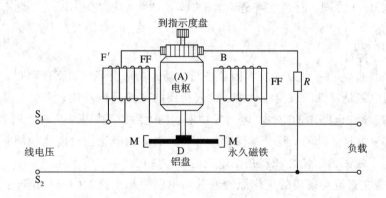

图 3.21 经典型电度表的结构

由图 3.21 可以看出，仪表中两个线圈是相互串联的。在工作时，串接于电路中的两线圈的电流即为实际电路的电流。而电枢中的电流与线电压成正比，周围的磁场与负载电流成正比。所以产生的转矩必然与线路电流和电压的乘积成正比。相应地，量具上记录的数据即为消耗的电量数。

与模拟式电度表不同，现在广泛使用的数字式电度表是一种智能化的电度表，其核心是内部集成有电压、电流检测，精确的时间基准，有的甚至包括微处理器的单片大规模集成电路，它不仅具有测量灵敏度高的特点，而且具有数据存储、分时计量及自动抄表等功能。

电能基本表达式如下：

$$W(t) = \int_0^t P(t) \, dt = \int_0^t u(t)i(t) \, dt \approx \sum_0^n u(k)i(k)\Delta t \qquad (3-17)$$

式中，$u(t)$、$i(t)$、$P(t)$ 分别是瞬时电压、瞬时电流、瞬时功率值，所以测量电能的基本方法是将电压、电流相乘，然后在时间上进行积分，而这一积分可近似为众多微小时间间隔内电能的累加。根据这一原理，可以得到数字式电度表的原理框图如图 3.22 所示。

图 3.22　数字式电度表原理框图

被测用电电路中的电压、电流经电压、电流变换器转换后送入乘法器中相乘，输出一个与功率成正比的直流电压，然后再利用电压/频率转换器把这一电压转换成与被计量的电量成正比的脉冲，送入计数处理单元进行处理，最后由显示单元进行显示。

目前用于电能计量的单片集成电路有很多，ADI 公司的 ADE7755 就是一种高准确度的单相电能测量集成电路，其技术指标超过了 IEC1036 规定的准确度要求。ADE7755 的内部信号处理框图如图 3.23 所示。芯片内部两路过采样频率达到 900 kHz 的 16 位二阶 Σ-Δ ADC 分别对来自电流和电压传感器的信号进行数字化处理，其模拟输入具有很宽的动态范围，可以与传感器直接连接，从而大大简化了传感器接口，也简化了抗混叠滤波器的设计。电流通道中的程控增益放大器（PGA）进一步简化了传感器接口。电流通道中的 HPF 滤掉电流信号中的直流分量，从而消除了由于电压或者电流失调所造成的有功功率计算上的误差。

瞬时功率信号是用电流和电压信号直接相乘得到的，而对瞬时功率信号进行低通滤波就得到了有功功率分量（即直流分量）。图 3.23 显示出了对瞬时功率信号进行低通滤波来获取瞬时有功功率的过程，这个过程中所有的信号处理都是由数字电路完成的，因此具有优良的温度和时间稳定性。

数字—频率转换器将瞬时有功功率值随时间累积得到的平均有功功率转换为低频信号，通过引脚 F1、F2 输出，其输出频率正比于平均有功功率，这个平均有功功率信息进一步被累加，就能获得电能计量信息。

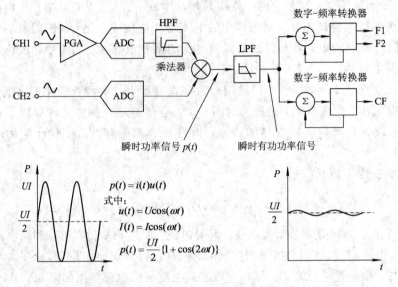

$p(t) = i(t)u(t)$

式中：
$u(t) = U\cos(\omega t)$
$I(t) = I\cos(\omega t)$

$p(t) = \dfrac{UI}{2}\{1 + \cos(2\omega t)\}$

图 3.23　ADE7755 内部信号处理框图

3.5.3　高频功率测量

在高频信号的传输过程中，输出功率的大小往往是衡量系统设施容量的最重要指标。

高频功率测量与低频功率测量有很大的不同。在实际测量中应特别注意负载匹配问题。以短波、超短波等无线电台为例，其发信机的输出天线是不允许开路的，因为一旦开路，将造成功率无法输出，能量消耗在机器内部，极易造成功放部件的损坏。高频功率的测量一般可用无感电阻和交流表头，或高频电压表与理想负载构成测试单元，如图 3.24 所示。

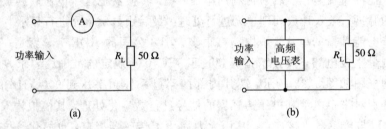

图 3.24　高频功率测量

考虑到高频信号传输的反射原理，在较严格的场合中，要使用功率计/驻波表来测量高频信号功率。而更一般的高频功率计都采用量热式原理，即测量该信号能产生多大的热量，再核算出相应的高频功率。例如，在检测一个 400 W 单边带无线电台发信机的功率时，即可用 4 个 100 W 灯泡作为简易功率计，测量方法如图 3.25 所示。

图 3.25　400 W 短波电台简易功率测试

测量时必须去掉电台天线，接入由 4 只 100 W 灯泡组成的假负载，然后即可根据灯泡的明亮程度判断电台输出功率的大小。

对于射频信号功率的精确测量(特别是像无线通信中 CDMA、WCDMA、LTE 等高峰值－平均功率比的射频调制信号的功率测量)必须通过耦合器取出被测信号中的部分功率，然后送给专门的射频检波器，如 ADI 公司的 AD8362 真功率检波器等，将射频功率转换成对应的直流电压，对此直流电压进行测量、换算后得到被测信号的功率。

3.5.4 功率测量与电压测量的电平表示

在电声工程、通信工程、噪声测量等领域，为了研究方便，常常以对数的形式来表征电信号功率或电压。

常用的功率电平可分为绝对电平和相对电平两种。

(1) 绝对功率电平 L_P。以 600 Ω 电阻上消耗 1 mW 的功率作为基准功率，任意功率与之相比的对数称为绝对功率电平，其值为

$$L_P = 10 \lg \frac{P_x}{P_0} \quad \text{dBm} \tag{3-18}$$

式中，P_x 为任意功率，P_0 为基准功率。

(2) 相对功率电平 $L_P^{'}$。任意两功率之比的对数称为相对功率电平，即

$$L_P^{'} = 10 \lg \frac{P_A}{P_B} \quad \text{dB} \tag{3-19}$$

式中，P_A、P_B 为任意两功率。

由于 600 Ω 电阻上消耗的功率为 1 mW，其上的电压为 0.775 V，以此作为基准电压，可以确定电压的绝对电平 L_u 和相对电平 $L_u^{'}$ 分别为

$$L_u = 20 \lg \frac{u_x}{0.775} \quad \text{dBV} \tag{3-20}$$

$$L_u^{'} = 20 \lg \frac{u_A}{u_B} \quad \text{dB} \tag{3-21}$$

式中，u_A、u_B 为两电压值。

功率电平和电压电平可以由专用的电平表来测量，电平表的刻度一般以 dB 为单位，实际测量值等于所在量程示值与衰减的 dB 数之和，如测一个信号时，电平表的衰减量为 −20 dB，仪表读数为 2 dB，则该信号的电压电平为 −18 dBV。在没有电平表的情况下，可以利用电平表与电压表的确定关系，由电压表测量出电压值，进而推算出对应的电平值。需要注意的是量程问题——电压表的量程是乘数关系，电平表则是加法关系。因此在扩大 N 倍量程的情况下，有

$$L_u = 20 \lg \frac{Nu_x}{0.775} = 20 \lg \frac{u_x}{0.775} + 20 \lg N \tag{3-22}$$

例 3.2 用 MF－20 电子多用表的 30 V 量程测量电压，当该量程的读数为 27.5 V 时，问该电压信号对应的分贝值是多少？

解 因为 MF－20 多用表将 1.5 V 量程刻度线上的 0.775 V 定义为 0 dB，30 V 量程是 1.5 V 的 20 倍扩展，27.5 V 示值位置对应在 1.5 V 量程上的读数为 1.38 V，所以有

$$L_u = 26 + 20 \lg \frac{1.38}{0.775} = 31 \text{ dBV}$$

当然，也可以由下式求得：

$$L_u = 20 \lg \frac{27.5}{0.775} = 31 \text{ dBV}$$

3.6 数字万用表的特点与技术原理

如前所述，电流、电压等电参量的测量和电阻、二极管等电子元件的测量是最常见、最基本的电子测量。数字万用表 DMM(Digital Multi Meter)则是一种用于这些测量的最基本的电子测量工具。

3.6.1 数字万用表的特点

数字万用表具有以下特点：

(1) 功能多。数字万用表既能测量直流或较低频率的电流或电压信号，又能测量电阻器、二极管等电子元器件。特殊的数字万用表还可以显示较低频率的电信号的波形。

(2) 指标高。数字万用表的直流电压测量技术指标有如下特色：

① 输入范围大。最大输入一般为±1000 V，如英国 SOLARTRON 公司的 7801 最大输入电压为 1000 V(DC)。

② 准确度高。准确度最高可达 10^{-7}。

③ 分辨率高。分辨率可达 10^{-8}，即 1 V 输入量程时可分辨 10 nV。

④ 输入阻抗高。典型输入电阻为 10 MΩ，输入电容为 40 pF。

⑤ 显示位数多。显示位数大多数为 $3\frac{1}{2}$ 位、$4\frac{1}{2}$ 位、$5\frac{1}{2}$ 位，高级的可达 $8\frac{1}{2}$ 位。

⑥ 读数速率快。读数速率可达 500 次/s。

(3) 用途广。数字万用表具有体积小、价格低和便于携带的特点，无论是在电子实验室、电子产品生产车间，还是在电力工程施工、家用电器修理及生活用电检测等场合，都是不可或缺的基本工具。

3.6.2 数字万用表的主要技术指标

数字万用表最主要的技术指标有：

(1) 显示位数。显示位数是表示数字万用表精密程度的一个基本参数。所谓位数，是指能显示 0～9 共十个完整数码的显示器的位数。若某位(通常是最高位)只能显示"1"或"0"，只能算为 1/2 位。如某数字万用表最大显示值为"9999"，每一位都可以显示 0～9 十个数码，故该数字万用表是四位的。又如另一数字表的最大显示值为"19999"，由于高位只能显示"1"或"0"，不能算一个完整的位，故该表是四位半的。

(2) 分辨率。分辨率是指数字电压表能够显示被测电压的最小变化值，即显示器末位跳动一个数字所需的电压值。在不同的量程上其分辨率是不同的，一般在最小量程上具有最高的分辨率。

(3) 测量速率。测量速率是指每秒钟对被测电压的测量次数，或一次完整测量所需的时间。

（4）输入特性。输入特性主要是指输入阻抗。一般直流输入阻抗在 $10\sim1000$ MΩ 之间，交流测量时输入电容在几十至几百皮法之间。

（5）抗干扰能力。为了在较高灵敏度的条件下进行测量，数字万用表采用特殊的设计方法以抑制来自外部和内部的种种干扰。数字万用表的电压测量抗干扰能力主要有两个参数：一个是抗共模干扰信号的共模抑制比，一般为 $80\sim150$ dB；另一个是抗串模干扰信号的串模抑制比，一般为 $50\sim90$ dB。

3.6.3　数字万用表的组成

模拟万用表一般是通过电流驱动机械表头显示测量结果的，所以其主要测量均以电流表为基础。而现代数字万用表采用了数字化技术，以液晶显示屏显示测量结果，它的主要测量是以电压测量为基础的。数字万用表的组成框图如图 3.26 所示。

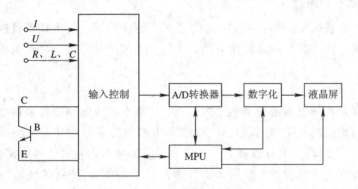

图 3.26　数字万用表组成框图

输入单元分别设有电流输入端、电压输入端、二端电子元件（电阻、电容、电感、二极管）输入端、三端元件（晶体三极管）输入端等，每一种测量均由输入控制电路选择相应的输入电路进行对接。输入直流信号经过放大或衰减处理，输入交流信号经过 A/D 转换器变成直流信号，再送至数字化单元量化成数字信息，由微处理器（MPU）处理后还原成被测量的原始量值，在液晶屏上以数据或曲线的形式显示出来。

3.6.4　数字万用表的技术原理与要求

1. 输入电路技术原理

数字万用表一般通过一对红黑表笔引入外部输入信号，对于二端元件的测量也是通过表笔输入的。对于晶体管这样的三端元件，一般由独立的测试座输入。针对输入信号幅值的不同，输入单元电路设有不同的衰减器，当测量的量值超出范围时，系统能给出溢出提示，部分数字万用表设有语音提示功能，会及时给出操作有误的信息。对于超出正常范围的大信号的测量（如测量 10 A 的直流电流），仪表一般设有独立的输入端口。对于元件参数的测量，输入单元能够提供元件工作时必需的直流电压和激励信号。

2. 显示单元技术原理

绝大多数数字万用表选用液晶显示屏作为显示终端。液晶屏由许多个由液晶材料构成的显像单元（像素）组成，典型的如笔段式，8×2、16×1 字符型，122×32、128×240 点阵式等。

从物理机制上来看，当加在单个像素上的电压为高电平(3.5 V)时，显示为亮；反之，当加在像素上的电压为低电平(0 V)时，显示为暗。因此，液晶屏能够方便地显示数据或黑白二值图像。对于多值图像，即有灰度等级的图像，示波管是通过加在其阴极射线上电压的强弱不同来实现的。而液晶显示器可以通过在一段时间里对应像素的高电平出现的次数多寡(占空比)来实现对明暗不同的控制。作为一种功耗极低的平板显示器件，液晶显示模块都有由集成电路实现的扫描模块，使用极为方便、灵活，几乎成了数字万用表的必然选择。

3. 控制处理单元技术原理

微处理器特别是单片计算机在数字万用表中构成控制器和处理器，管理测量操作过程和处理测量结果。此外，在一定程度上可以以软件功能代替或简化硬件功能，如自动量程转换、自动误差校正、抑制干扰等。MPU 的使用在很大程度上降低了系统成本，提高了仪表的智能化程度和操作的便利性。

4. 转换电路技术原理

数字万用表的转换电路包括两类：一类是基本转换电路，其负责将模拟状态的直流电量转换为数字量；另一类是测试转换电路，其负责将被测的物理量转换为仪器可以处理的直流电量。

1）基本转换电路原理

数字万用表是基于电压测量的数字式电表，其基本转换电路是将模拟电压信号转换为数字电压信号的模/数(A/D)转换器。在数字万用表的发展过程中，曾经采用过各种各样的模/数转换器，使用最多的有双斜式、多斜式、余数循环比较式、多周期脉冲调宽式等。随着电子信息技术的飞速发展，数据采集技术的日益进步，模/数转换器技术已经成为电子技术中一个最普通、最常用的技术，故这里选几种有代表性的电路加以分析。

（1）双斜式 A/D 转换器的工作原理。

双斜式 A/D 转换器是一种应用较早且目前仍被广泛应用的 A/D 转换器，其原理如图3.27 所示。图中 A_1 为积分器，A_2 为过零比较器，控制电路 J_1、J_2、J_3、J_4 控制输入开关 S_1、S_2、S_3、S_4 的动作。

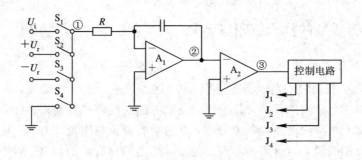

图 3.27 双斜式 A/D 转换器原理电路

双斜式 A/D 转换器的工作过程如图 3.28 所示，可以分为采样期和比较期两个阶段。

① 采样期。假定起始状态为 S_4 接通，S_1、S_2、S_3 断开，积分器输入端(图中位置①)接地，其输出(图中位置②)为零，比较器输出状态(图中位置③)为零。当控制电路在 t_1 时刻接通 S_1，而 S_2、S_3、S_4 断开时，积分器开始对被测电压 U_{i1} 进行积分，其积分时间为 T_1，

T_1 称为测量期或采样期，由于被测电压为正，积分器输出为负向斜波，因此比较器的输出状态为"1"。

② 比较期。当到达 T_1 期的结束时刻 t_2 时，积分器输出达到 P_1 点，这时 S_1、S_2、S_4 断开，S_3 闭合，积分器对基准电压 $-U_r$ 进行积分。由于这时输入电压为负，积分器的输出是从 P_1 点开始的正向斜波，逐渐趋向于水平坐标。在 t_3 时刻②电压为零，比较器的输出随之变化为"0"。这时控制开关切断开关 S_3，停止对 $-U_r$ 积分，并且接通 S_4 使积分器的输入再次为零。至此，一次积分过程结束。现将对 $-U_r$ 积分的结束时间 (t_3-t_2) 定义为 T_2，称为比较期。T_2 的长短表征被测电压 U_{i1} 的大小。例如，设被测电压 U_{i2} 为正，且 $U_{i2}<U_{i1}$，则在 T_1 结束时积分器的输出达到 P_2 点；对 $-U_r$ 积分的结束时刻为 t_3'，$T_2'=t_3'-t_2$，显然有 $T_2'<T_2$。

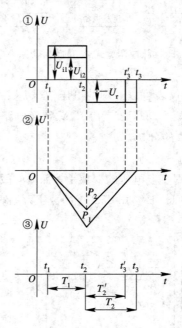

图 3.28　双斜式 A/D 转换器的工作过程

从以上分析可以看出，在一次测量过程中积分器进行两次不同斜波方向的积分，所以称为双斜式 A/D 转换器。假如被测电压 U_i 为负，则在 T_1 期间积分器输出正向斜波，T_2 期间对 $-U_r$ 进行积分输出负向斜波，仍在积分器的输出过零时完成一次测量。

从上述转换过程可以看到，双斜式 A/D 转换器是将被测电压 U_i 转换为时间 T_2，只要在 T_2 时间内控制计数器对固定频率的时钟信号进行计数，计数的结果即表示被测电压 U_i 的大小。简单地说，这是一个 $U-t$ 的转换测量过程。通过进一步分析可知，积分元件 R、C 及计数时钟的变化不对转换精度产生影响，而且该转换器对串模干扰具有较强的抗干扰能力，故得到了广泛的应用。

（2）脉冲调宽式 A/D 转换器的工作原理。

脉冲调宽式 A/D 转换器仍是积分式 A/D 转换器的一种形式。它与双斜式 A/D 转换器的差别在于积分器的输入电压增加了有固定周期和幅度的方波电压。脉冲调宽式 A/D 转换器的原理电路如图 3.29 所示。图中方波发生器产生的方波幅度总是大于输入电压 U_i 和参考电压 U_r 的幅度，A/D 转换的周期仅取决于方波的周期。与双斜式 A/D 转换器相比，其优点不仅在于输入电压 U_i 总是直接加在 A/D 转换器的输入端，而且在一个转换周期内要往返四次积分，对积分器的动态范围要求减小，从而降低了其非线性失真的影响，是一种高精度 A/D 转换器。

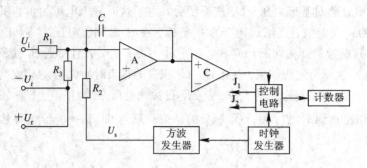

图 3.29　脉冲调宽式 A/D 转换器原理电路

2）测试转换电路

为了把被测量对象转换为仪表可以处理的电压信号，数字万用表的每一种测量功能均有对应的测试转换电路，如 ACV/DCV、I/V、R/V 转换电路等。这里对常用的 ACV/DCV 电路和 R/V 转换电路进行大致的分析。

（1）ACV/DCV 转换电路。

在数字万用表中交流电压到直流电压的变换是按照真有效值的定义进行的，即取被测量的均方根值。图 3.30 为美国 FLUKE 公司 8520A 型数字万用表的 ACV/DCV 转换器原理。

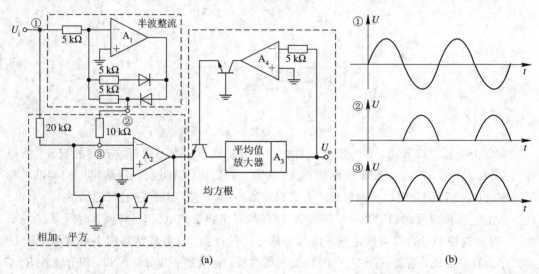

图 3.30　ACV/DCV 变换原理

在图 3.30 中 A_1 先对输入交流电压 U_i（如波形①所示）进行半波整流，输出交流电压的正半周，其幅度增益为 1（如波形②所示）。A_2 为平方放大器，其输入端将 U_i 和半波整流信号相加，实现了全波整流（如波形③所示）。合成信号经 A_2 进行平方运算以后，再由平均值放大器 A_3 和平方根放大器 A_4 完成平方根运算，得到直流电压。U_o 就是 U_i 的均方根值，即有效值。所以有 $U_o = \sqrt{U_i^2}$ 或者 $U_o = U_{irms}$。

（2）有效值-DC 转换电路。

除了正弦信号外，电子测量中还会遇到大量的非正弦信号。传统的交流电压表/万用表采用的是平均值转换法来对其进行测量，但这种方法存在着较大的理论误差。为了实现对交流信号电压有效值的精密测量，并使之不受被测信号波形的限制，需要采用真有效值转换技术，即不通过平均折算，而是直接将交流信号的有效值按比例转换为直流信号。目前已有许多能测量交流电压真有效值(RMS)的电压表/万用表，其最大优点是能够精确测量各种波形电压的有效值，而不必考虑被测波形的参数以及失真。交流电压真有效值的获得是通过转换电路对输入交流电压进行"平方→求平均值→开平方"的运算而得到的，而这一功能的实现通常是通过单片精密真有效值-DC 转换器来实现的，如 ADI 公司的 AD637、AD736、AD8436，凌特公司的 LTC1966、LTC1968 等。

AD637 是一款完整的高精度、单芯片均方根直流转换器，可计算任何复杂波形的真均方根值。它提供波峰因数补偿方案，允许以最高为 10 的波峰因数测量信号，额外误差小于1%。其宽带宽特性允许测量 200 mV 均方根、频率最高达 600 kHz 的输入信号，以及 1 V 均方根以上、频率最高达 8 MHz 的输入信号。其内部简要框图及典型应用如图 3.31 所示。

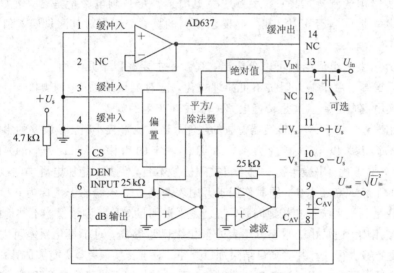

图 3.31　AD637 内部框图及其典型应用

（3）R/V 变换电路。

R/V 变换电路的职能是将被测电阻 R_x 变换为相应的电压 U_x 进行测量。如果流过被测电阻的电流已测得，则可以通过计算求得 R_x。图 3.32 是一种测量电阻用变换电路。

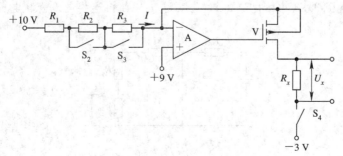

图 3.32　R/V 变换原理电路

图 3.32 中，+10 V 和 +9 V 电压由高稳定度直流电压源提供，+10 V 电压经过电阻 R_1、R_2、R_3 加到运算放大器 A 的反相输入端。由于运算放大器的反相端应该与同相端具有相等的电位(即为 +9 V)，因此 R_1、R_2、R_3 上的压降为 10−9＝1 V，流过其中的电流为

$$I = \frac{10-9}{R_1 + R_2 + R_3} = \frac{1}{R_1 + R_2 + R_3}$$

I 经过场效应管 V 流入电阻 R_x，在其上产生压降 U_x，U_x 的值由数字万用表测出，因此

$$R_x = \frac{U_x}{I} = U_x(R_1 + R_2 + R_3)$$

为了测量不同阻值范围的电阻，可以通过开关 S_2、S_3 改变电流 I 的大小。当被测电阻大于一定值(如 20 MΩ)时，该电路还可以通过开关 S_4 接通 −3 V 电流作为场效应管的拉电流通路进行测量。

3.6.5　数字万用表的使用与误差估计

作为一种常用的测量工具，数字万用表多用于判定被测电参量是否在正常范围之内，或电子元件基本性能是否正常。在一些要求较高的场合，应当对其测量误差值有一个基本估计。

从数字万用表的组成结构可以分析出，其误差主要有以下几方面：

(1) 输入误差。由于输入阻抗不可能理想化，会对测量结果产生影响。

(2) 转换电路的误差。这是转换电路的非线性产生的误差。

(3) 量化误差。由于 A/D 转换器位数的限制，当被测量较小时，该误差的影响较明显。

(4) 干扰误差。以电压测量为例，总会有一定的串模(Normal Model)干扰和共模 (Common Model)干扰。串模干扰一般来自被测信号本身，例如，稳压电源中的纹波电压、测量线上感应的工频或高频电压。同时作用于万用表两测试输入端的干扰称为共模干扰，其产生的原因往往是测量系统存在接地问题，特别是当被测量对象与测量仪器不共地的时候。

在正常使用中，通常由于数字万用表的量化级已足够高，对于量化误差可以忽略；对于输入误差，要能够进行计算并对测量结果加以修正；对于转换误差，要能够估算；对于干扰误差，则需在测量中通过对测试设备与被测对象合理连接，把干扰降到最低程度。

思 考 题 3

1. 为了测量图 3.33 中的电流 I_1 和电压 U_2，应如何连接电流表和电压表？

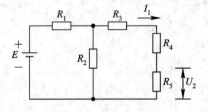

图 3.33　题 1 图

2. 已知一个 $10\,\mu A$ 电流表头的内阻为 $100\,\Omega$，设计用该表头和分流电阻构成一个三量程电流表：$0\sim1\,mA$、$0\sim10\,mA$、$1\sim100\,mA$。

3. 在题 2 的基础上设计一个三量程电压表：$0\sim1\,V$、$0\sim10\,V$、$0\sim100\,V$。

4. 已知正弦电压为 $e(t)=100\cos\omega t$，那么该电压的峰值、有效值和平均值各为多少？

5. 在有直流电平的情况下，被测信号的交流部分应如何测量？

6. 如果将 $12\,V$ 直流电压加入全波整流式交流仪表，那么仪表读数是多少？

7. 为什么测量与交流信号在电阻中所产生的热能成正比的直流电压的仪表具有非线性的分度？

8. 计算图 3.34 所示电路中各元件消耗的功率和电源消耗的功率。

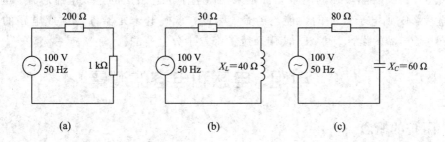

图 3.34 题 8 图

9. 对于一确定系统，$U=100\,V$，$I=5\,A$，$\cos\theta=0.8$，计算 P_A、P_T 和 P_R。

第4章　电子元器件与集成电路测量

电子产品是由许多不同种类和封装形式的电子元件在印制线路板上按特定的形式组合而成的。分立的电子元件主要有电阻器、电感器、电容器、晶体二极管、晶体三极管、场效应管等。还有一类功能较强的电子元件是采用微电子工艺生产的集成电路芯片。电子元件的质量直接影响到电子产品的性能与寿命。因此，掌握电子元器件与集成电路的测量方法，对于电子产品的设计、生产、使用及维护都是十分重要的。

4.1　电阻、电感和电容的测量

4.1.1　阻抗的概念

如图4.1所示，在一个二端元件或一个无源网络的一对输入端施加一激励电压信号（直流或交流），将产生一个电流，这时我们将电压与电流之比称为阻抗。

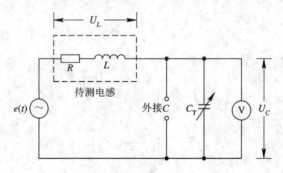

图 4.1　阻抗的示意图

当激励电压为直流电压 E 时，产生直流电流 I，电压 E 与电流 I 之比为一个常数，称为直流电阻 R_{DC}，即 $R_{DC}=E/I$。当激励电压为正弦波 $u(t)$ 时，响应电流 $i(t)$ 通常与 $u(t)$ 有一个相位差，这时由电路分析可知，若以电压与电流之比代表阻抗，则有 $Z=R_{DC}+jX$。阻抗 Z 的实数部分 R_{DC} 称为直流电阻或交流电阻，是交流电路中的耗能元件；虚数部分 X 称为电抗，是存储能量的元件。

对于纯电阻性器件，阻抗表达式中电抗部分为零；对于纯电感器件，阻抗中电阻部分为零，电抗部分为正值；对于纯电容器件，阻抗中电阻部分为零，电抗部分为负值。

电抗的特性一般随频率的变化而变化。在直流时，电感性器件的电抗为零，电容性器件的电抗为无限大。图4.2所示的是三种基本元件电阻、

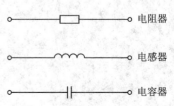

图 4.2　理想的电阻、电感、电容

电感、电容的理想模型。实际的元件是复杂的，每一种元器件在高频工作时都会在不同程度上显示所有三种特性。图 4.3 所示即为电阻、电感、电容的实际等效电路。

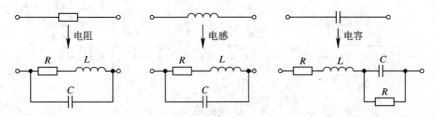

图 4.3　电阻、电感、电容的实际等效电路

为了讨论问题的方便，通常将阻抗元件等效为一个理想电阻与一个理想电感或理想电容相串联的形式，如图 4.4 所示。

(a) 电阻与电感串联　　　　　(b) 电阻与电容串联

图 4.4　感抗与容抗元件的等效

同时定义：

$$Q = \frac{X}{R} \tag{4-1}$$

Q 用于表征元件存储与消耗能量之比，常称为品质因数。对于电感，有

$$Q_L = \frac{\omega L}{R}$$

对于电容，有

$$Q_C = \frac{1/(\omega C)}{R} = \frac{1}{\omega RC}$$

显然，R 越小，Q 值越大，电感和电容越接近理想电感和理想电容。

4.1.2　电阻的特性与测量

1. 电阻的参数和种类

电阻是电路中应用最多的元件之一，常应用于对电流信号进行分流或对电压信号进行分压。电阻的最主要参数是标称阻值和额定功率。标称阻值是指电阻上标注的电阻值；额定功率是指电阻在一定条件下长期连续工作所允许承受的最大功率。另外，电阻还有一些特殊参数，如精度、最高工作温度、最高工作电压、噪声系数以及高频特性等。

电阻的种类繁多，按制作材料可分为碳膜电阻、金属膜电阻与线绕电阻；按外形可分为固定电阻和可调电阻；按精度可分为普通电阻与精密电阻；按用途可分为普通电阻、压敏电阻、温敏电阻和湿敏电阻等。此外，还有无感电阻、贴片电阻等，它们都有不同的用途。

电阻的类别和主要技术参数可以直接标注在电阻的表面，这种标示法称为直标法。如图 4.5(a) 所示电阻为碳膜电阻，阻值为 100 Ω，精度为 1%。图 4.5(b) 所示为电阻额定功率的直接标示法。

电阻的另一种标示法是色环法，即将电阻的类别和主要技术参数的数值用相应的颜色

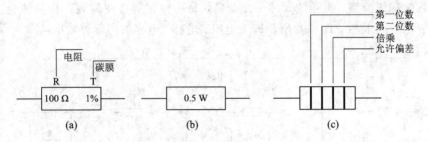

图 4.5 电阻的标注

(色环)标注在电阻的表面上。如图 4.5(c)所示。其中，第一、第二色环表示电阻倍乘的量值；第三环表示倍乘的幂值，将第一、第二、第三色环分别用 x、y、z 表示，则电阻阻值为 $R=(10x+y)\times10^z$，第四色环表示电阻的误差。色环法中各种颜色代表的量值如表 4.1 所示。

表 4.1　色码电阻色环对应数值

颜色	黑	棕	红	橙	黄	绿	蓝	紫	灰	白	金	银	无色
表示数值	0	1	2	3	4	5	6	7	8	9	10^{-1}	10^{-2}	
表示误差		$\pm1\%$	$\pm2\%$	$\pm3\%$	$\pm4\%$						$\pm5\%$	$\pm10\%$	$\pm20\%$

如电阻上四色环的颜色分别为绿、紫、黄、金，则前三条色环代表的数字分别为 5、7、4，可知该电阻的阻值 $R=(10\times5+7)\times10^4=57\times10^4=570$ kΩ，第四环为金色表明该电阻误差为 $\pm5\%$。

电子设备、装置的小型化是一大发展趋势，其内部越来越多地使用贴片电阻、贴片电容、贴片电感、贴片集成电路等表面贴装器件。贴片电阻的常见封装有 9 种，用两种尺寸代码来表示。一种尺寸代码是由 4 位数字表示的 EIA(美国电子工业协会)代码，前两位与后两位分别表示电阻的长与宽，以英寸为单位(我们常说的 0603 封装就是指英制代码)；另一种是米制代码，也由 4 位数字表示，其单位为毫米。表 4.2 列出了贴片电阻封装英制和公制的关系及详细的尺寸。

表 4.2　贴片电阻的规格

英制 /inch	公制 /mm	长(L) /mm	宽(W) /mm	高(t) /mm	额定功率 (70℃)
0201	0603	0.60 ± 0.05	0.30 ± 0.05	0.23 ± 0.05	1/20W
0402	1005	1.00 ± 0.10	0.50 ± 0.10	0.30 ± 0.10	1/16W
0603	1608	1.60 ± 0.15	0.80 ± 0.15	0.40 ± 0.10	1/10W
0805	2012	2.00 ± 0.20	1.25 ± 0.15	0.50 ± 0.10	1/8W
1206	3216	3.20 ± 0.20	1.60 ± 0.15	0.55 ± 0.10	1/4W
1210	3225	3.20 ± 0.20	2.50 ± 0.20	0.55 ± 0.10	1/3W
1812	4832	4.50 ± 0.20	3.20 ± 0.20	0.55 ± 0.10	1/2W
2010	5025	5.00 ± 0.20	2.50 ± 0.20	0.55 ± 0.10	3/4W
2512	6432	6.40 ± 0.20	3.20 ± 0.20	0.55 ± 0.10	1W

贴片电阻常见的印字标注方法有常规 3 位数标注法、常规 4 位数标注法、3 位数乘数代码标注法、R 表示小数点位置法及 m 表示小数点位置法。

0201、0402 规格的贴片电阻由于其面积太小，通常上面都不印字；0603、0805、1206、1210、1812、2010、2512 规格的贴片电阻上面印有 3 位数或者 4 位数，具体含义如下。

(1) 常规 3 位数标注法：XXY，多用于 E-24 系列，精度为 $\pm5\%$（J）、$\pm2\%$（G），部分厂家也用于 $\pm1\%$（F）。阻值为 $XX\times10^Y$，即前两位 XX 代表 2 位有效数，后 1 位 Y 代表 10 的几次幂。例如，标注 182 即表示阻值为 1.8 kΩ。

(2) 常规 4 位数标注法：$XXXY$，多用于 E-24、E-96 系列，精度为 $\pm1\%$（F）、$\pm0.5\%$（D）。阻值为 $XXX\times10^Y$，前三位 XXX 代表 3 位有效数，后 1 位 Y 代表 10 的几次幂。例如，标注 1821 即表示阻值为 1.82 kΩ。

(3) 3 位数乘数代码标注法：XXY，用于 E-96 系列，精度为 $\pm1\%$（F）、$\pm0.5\%$（D）。前两位 XX 指有效数的代码，具体值从表 4.3 中查找，转换为 XXX；后一位 Y 指 10 的几次幂的代码，具体值从表 4.4 中查找，转换为 Y。阻值为 $XXX\times10^Y$。例如，标注 26B 即表示阻值为 1.82 kΩ。

表 4.3 E-96 贴片电阻阻值代码表

代码	阻值	代码	阻值	代码	阻值	代码	阻值	代码	阻值	代码	阻值
1	100	17	147	33	215	49	316	65	464	81	681
2	102	18	150	34	221	50	324	66	475	82	698
3	105	19	154	35	226	51	332	67	487	83	715
4	107	20	158	36	232	52	340	68	499	84	732
5	110	21	162	37	237	53	348	69	511	85	750
6	113	22	165	38	243	54	357	70	523	86	768
7	115	23	169	39	249	55	365	71	536	87	787
8	118	24	174	40	255	56	374	72	549	88	806
9	121	25	178	41	261	57	383	73	562	89	825
10	124	26	182	42	267	58	392	74	576	90	845
11	127	27	187	43	274	59	402	75	590	91	866
12	130	28	191	44	280	60	412	76	604	92	887
13	133	29	196	45	287	61	422	77	619	93	909
14	137	30	200	46	294	62	432	78	634	94	931
15	140	31	205	47	301	63	442	79	649	95	953
16	143	32	210	48	309	64	453	80	665	96	976

表 4.4 E-96 贴片电阻乘数代码表

代码	A	B	C	D	E	F	G	H	X	Y	Z
乘数	10^0	10^1	10^2	10^3	10^4	10^5	10^6	10^7	10^{-1}	10^{-2}	10^{-3}

(4) R 表示小数点位置法：R 表示小数点位置，单位为 Ω。如 12R1 表示 12.1 Ω，R750 表示 0.750 Ω。

(5) m 表示小数点位置法：m 表示小数点位置，单位为 mΩ。如 47m 表示 47 mΩ，5m10 表示 5.10 mΩ。

2. 电阻的测量

对于阻值固定且在低频下工作的电阻，可根据欧姆定律对其进行测定。只要测得电阻两端的电压以及流过电阻的电流，即可由欧姆定律 $R=U/I$ 求出电阻的实际数值。图 4.6 给出了两种利用电流表和电压表测量电阻的方法。

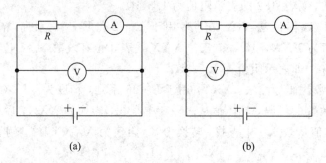

(a)   (b)

图 4.6　电阻测量的基本电路

图 4.6 是一种间接测量电阻的方法，存在一定的误差。在图 4.6(a)所示的电路中，要求电流表的内阻远远小于被测电阻 R，才不至于影响流过电阻的电流，或者说在电流表上产生的压降足够小，认为电阻两端的电压即为电压表指示的电压；图 4.6(b)所示的测量电路要求电压表的内阻足够大，才可以认为流过其中的电流近似为零，这样电阻 R 中的电流可以近似为电流表指示的电流。

最常用的电阻测量工具为万用表和电桥。

模拟万用表和数字万用表均有电阻测量挡。模拟万用表的电阻测量工作原理基本上与图 4.6 所示相同。万用表内部有电池作为电压源，当被测电阻接于两表笔之间时，表头中会有与被测电阻成正比的电流流过，表头指针指示出对应的电阻值。使用模拟万用表测量电阻之前，要先将两表笔短路，调节调零电位器，使其指示为零。在测量过程中要适当调整万用表的量程范围，尽量使仪表的指针处于仪表的中间位置，以减小读数的误差。数字万用表测量电阻不仅不需调零，而且精度比模拟万用表高，但是由于其输入电阻的影响，在测量阻值较小的电阻时，相对误差也很明显。

当对电阻的测量精度要求很高时，可用直流电桥进行测量。一种叫惠斯登电桥的测量方法原理如图 4.7 所示，图中 R_1、R_2 是固定电阻，$R_1/R_2=K$，R_N 为标准电阻，R_x 为被测电阻，G 为检流计。测量时，通过调节 R_N，使电桥平衡，即检流计指示为零。此时有

$$\frac{R_2}{R_x+R_2}=\frac{R_1}{R_1+R_N}$$

也即

$$R_2R_N=R_1R_x$$

所以有

$$R_x=\frac{R_2}{R_1}R_N=KR_N$$

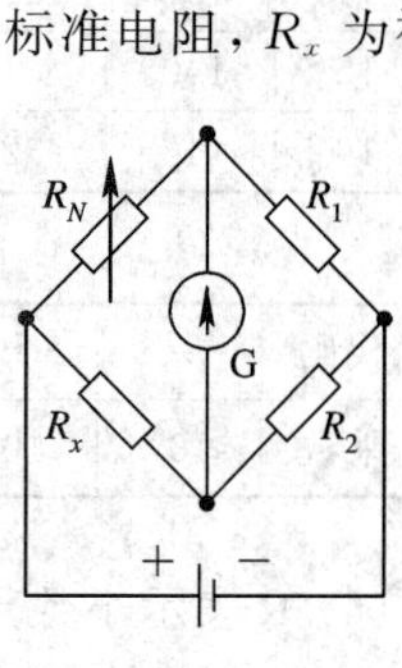

图 4.7　惠斯登电桥测电阻

当需要测量阻值很高的电阻时，电池所产生的电压对被测量的电阻来说太小了，因此必须采用很高的电压(这时可以采用兆欧表)来测量。兆欧表又称摇表，内部有一个手摇直

流发电机,用以产生测量所需的高压。兆欧表具有产生直流高压的另一优点,即能够测量物体(电阻)的耐压程度。

4.1.3 电感的特性与测量

电感一般是在特制的骨架上用金属导线绕制而成的线圈,在电路中常与电容/电阻一起组成无源滤波器或谐振回路等。

1. 电感的种类与参数

根据在电路中所起的作用,电感可分为自感和互感;根据工艺结构,电感可分为空心电感和磁芯电感;根据安装形式,电感可分为卧式电感和立式电感。此外,还有色码电感、贴片式电感等。电感的主要参数有三个,即电感量、品质因数和分布电容。

(1)电感量。电感线圈的电感量 L 表示线圈产生自感应的能力的大小。它的定义是,当线圈中及其周围不存在铁磁物质时,通过线圈的磁通量与流过线圈的电流成正比,这个比值称为线圈的电感量。

(2)品质因数。电感的等效电路如图 4.3 所示。电感损耗电阻为 R,在一定频率的交流电压下工作时,电感所呈现的感抗与损耗电阻 R 之比,称为电感的品质因数 Q,即

$$Q = \frac{\omega L}{R} = \frac{2\pi f L}{R}$$

R 越小,Q 值越高。较高的品质因数是高频电路对谐振线圈的基本要求。

(3)分布电容。由于制作工艺的原因,电感线圈的匝与匝之间密切接触,存在着一定量的分布电容,在高频时会使线圈的稳定性变差,Q 值下降。分布电容越小越好。

2. 电感的测量

根据测量精度的不同要求,可以建立不同的电感等效电路,采用不同的方法进行测量。

1)利用通用仪器测量

在低频工作时,若忽略电感的损耗,则电感成为理想电感,可以按照复数形式的欧姆定律进行测量。其方法是在交流电压工作条件下,利用电压表和电流表测出加于电感两端的电压 U 和流过电感的电流 I,则有 $\omega L = U/I$,如图 4.8 所示。

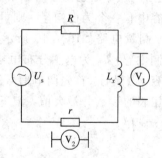

图 4.8 用通用仪器测量电感示意图

图 4.8 中信号源频率一般为几百赫兹,由于直接测量电感中的电流有困难,故设有一个电阻 r,$r \ll \omega L_x$,一般为 10 Ω,由 r 上的电压 U_2 可间接测出电流 I。实际测量中只需用普通电压表测出 U_1 与 U_2 的值,则由复数形式的欧姆定律可知

$$X_L = \frac{U_L}{I} = \frac{U_1}{U_2/r} = 2\pi f L_x$$

所以

$$L_x = \frac{r}{2\pi f} \frac{U_1}{U_2}$$

因此可以按此法用交流毫伏表或数字万用表测量未知电感的电感量,只要进行两次电压测量即可。

2）交流电桥法测量

在低频情况下，若电感的损耗不可忽略，则可以用交流电桥进行测量。测量电路如图 4.9 所示。

图 4.9 中，L_x 与 R_x 是被测电感的串联模型。激励源 $u(t)$ 是频率为 50 Hz 至几百赫兹的正弦波。R_1、R_2、C_n 是可调电阻与可调电容。测量时反复调节 R_1、R_2、C_n，使电桥达到平衡，检流计中无电流通过。根据平衡方程有

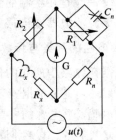

$$\frac{Z_L}{R_n} = \frac{R_2}{Z_C}$$

式中

$$Z_L = R_x + j\omega L_x$$

$$Z_C = \frac{1}{1/R_1 + j\omega C_n} = \frac{R_1}{1 + j\omega R_1 C_n}$$

图 4.9　交流电桥法测电感

进一步推算可得

$$L_x = R_2 R_n C_n$$

$$R_x = \frac{R_2 R_n}{R_1}$$

3）用谐振电路测量

由电工学可知，电感与电容可以组成谐振电路，谐振时电路中的感抗与容抗相等，电抗为零。若已知激励源频率，且电感与电容中有一个为已知量，则可测出另一个量。测量电路如图 4.10 所示。图中 L_x 为被测电感，C_0 为电感分布电容，C 为标准电容。测量时，首先调节信号源的频率，使电压表的读数为最大值，记下此时频率 f_1，这时有

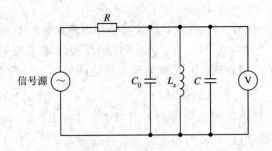

图 4.10　谐振法测电感

$$L_x = \frac{1}{(2\pi f_1)^2 (C + C_0)}$$

由于式中 C_0 未知，因此需进行第二次测量，此时不接入电容 C，对应的谐振频率为 f_2，因此有

$$L_x = \frac{1}{(2\pi f_1)^2 C_0}$$

所以有

$$C_0 = \frac{f_1^2}{f_2^2 - f_1^2} C$$

$$L = L_x = \frac{1}{(2\pi f_1)^2 C_0}$$

4）用 Q 表测量

Q 表可以用来准确测量电感线圈的 Q 值与电感量，其基本电路如图 4.11 所示。

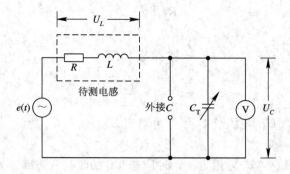

图 4.11　用 Q 表测电感

图 4.11 中：$e(t)$ 是频率可变振荡信号源；C_T 是调谐电容，容量为 C。当电感线圈接入测量电路后，调节信号源的频率使之在电感线圈的工作频率附近，改变 C_T，使 U_C 为最大，此时电路处于谐振状态，$\omega_0 L = 1/(\omega_0 C)$，有

$$L = \frac{1}{\omega_0^2 C} = \frac{1}{(2\pi f_0)^2 C}$$

同时 $U_C = Qe$（e 为 $e(t)$ 的有效值），则

$$Q = \frac{U_C}{e}$$

因而

$$R = \frac{\omega_0 L}{Q} = \frac{1}{\omega_0 C Q} = \frac{1}{2\pi f_0 Q C}$$

5）用电子仪表测量

电子仪表测量电感一般采用间接测量的方法，将被测电感置入专门设计的电子线路，通过分析其对线路输出的影响，求出被测电感的量值。例如，有一个振荡器，在其他条件不变的情况下，振荡频率仅与振荡线圈的电感量有关，若将被测电感作为振荡线圈，则通过测量振荡器的输出信号频率可以计算出线圈的电感量。这种方法可称为电感-频率转化法。

常用的 LCR 测试仪器测量电感就采用了电感-电压转换法，如图 4.12 所示。

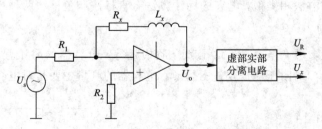

图 4.12　电感-电压转换法测量电感

图 4.12 中，U_s、R_1 为固定量，运算放大器输出为 U_o，在复数领域：

$$U_o = -\frac{Z_L}{R_1} U_s = -\frac{R_x + j\omega L_x}{R_1} U_s = -\left(\frac{R_x}{R_1} U_s + \frac{j\omega L_x}{R_1} U_s\right)$$

后续虚部、实部分离电路可以从 U_o 中分离出实部 U_R 和虚部 U_x，则

$$U_R = \frac{R_x}{R_1}U_s$$

$$U_x = \frac{\omega L_x}{R_1}U_s$$

$$Q_x = \frac{\omega L_x}{R_x} = \frac{U_x}{U_R}$$

由于 U_R、U_x、R_1、U_s 均为已知，因此可求出 L_x、R_x 和 Q_x 的值，并在数码管或液晶屏上显示出来。

电子仪表不仅体积小巧，使用方便，而且有更高的测量分辨率。

4.1.4 电容的特性与测量

电容器在电路中常用于存储电能、耦合交流、隔离直流以及与电感元件一起构成选频回路等，在电子线路中有着广泛的应用。

1. 电容的参数、种类与标识方法

1）电容的参数

电容的主要参数为电容量和额定工作电压。电容量表示在单位电压上电容器能存储多少电荷。电容量与电容器两极板的面积成正比，与两极板的距离成反比，还与两极板之间的介质有关。电容器的工作电压是指在规定的温度范围内，电容器能够长期可靠工作的最高电压。另外，由于电容器中的介质并不是绝对的绝缘体，在外电压的作用下，总会有些漏电流，并产生功率损耗，因此，电容器还有漏电阻、漏电流与损耗因数等重要参数，其中损耗因数定义为电容器损耗功率与存储功率之比。

2）电容的种类

电容器的种类很多。根据制作材料来分，有铝质电容、钽电容、云电容、独石电容、涤纶电容、瓷片电容等；根据工作电压来分，有低压电容和高压电容；根据工作频率来分，有低频电容和高频电容。此外还有固定电容、可变电容、穿心电容等，可根据工作条件与要求加以选用。

3）电容的标注方法

和电阻的标注方法相类似，电容的标注方法有直标法和色标法两种。

2. 电容的测量

电容器的特性参数有电容量、耐压和介质损耗等。电容器的耐压程度一般已经标明，特殊场合可以用专门的耐压测试仪进行检测。电容器的测量主要是对电容量和损耗进行的测量。

1）用谐振法测量

电容测量电路如图 4.13 所示。图中 U_s 为激励信号源，L 为标准电感，C_s 为确定的电感分布电容，R 为信号源内阻，C_x 为被测电容。测量时可反复调节信号源频率，使电压表读数最大，这时信号源的频率为 f_0，由电路谐振条件可知

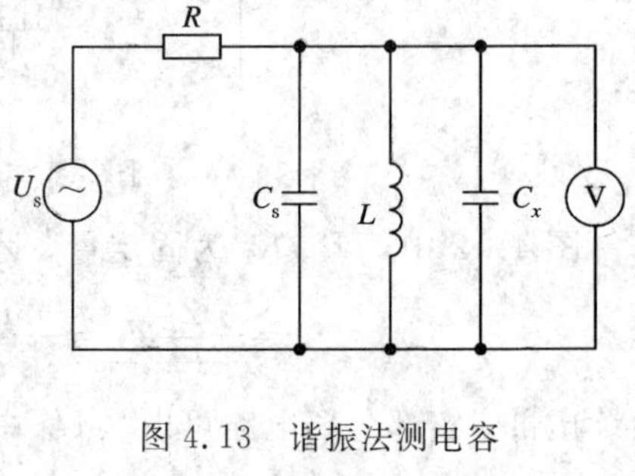

图 4.13 谐振法测电容

$$\omega_0^2 = \frac{1}{LC}$$

即
$$C = \frac{1}{\omega_0^2 L}$$

所以
$$C_x = C - C_s = \frac{1}{(2\pi f_0)^2 L} - C_s$$

2）用 Q 表测量

Q 表常用于对在高频下工作的电容器进行测量。这时被测电容器可等效为一个理想电容与一个较大的电阻相并联的模型。实际测量电路如图 4.14 所示。

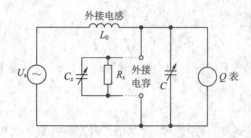

图 4.14　用 Q 表测电容

具体的测量步骤是：首先选定合适的外接电感 L_0，将 Q 表的调谐电容 C 调至最大容量附近，调节振荡器频率使电路谐振，这时谐振频率为 f_0，电路 Q 值为 Q_1；接着将被测电容 C_x 跨接于外接电容上，重新调整调谐电容，使电路达到谐振，将新的调谐电容的值记为 C_2，新的 Q 值为 Q_2，这时有

$$C_x = C_1 - C_2$$

$$R_x = \frac{Q_1 Q_2}{Q_1 - Q_2}$$

3）用转化法测量

现代电子测量技术中常用转换法来对电容进行更精确的测量。其基本思想是：将电容接入电子线路，通过测量由于电容的变化而引起的其他量的变化来确定电容的值。举例来说，多谐振荡器的频率与振荡电容有着确定的关系，如果将被测电容作为振荡电容，则可以构成一个电容-频率转换电路，具体电路如图 4.15 所示。

更为一般的是采用电容-电压转换电路对电容进行数字化测量，其原理类似于图 4.12 所示的电感测量电路，具体电路如图 4.16 所示。

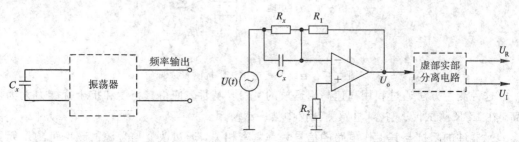

图 4.15　电容-频率转换电路　　　　图 4.16　电容-电压转换电路

图 4.16 中：C_x 与 R_x 为被测电容；R_1 为已知标准电阻；$U(t)$ 为测量用正弦信号源，其有效值为 U_s。运算放大器的输出与输入之间用复数表示的电压传递函数为

$$\frac{\dot{U}_o}{\dot{U}_I} = -\frac{R_1}{Z_C} = -\frac{R_1}{R_x}(1+j\omega C_x R_x) = -\frac{R_1}{R_x} - j\omega R_1 C_x$$

输出电压的实数部分与虚数部分可以被分离并计算出来，分别用 U_R 与 U_I 表示，则有

$$\begin{cases} U_R = \dfrac{R_1}{R_x} U_s \\ U_I = 2\pi f R_1 C_x U_s \end{cases}$$

所以有

$$R_x = R_1 \frac{U_s}{U_R}$$

$$C_x = \frac{1}{2\pi f R_1} \frac{U_I}{U_s}$$

大多数电子式 LC 测试仪都采用这样的电容-电压转换原理来测量电容值。

4.1.5 LCR 测试仪

LCR 测试仪又称 LCR 表，是用于测量电感、电容、电阻、阻抗、Q 值等元器件参数的专用仪器，其基本原理是惠斯登电桥测量法，因而它又被称 LCR 电桥。随着现代模拟和数字技术的发展，这种测量方法早已被淘汰，但 LCR 电桥的叫法一直被沿用。以微处理器为核心的 LCR 电桥则被称为 LCR 数字电桥。

现代 LCR 测试仪大都使用自动平衡电桥法，其原理如图 4.17 所示，其核心是利用高速高阻抗运放的"虚地"特性。由信号源产生一个一定频率和幅度的正弦交流信号，这个信号经过信号源内阻加到阻抗为 Z 的被测元器件 DUT 上，产生的电流流到虚地点 L。因运放的"虚地"特性，即点 L 的电压为"0 V"；又因高阻运放的输入电流为零，故流过 DUT 的电流完全流过 R_r，在运放输出端产生电压 U_2。由图 4.17 可以知道，只需测量 H 点的电压 U_1、运放输出端电压 U_2，再利用已知的精密电阻 R_r，根据欧姆定律就可以得出被测元器件 DUT 的阻抗 $Z = -U_1 R_r / U_2$。通过更换不同阻值的 R_r，可以获得不同的量程。

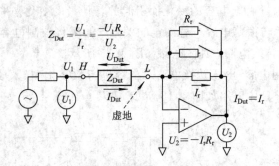

图 4.17 自动平衡电桥法阻抗测量原理

这种测量方法通过利用高速高阻运放的"虚地"特性，使得其精度和抗干扰能力大为提高，在 LCR 测试仪、电容/电感测试仪中被广泛使用。

元器件的阻抗与其工作电路的信号频率紧密相关，通过改变信号源的频率可测量元器

件在不同工作频率下的阻抗。图 4.17 的测量方法采用普通的运放作为 I-V 转换器，由于受到运放频率特性的限制，主要应用于元器件低频阻抗的测量，常规 LCR 表的低频范围一般低于 100 kHz，若用于高频阻抗测量，其测量精度会较差。宽带 LCR 表和阻抗分析仪所使用的 I-V 转换器包括复杂的检波器、积分器和矢量调制器等，以保证其在 1 MHz 以上宽频率范围内的高精度，其最高测量频率可达到 110 MHz。

4.2 半导体二极管、三极管与场效应管的测量

半导体器件是一类特殊的电子元件，往往需要专门的测试设备和电路才能进行正确而有意义的测量。常用的测量工具只能进行一些基本属性的判定和常态性能的检查。

4.2.1 半导体二极管的测量

1. 二极管的特性、种类与参数

单向导电性是二极管的根本特性。由于制作材料和使用性能的差异，二极管的种类很多，典型的有开关二极管、整流二极管、检波二极管、稳压二极管、发光二极管、变容二极管等。决定二极管作用的主要参数如下：

（1）最大整流电流 I_{FM}。在此电流下二极管可以长期正常工作；超过此电流时，二极管的 PN 结会发热并造成损坏。

（2）最大反向工作电压 U_{RM}。U_{RM} 是指二极管在电路中工作时容许承受的最大反向电压，超过此电压时二极管容易被击穿，造成永久性损坏。

（3）反向电流 I_R。I_R 是指二极管处于正常的反向工作电压下产生的反向电流。反向电流越小，表明二极管的反向特性越好。反向电压与反向电流之比称为反向电阻。

（4）导通电阻。在二极管的两端施加合适的正向直流电压使其导通，这时该电压与流过二极管的电流之比称为导通电阻。正常二极管的正向导通电阻为几十到几千欧姆。

（5）极间电容。二极管是点或面接触型器件，两极之间存在电容效应。二极管在交流电压下工作时，极间电容会影响其交流阻抗。

2. 二极管的测量

1）用模拟万用表测量

通常万用表的红表笔置于面板上"＋"端口，黑表笔置于"－"端口。万用表在欧姆挡工作，由表内电池提供电源，"－"端对应电池正端，"＋"端对应电池负端。内部电池这样设计，是为了保证在电阻测量时流入万用表的电流与进行电压或电流测量时相同。用模拟万用表测量二极管的等效电路如图 4.18 所示。

测量小功率二极管时，将万用表置于 $\times 100\ \Omega$ 挡或 $\times 1\ k\Omega$ 挡，将两表笔与二极管相连，记下万用表指示的电阻值；将万用

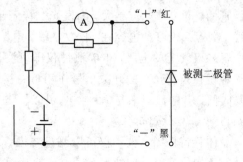

图 4.18 用模拟万用表测量二极管

表表笔对调再进行同样测量，得到另一个测量值。在两次测量中，万用表指示电阻值较小时，黑表笔对应的是二极管的正极，红表笔对应的是二极管的负极。用万用表来检测时，正常二极管的正、反向电阻差异较大，开关二极管的反向电阻接近无穷大，正向电阻仅为几百到几千欧姆。以上特性有助于判断二极管的好坏与类型。

2）用数字万用表测量

一般的数字万用表（例如 VC9801A 等）都有二极管测试挡，与模拟万用表测量二极管不同，用数字万用表测量时，将二极管作为一个分压器来检测。当二极管的正、负极与数字万用表红、黑表笔相接时，二极管正向导通，万用表指示出二极管的正向导通电压。若将数字万用表的表笔对调，则二极管不导通，万用表上显示的电压值为 2.8 V。

3）用通用仪表与适配电路测量

对于二极管的一些重要属性，万用表是无法测量的，而专用测试仪表通常又很昂贵。因此可以设计一些适应性电路与通用仪表相结合，如图 4.19 所示，以解决二极管测量中的问题。

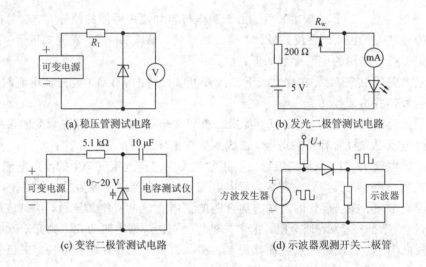

(a) 稳压管测试电路   (b) 发光二极管测试电路

(c) 变容二极管测试电路   (d) 示波器观测开关二极管

图 4.19　用通用仪表测二极管

图 4.19(a)可用于测量稳压管的特性，当可变电源的电压增加时，稳压二极管上的电压也同步增加，当该电压增加到一个确定值时，就不再增加，这个值即为该二极管的稳压值。图 4.19(b)可用于测量发光二极管的性能，当改变电位器 R_w 的值时，即改变流过发光二极管的电流，该电流越大，则发光二极管越亮。图 4.19(c)可用于测量变容二极管的压控特性。变容二极管的电容在 pF 数量级，电路中隔直流电容容量较大，不影响测量结果。改变变容二极管上的电压，电容测试仪即可测出对应电压时二极管的结电容。图 4.18(d)可用于观察在较高频率的开关信号作用下二极管的开关特性。性能好的二极管有较短的反向恢复时间，其输出波形与输入方波相似。

4）用晶体管图示仪测量

晶体管特性图示仪不仅可以测量二极管的大多数参数，而且能够以图形的形式展示二极管的正向伏安特性曲线。

4.2.2 晶体三极管的测量

晶体三极管是一种内部有两个相互关联的 PN 结，外部具有三个引脚的半导体器件。通常情况下，三极管的基极与发射极之间的 PN 结总是处于正向偏置状态，而集电极与发射极之间的 PN 结处于反向偏置状态。基极电流的少许变化会引起集电极电流的很大变化。这一特性使其在电子电路中得到了广泛应用。

1. 三极管的特征、类型与参数

在满足一定的条件时，对小信号输入电流进行线性放大，或者控制大信号（开关信号）的传递，是三极管的基本特征。

三极管有多种类型，按制作材料来分，有锗三极管和硅三极管；按 PN 结构来分，有 PNP 型管和 NPN 型管；按消耗功率来分，有小功率、中功率和大功率三极管；按工作频率来分，有低频三极管、高频三极管和超高频三极管；按工作电压来分，有低反压三极管和高反压三极管；按工作特性来分，有普通三极管与开关三极管等。

三极管的电参数很多。一类是运用参数，表明三极管在一般工作时的特性，主要有直流放大系数 $\bar{\beta}$ 和交流放大系数 β。前者表示三极管集电极电流 I_{CQ} 与基极直流电流 I_{BQ} 的比值，后者表示三极管集电极电流的变化量 ΔI_C 与基极电流变化量 ΔI_B 的比值。另一类是极限参数，表明三极管的安全使用范围。典型的有反向击穿电压 $U_{(BR)CE}$、集电极最大允许电流 I_{CM}、集电极最大允许耗散功率 P_{CM}。这些参数可以通过晶体管手册查找或使用晶体管图示仪进行测量。

2. 三极管的测量

三极管的测量主要包括两部分：一部分是晶体管作为独立器件的重要参数的测定，另一部分是晶体管电路特性的测量。

1）用万用表测量

模拟万用表常用来判定三极管的引脚和好坏。具体方法是：选定万用表的欧姆挡，一般为"×1 kΩ"挡，对三极管的三个极两两配对测试其电阻，对于正常的三极管必能测出有一极对其他两极的导通电阻都很小，此极即为三极管的基极，这样也确定了三极管是 PNP 型还是 NPN 型。在确定三极管的基极与类型之后即可判断三极管的集电极与发射极。例如，NPN 型三极管可按图 4.20 来判定三极管的集电极与发射极。

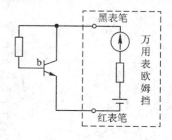

图 4.20　用万用表判定三极管的 c、e 极

首先假定其中一个是集电极，则另一个是发射极。如果实际的电极与假定一致，则在断开与接入基极电阻的瞬间，万用表的指针会发生明显的摆动；反之，在发射极与集电极倒置的情况下，万用表的指针摆动幅度极小，因为偏置电压不符合要求。数字万用表一般都有专门的三极管测量挡，如 VC9801A 型万用表，在已知基极与管子的类型后，根据三极管正确连接时直流放大倍数 β 较大的特点，可以区分出发射极和集电极。

2) 用晶体管特性图示仪测量

晶体管特性图示仪是测量晶体管的专用仪器，可用来测量晶体管的多种直流参数和低频工作时的动态特性。晶体管特性图示仪的内部结构一般有电子管式、晶体管式和集成电路式三种类型，由基极阶梯信号发生器、集电极扫描电压发生器、测试转换与控制电路、显示单元(包括显示处理电路和显示器)，如图 4.21 所示。

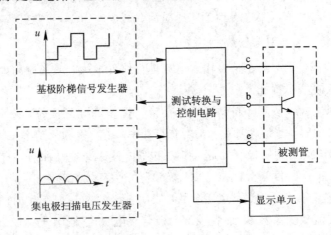

图 4.21　晶体管特性图示仪基本组成原理

晶体管特性图示仪不仅操作方便，而且提供了较为完备的测试条件，能够方便地测量晶体管的输入与输出特性曲线，常用于对三极管的严格筛选。

图 4.22 所示是晶体管图示仪显示的小功率三极管 9013 的 c-e 极输出特性曲线。

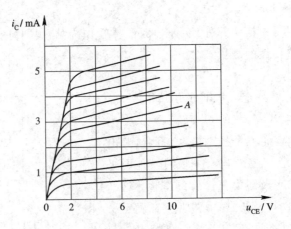

图 4.22　9013 型三极管的 c-e 极输出特性曲线

4.2.3　场效应管的测量

场效应管是一种电压控制型半导体器件。与晶体三极管不同，场效应管具有极高的输入阻抗，故其在工作时的输入电流几乎为零，输出电压的变化取决于输入电压的变化。场效应管也有三个电极，分别为栅极、漏极和源极，分别用 G、S、D 表示。

场效应管可分为结型场效应管和绝缘栅型场效应管。场效应管的重要参数是饱和漏极

电流 I_{DSS}、夹断电压 U_P 和转移跨导 g_M。场效应管的参数可以从半导体器件手册上查得，也可以用专用测量仪器测得。

1. 用晶体管特性图示仪测量

用晶体管特性图示仪测量场效应管的方法类同于晶体三极管的测量。用 JT‒1 图示仪测量场效应管 3DJ7 的过程如下：查手册知，这是一种 N 沟道结型场效应管，其引脚排列为 S、D、G，分别对应于晶体三极管的引脚 e、c、b，相当于一个 NPN 小功率三极管。选择触发源为基极电压，触发极性为"‒"，Y 轴选择为"i_C"，正确连接 S、D、G 端至图示仪对应的 e、c、b 端，并在 b 端与地之间接入一个 100 kΩ 电阻，将图示仪置于"工作"挡，图示仪上便会显示出场效应管的输出特性曲线。

2. 用通用仪表与适配电路测量

图 4.23(a)中的电流表直接指示出被测场效应管的 I_{DSS}。图 4.23(b)是测量场效应管夹断电压的简易电路。当 U_{GG} 为零时，电路同图 4.23(a)一致。在实际测量中，当 U_{GG} 逐渐增大到某个数值时，微安表 A_2 中的电流为零，这时电压表 V_G 对应的电压值即为夹断电压 U_P。

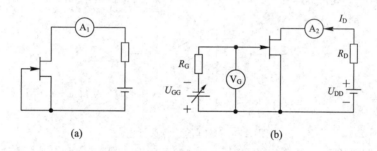

图 4.23　用电流表和适配电路测量场效应管

4.3　集成电路的测试

集成电路采用特殊的半导体工艺，将一个具有完整功能的电路模块的多个电子元器件集成于几何尺寸极小的芯片上。集成电路具有体积小、功能强和功耗低的优点，已成为现代电子设备的主要构件。现代电子产品的设计、生产、调试、维护和集成电路的测试与分析密不可分。集成电路测试是保证集成电路性能、质量的关键手段之一，集成电路测试技术是发展集成电路产业的三大支撑技术之一。随着微电子技术的不断进步，集成电路的规模与种类在不断增加。根据片内晶体管的数量等级，集成电路可分为中小规模芯片、大规模芯片和超大规模芯片；根据处理信号的特点，集成电路可分为模拟电路芯片和数字电路芯片；根据智能程度与操作特性，集成电路可分为可编程芯片和不可编程芯片。

由于集成电路的生产厂家众多，不同功能、不同种类、不同型号的集成电路产品数以十万计，因此其测试较为复杂，没有（也不可能有）一个适用于所有产品的测试方法和仪器。本节主要介绍一些最基本的测试方法和测试方案，专业性的测试方法和技能可在实际工作中学习。

4.3.1 中小规模集成电路的一般测试

1. 模拟集成电路的测试

模拟集成电路是相对于数字逻辑电路的另一大类集成电路,其特点是处理的主要是模拟信号。这类集成电路也包括一些转换器,如光-电信号转换芯片、模拟信号-数字信号转换芯片等。模拟芯片的应用场合特别广泛,每个细分的电子领域都有一批芯片,如电源领域的集成稳定器与 PWM 控制器,滤波领域的有源滤波器,信号传输领域的运算放大器、宽带放大器、调制器等。

1)线性芯片测试

线性集成电路在其工作范围内,仅对输入信号作一定比例的放大,不丢失原来的频率分量或产生新的频率分量。运算放大器是最常用的一种线性集成电路芯片。掌握了运算放大器特性的测量原理与方法,即掌握了一般线性集成电路的测试方法。理想的运算放大电路如图 4.24 所示,该电路具有如下特性:① 输入阻抗 $R_{in}=\infty$;② 输出阻抗 $R_o=0$;③ 电压增益 $A_v=\infty$;④ 带宽为 ∞;⑤ 当 $U_{in-}-U_{in+}=0$ 时,$U_o=0$。

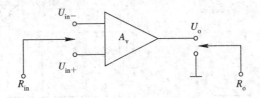

图 4.24 基本的运算放大电路

实际的运算放大器不是理想的。对运算放大器的测试就是对影响其性能的一些关键指标的测试,如输入阻抗、转换速率、开环电压增益等。

(1)运算放大器开环输入阻抗的测量。运算放大器的输入阻抗由两输入端之间和每个输入端与地之间的阻抗组成,如图 4.25 所示。R_{in} 称为差分输入阻抗,R_c 称为共模输入阻抗。当运算放大器作为反相放大器使用时,同相输入端接地,$R_c \gg R_{in}$,可以近似认为差分输入阻抗即为其输入阻抗。

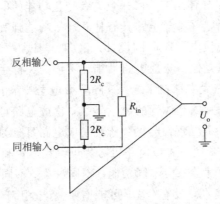

图 4.25 运算放大器输入阻抗

测量运算放大器开环输入阻抗的电路如图 4.26 所示。为了避免运算放大器在开环状态下由于输入失调电压的影响而处于饱和状态,首先调节电位器 R_w,使得运算放大器输出直流电压为 0 ± 0.1 V,然后调节信号发生器的输出电压 U_s,使得运算放大器输出交流电压 U_o 的值在 1 V 附近,记为 U_{o1}。再将图中两个 1 kΩ 电阻换成 2 个 R_x,测得运算放大器的输出交流电压为 U_{o2},从而有

$$R_{in} \approx \frac{2R_xU_{o1}}{U_{o1} - U_{o2}}$$

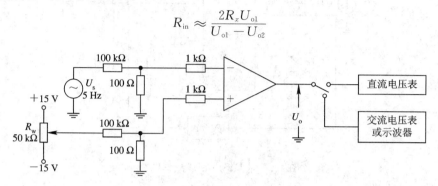

图 4.26 运算放大器开环输入阻抗测量电路

(2) 运算放大器开环增益 A_v 的测量。A_v 的测量仍采用图 4.26 所示的测量电路。因为 $A_v = U_o/U_i$,且

$$U_i = \frac{U_s \times 100}{100 + 100 \times 10^3} \approx \frac{U_s}{10^3}$$

所以

$$A_v = \frac{1000U_o}{U_s}$$

(3) 运算放大器转换速率(S_r)的测量。运算放大器能够将正弦信号转化为矩形波,这种大信号的工作特性一般用 S_r 来表征,可以用示波器来测量。具体测量电路如图 4.27 所示。$U(t)$ 为低频(100 Hz)方波,$S_r = \Delta U/\Delta t$。

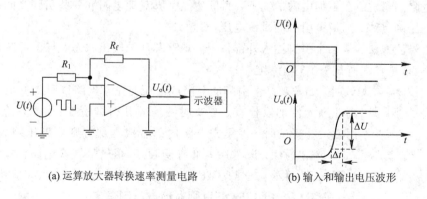

(a) 运算放大器转换速率测量电路   (b) 输入和输出电压波形

图 4.27 运算放大器转换速率的测量

2) 一般模拟集成芯片的测试

(1) 性能指标测量。可以采用与测量运算放大器的特性参数相类似的方法,设计测量一般模拟集成芯片的电路。首先根据集成芯片的电气性能、使用条件、输入与输出关系,制作一个测试板,再选择合适的激励信号与测量仪器进行测量。图 4.28 是单片集成锁相环

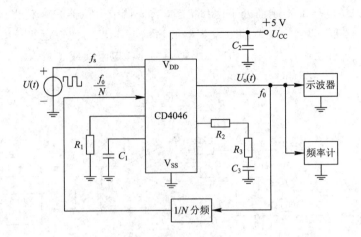

图 4.28　CD4046 性能测试电路

CD4046 的测试电路。

测试板上有一个 16 脚管座,各引脚已按技术要求接好。电源电压 $U_{CC}=+5$ V,振荡电容 $C_1=100$ pF,振荡电阻 $R_1=3.3$ kΩ,环路滤波电阻 $R_2=100$ kΩ,$R_3=5.1$ kΩ,$C_3=2.2$ μF。外接分频器为 128 分频,方波信号源的频率为 100 Hz~20 kHz。测量步骤如下:第一步,在环路开路的情况下改变 R_1、C_1 的值,测出 CD4046 的振荡频率范围;第二步,将环路闭合,调节方波信号源的频率,使之在 100 Hz 至 10 kHz 之间变化,测定 CD4046 输出频率的跟踪范围;第三步,改变环路滤波电路的 R_2、R_3、C_3 的值,测定锁相环的环路同步的建立时间和保持时间。

(2) 集成芯片的在线测试。在调试和维修工作中,常常对已焊接在电子线路板上的集成芯片是否正常产生疑问。这时采用在线测试的方法,可以解决大多数问题。在线测试一般有以下几种方法:

① 电阻测量法:在不加电的情况下,测量功能引脚对地电阻和一些引脚之间的电阻。

② 电压测量法:测量多引脚的直流电压(对地)。

③ 信号注入法:从某个引脚注入外部信号,观察芯片的输出状态。与正常芯片的状态进行对照,这是在线测试法的理论核心。

用方法①与②测试时,如发现某个引脚的电阻或电压与正常电路该引脚的电阻或电压的差异较大,则对引脚外围元件加以检查。必要时甚至断开引脚检查。如确认外围无误,则可认定芯片有损。用方法③测试时,将集成电路内部分成几部分则可以压缩故障范围。以调频信号解调芯片 μPC1353 为例,该芯片内部有调频/调幅信号转换电路、检波电路和高频功率放大电路,如图 4.29 所示,正常时 μPC1353 各引脚对地电压如表 4.5 所示。

表 4.5　μPC1353 各引脚对地电压测量值

引脚	1	2	3	4	5	6	7	8	9	10	11	12	13	14
电压/V	4.7	4.7	5.8	5.3	8.2	6.1	5.1	6.4	11	12	6.8	2.5	0.6	0.6

引脚 4 是音频放大输入端,从此端加入 1 kHz 的正弦波,如功放有输出,则可确定该芯片的供电部分与功放部分是正常的。

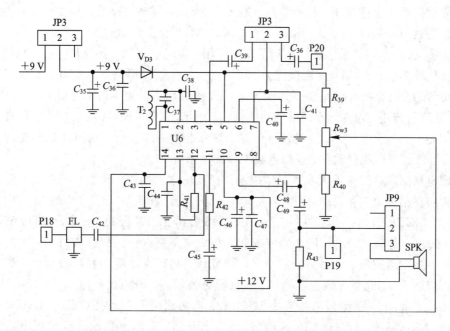

图 4.29　μPC1353 应用电路

2. 数字集成电路的测试

数字集成电路处理的都是以 0、1 为特征的数字电压。数字集成电路的电特性主要是数字电路的电特性，最主要的有输入电平、输出电平、输入电流、输出电流、转换时间、延迟时间、功率消耗等。对于这些电特性的测试完全可以参照模拟集成电路的测试方法，按照技术要求设置电路工作条件，选用合适的测试仪表来完成。

数字集成电路的功能，主要体现在逻辑关系与时序关系上。这方面的测试可以选用集成电路测试仪进行便捷的测试，也可以选用逻辑分析仪进行仔细的研究。

除专用的集成电路测试仪外，在工程应用中，对于常用的中小规模数字集成电路，常常用通用编程器进行功能测试，如普遍使用的 SUPERPRO 系列、ALL-11P、LABTOOL-48 等。这是一种能对 MTP/OTP 单片机、EPROM、EEPROM、FLASH ROM、GAL、PAL、PLD、EPLD、RAM 等近万种常用数字集成电路进行编程与测试的工具，支持 8～300 个引脚、多种封装、多种供电电压，并可对 74/54 系列、CMOS4000 系列、常用 RAM 等进行逻辑功能测试。通用编程器价格低廉、使用方便，支持的可编程芯片还在不断增加，因而在产品开发、生产、维修等场合得到了广泛的应用。

4.3.2　集成电路测试仪

集成电路测试仪（或测试系统）是用于集成电路设计、验证、生产测试的专用仪器（系统），按测试门类可分为数字集成电路测试仪、存储器测试仪、模拟与混合信号电路测试仪、在线测试系统和验证系统等。由于这些测试仪的测试对象、测试方法以及测试内容都存在差异，因此各系统的结构、配置和技术性能差别较大。

近 40 年来，随着集成电路发展到第四代，集成电路测试仪也从最初的测试小规模集成电路发展到测试中规模、大规模和超大规模集成电路。到了 20 世纪 80 年代，超大规模集成电路测试仪进入全盛时期。其主要测试对象为 VLSI，可测引脚数多达 256 个，功能测试矢量速率高达 100 MHz，测试矢量深度可达 256 KB 以上。测试仪的智能化水平进一步提高，VXI 总线、TCP/IP 通信协议得到了广泛应用，实现了测试、计算机、通信相结合，具备与计算机辅助设计（CAD）的连接能力，可自动生成测试图形向量，并加强了数字系统与模拟系统的融合。有些系统实现了与激光修调设备的联机功能，可对存储器、A/D、D/A 等 IC 芯片进行修正。现在，测试仪的功能测试速率已达 500 MHz 以上，可测引脚数多达 1024 个，定时精度为 ±55 ps。新型数/模混合信号电路测试系统不仅可测试混合信号电路产品，而且已衍生出各种数字、模拟电路专用测试系统。

集成电路测试系统的发展水平是集成电路产业的重要标志，高水平的集成电路测试系统主要集中在集成电路生产大国（美国和日本）。美国有 Agilent 公司、TERADYNE 公司、SCHLUMBEGER 公司、CREDENCE 公司、IMS 公司、LTX 公司，日本有 ADVANTEST 公司、安腾公司等著名公司。国内研究或制造集成电路测试仪的研究所与工厂主要有中国科学院计算技术研究所、中国科学院半导体研究所、北京自动测试技术研究所、光华无线电仪器厂（767 厂）、北京无线电仪器厂、北京科力公司等，研制出了 ICT - 2 LSI/VLSI 综合测试系统、BC3170 存储器测试系统、GH3123 型集成电路自动测试仪、BC3152 中大规模集成电路测试系统、BC3130 IC 卡测试系统、BC3196 大规模数模混合集成电路测试系统、BC3192VXI 数模混合集成电路测试系统等多种测试系统。由于价格、可靠性、实用性等因素导致国产集成电路测试系统的使用面不广，目前大规模 IC 测试系统主要依靠进口。

4.3.3 大规模数字集成电路的 JTAG 测试

目前，中大规模集成电路的应用已十分普遍，但由于专用的集成电路测试仪价格昂贵，利用它来解决这些集成电路在产品研发、生产、维修中的测试问题，对于广大普通用户来说是不现实的。为解决这一问题，集成电路生产厂家共同提出了一种边界扫描测试技术（Boundary-Scan Test Architecture）。它属于一种可测试性设计，其基本思想是在芯片引脚和芯片内部逻辑之间（即芯片边界位置）增加串行连接的边界扫描测试单元，以实现对芯片引脚状态的设定和读取，使芯片引脚状态具有可控性和可观测性。

边界扫描测试技术最初由各大半导体公司（Philips、IBM、Intel 等）成立的联合测试行动小组 JTAG（Joint Test Action Group）于 1988 年提出，1990 年被 IEEE 规定为电子产品可测试性设计的标准（IEEE 1149.1/2/3）。目前，该标准已被一些大规模集成电路（如 MPU、DSP、CPU、CPLD、FPGA 等）所采用，而访问边界扫描测试电路的接口信号定义标准被称为 JTAG 接口，通过这个标准，可对具有 JTAG 接口芯片的硬件电路进行边界扫描和故障检测。除广泛应用于中大规模数字集成电路及 PCB 的测试外，该标准还可用于仿真调试、芯片编程等，可大大缩短产品的开发周期，给产品维护、维修带来极大的便利。

IEEE 1149.1 标准支持以下三种测试功能：

（1）内部测试——IC 内部的逻辑测试；

（2）外部测试——IC 间相互连接的测试；

（3）取样测试——IC 正常运行时的数据取样测试。

为了使集成电路达到可扫描的要求，需要对它进行改造。JTAG 标准定义了一个串行的移位寄存器，寄存器的每一个单元分配给 IC 芯片的相应引脚，每一个独立的单元称为边界扫描单元(Boundary-Scan Cell,BSC),它位于输入引脚和内部逻辑之间,以及内部逻辑与输出引脚之间。BSC起着把输入输出信号与内部逻辑隔离或连通的作用,所有的BSC在IC内部构成JTAG串联回路,如图4.30所示。

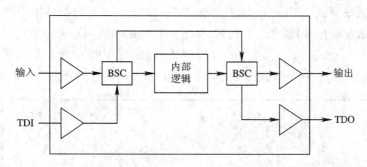

图 4.30 可扫描设计

增加了BSC和相应的控制部分后,器件也要相应增加四个或五个引脚,即如下几个JTAG引脚(如图4.31所示):

TCK:测试时钟输入;

TDI:测试数据输入,数据通过TDI输入JTAG接口;

TDO:测试数据输出,数据通过TDO从JTAG接口输出;

TMS:测试模式选择,TMS用来设置JTAG接口处于某种特定的测试模式;

TRST:测试复位,输入引脚,低电平有效。(为可选引脚,并非每个JTAG接口都需要)。

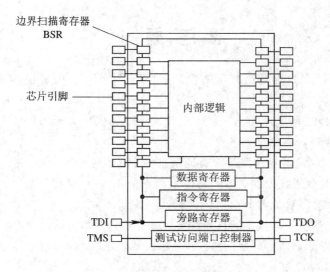

图 4.31 具有JTAG接口的IC内部BSR单元与引脚关系

在正常操作时,输入和输出信号可以不受干扰地通过BSC单元,完成内部逻辑的逻辑功能。所有的边界扫描寄存器(Boundary-Scan Register,BSR)通过JTAG测试激活,当器件在TMS的控制下进入测试模式后,BSC单元可以把内部逻辑与外界信号隔离,而串行扫描数据则可以由TDI进入BSC单元。JTAG内部有一个状态机,称为TAP控制器,用于边界扫描测试的控制。TAP控制器在TCK时钟作用下,对TMS作出响应,去控制指令寄存器和数据寄存器的动作，完成特定的测试，测试数据由 TDO 输出。

通过载入芯片生产商提供的边界扫描测试数据，检查其输出就可完成测试。

目前，边界扫描技术的应用主要在数字 IC 的测试上，这种设计思想也可用于模拟系统、板级测试甚至系统测试。IEEE 也制定了和 IEEE 1149.1 相类似的标准 IEEE P1149.4（数模混合信号测试总线标准）及 IEEE 1149.5（电路板测试和维护总线标准）。

图 4.32 是一个板级 JTAG 芯片的互连测试示意图。从图中我们可以看出，各器件的 BSC 单元串联组成了一个可扫描的网（Net）。这个 Net 的互连性都能被正确地检测出来。

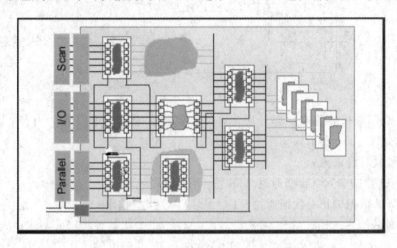

图 4.32　板级 JTAG 芯片的互连测试

思 考 题 4

1. 当在一个 1 μF 电容器上加 500 V 直流电压时，产生了 0.8 μA 电流，电容器的漏电阻是多少？

2. 一个电感器的等效电路为一个 40 Ω 电阻与一个 0.05 H 电感串联，当线圈在 1 kHz 频率下工作时，其 Q 值是多少？

3. 一个电阻元件，其直流阻抗与交流阻抗哪个高？

4. 一线圈的复数阻抗为 $(4+j6)$ Ω。

(1) 线圈的品质因数是多少？

(2) 如果阻抗是在频率为 5 kHz 时测定的，那么元件的电感是多少？

5. 一个串联谐振电路由电阻、电容和电感组成，证明线路谐振时电感两端的电压的振幅是电源电压振幅的 Q 倍。

6. 在一个二极管两端施加 700 V 反向电压，产生 3.5 μA 电流，二极管的反向电阻是多少？

7. 图 4.33 中，V_{D1} 是一个 5 V 稳压管，R_1 为 1 kΩ。

(1) 二极管 V_{D1} 上的电压是多少？

(2) 当电源 E 改为 -10 V 时，二极管 V_{D1} 上的电压是多少？二极管中的电流是多少？

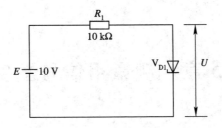

图 4.33　题 7 图

8. 用模拟万用表的欧姆挡检测三极管，测定结果如下：

(1) R_{B-E}＝低，R_{E-B}＝低，R_{B-C}＝低，R_{C-B}＝高，R_{C-E}＝高，R_{E-C}＝高，晶体管能正常工作吗？为什么？

(2) R_{B-E}＝高，R_{E-B}＝低，R_{B-C}＝低，R_{C-B}＝高，R_{C-E}＝高，R_{E-C}＝低，晶体管能正常工作吗？为什么？

9. 对晶体管放大器进行测量，所得结果如下：I_b＝100 μA，I_e＝5 mA，晶体管输出电压在负载时为 4 V，然后在晶体管的两端跨接一个 2 kΩ 电阻时，输出电阻下降到 1 V。

(1) 晶体管的直流放大倍数 β 是多少？

(2) 测定晶体管放大器的输出电阻。

10. 利用晶体管图示仪对 N 沟道结型场效应管放大器进行测量，所得结果如下：
① U_{GS}＝－5 V，I_D＝0；② U_{GS}＝0，I_D＝7 mA；③ 当 U_{GS} 从－4 V 变化到－3 V 时，漏极电流增加 10 mA。试求：

(1) 夹断电压 U_P；

(2) 饱和漏极电流 I_{DSS}；

(3) 结型场效应管的跨导。

11. 运算放大器如图 4.34 所示，R_1＝R_2＝100 Ω，R_f＝100 kΩ，运算放大器的开环增益 A_v＝1000。

(1) 假设运算放大器是理想的，计算电压增益 A_v；

(2) 求出实际增益。

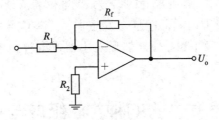

图 4.34　题 11 图

12. 什么是 JTAG 测试？

第5章 测量用信号发生器

测量用信号发生器又称测量用信号源，它可以产生不同频率的高、低频正弦信号，AM/FM 等调制信号以及各种频率的方波、三角波、锯齿波、脉冲信号等，其输出信号的频率、幅度、调制度等参数均可按需要进行调节。

在测试、研究或调整电子电路及设备，测量电路或系统的电参量时都需要有信号源。如图 5.1 所示，信号源产生不同频率、不同波形或调制方式的电压/电流信号并加到被测电路及设备上，用其他测量仪器观察、测量被测对象的输出响应，以分析确定被测对象的性能参数。与电压表、示波器、频率计等常用仪器设备一样，信号发生器不仅是在电子测量领域得到最广泛应用的一类电子仪器，在其他领域也得到了广泛应用（如机械部门的超声波探伤，医疗部门的超声波诊断、频谱治疗等）。

图 5.1　测量用信号发生器

在电子测量过程中，信号发生器主要用于：

（1）测元件参数。如测量电感、电容及 Q 值、损耗角等。

（2）测网络的幅频特性、相频特性等。

（3）测试接收机的性能。如测试接收机的灵敏度、选择性、AGC 范围等指标。

（4）测量网络的瞬态响应。如用方波或窄脉冲激励测量网络的阶跃响应、冲激响应和时间常数等。

（5）校准仪表。输出频率、幅度准确的信号，校准仪表的衰减器、增益及刻度等。

本章重点介绍电子测量常用的低频信号发生器、高频信号发生器、合成信号发生器、函数信号发生器、脉冲信号发生器、任意波形发生器及电视信号发生器等信号源的特点、电路组成和工作原理。

5.1　信号发生器的种类、组成与技术指标

5.1.1　信号发生器的分类

信号发生器的应用广泛，种类繁多，从不同的角度有不同的分类方法。

1. 按频率范围分

按照输出信号的频率范围对无线电测量用信号发生器进行分类是传统的分类方法，如

表 5.1 所示。表 5.1 中频段的划分以及频率的范围不是绝对的。

表 5.1 信号发生器的频率划分

类 别	频率范围	应 用
超低频信号发生器	1 kHz 以下	地震测量,声呐、医疗、机械测量等
低频信号发生器	1 Hz~1 MHz	音频、通信设备、家电等测试、维修
视频信号发生器	20 Hz~10 MHz	电视设备测试、维修
高频信号发生器	300 kHz~30 MHz	短波等无线通信设备、电视设备测试、维修
甚高频信号发生器	30~300 MHz	超短波等无线通信设备、电视设备测试、维修
特高频信号发生器	300~3000 MHz	UHF 超短波、微波、卫星通信设备测试、维修
超高频信号发生器	3 GHz 以上	雷达、微波、卫星通信设备测试、维修

2. 按用途分

根据用途的不同,信号发生器可以分为通用信号发生器和专用信号发生器两类。

通用信号发生器有较大的适用范围,一般是为测量各种基本的或常见的参量而设计的。低频信号发生器、高频信号发生器、脉冲信号发生器、函数信号发生器等都属于通用信号发生器。

专用信号发生器是为某种特殊的测量而研制的,它只适用于某种特定的测量对象和测量条件,如 FM 立体声信号发生器、电视信号发生器、医用超声波发生器等。

3. 按输出波形分

根据所输出信号波形的不同,信号发生器可分为正弦信号发生器、矩形信号发生器、脉冲信号发生器、三角波信号发生器、钟形脉冲信号发生器和噪声信号发生器等。

实际应用中,正弦信号发生器应用最广泛。首先,正弦波经过线性系统后,其输出仍为同频正弦波,不会产生畸变,即线性系统内部所有的电压、电流也都是同频的正弦信号,只是幅值和相位会有所差别。其次,若已知线性系统对一切频率(或某一段频率范围)的外加正弦信号的幅值和相位的响应,就能完全确定该系统在线性范围内对任意输入信号的响应。对于非线性系统,利用输入的正弦信号可进行谐波失真测量。因而正弦信号常用于频率测量以及放大器增益、非线性失真系数、频域的测量等。本章将重点讨论正弦信号发生器。

4. 按调制方式分

按调制方式的不同,信号发生器可分为调频、调幅、脉冲调制、I-Q 矢量调制等类型。

5. 按性能指标分

按信号发生器的性能指标,信号发生器可分为一般信号发生器和标准信号发生器。前者是指对其输出信号的频率、幅度的准确度和稳定度以及波形失真等要求不高的一类信号发生器;后者则是指其输出信号的频率、幅度、调制系数等在一定范围内连续可调,并且读数准确、稳定的一类信号发生器,如屏蔽良好的中、高档信号发生器,常用于校准及高精度测量。

5.1.2 信号发生器的基本组成

不同类型的信号发生器其性能、用途虽不相同，但基本构成是类似的，如图 5.2 所示，一般包括振荡器、变换器、指示器、电源及输出电路等五部分。

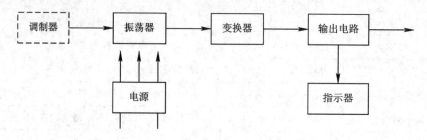

图 5.2　信号发生器的基本组成框图

1. 振荡器

振荡器是信号发生器的核心部分，由它产生各种不同频率的信号，通常是正弦波振荡器或自激脉冲发生器。它决定了信号发生器的一些重要工作特性，如工作频率范围、频率的稳定度等。输出电平及其稳定度、频谱纯度、调频特性等也在很大程度上取决于振荡器的工作特性。

调频信号一般都在本级直接调制而产生，这时需附加调制器电路。

2. 变换器

变换器可以是电压放大器、功率放大器或调制器、脉冲形成器等，它将振荡器的输出信号进行放大或变换，进一步提高信号的电平并给出所要求的波形。

3. 输出电路

输出电路为被测设备提供所要求的输出信号电平或信号功率，包括调整信号输出电平和输出阻抗的装置，如衰减器、匹配用阻抗变换器、射极跟随器等电路。

信号源的等效电路如图 5.3 所示。U_s 为信号源的开路输出电压，R_s 为信号源的内阻（或称输出阻抗），通常为 50 Ω、75 Ω 或 600 Ω。当负载阻抗等于输出阻抗值时称为阻抗匹配，此时负载上可得到最大功率。

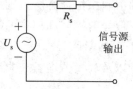

图 5.3　信号源的等效电路模型

4. 指示器

指示器用来监视输出信号。不同功用的信号发生器，指示器的种类是不同的，它可能是电压表、功率计、频率计、调制度仪或以上几种仪器的综合。通常指示器接在衰减器之前，使用时，测试者可以通过指示器提供的信息，来调整输出信号的幅值、频率等参数。需要说明的是，指示器本身的准确度一般不高，其示值仅供参考。如要知道信号发生器输出信号的实际特性，还需要用其他更准确的测量仪器进行监测。

5. 电源

电源为测量信号源的各部分电路提供所需的各种直流电压，通常是将 50 Hz 的交流电

(市电)经过变压、整流、滤波和稳压后而得到的。

随着电子技术水平的不断发展，尤其随着微处理器、数字信号处理技术的广泛应用，信号发生器也向着数字化、自动化、智能化方向发展，利用数字技术可合成更多种类、更加复杂的输出信号，如通信中的各种数字调制信号等。同时还具备了自校、自检、自动故障诊断、自动校正等功能，并带有 IEEE-488 或 RS-232 总线，可以方便地和控制计算机及其他测量仪器一起构成自动测试系统。

5.1.3　信号发生器的主要技术指标

信号发生器的一切技术指标都是围绕着为被测试电路提供符合要求的测试信号而规定的。下面结合正弦信号发生器来介绍它的主要技术指标。

对正弦信号发生器来说，通常要求它能够迅速而准确地把输出信号调到被测电路所需的频率上，并满足测试电路对信号电平(幅值)的要求。对高频正弦信号发生器而言，其输出信号还要求在主振信号的基础上进行调制。因此，我们可以把评价正弦信号发生器的技术指标归纳为频率特性、输出特性和调制特性(简称三大指标)，其中包括了 30 余项具体指标，本节仅介绍正弦信号发生器中几项最常见的性能指标。

1. 频率特性

频率特性包括有效频率范围、频率准确度和频率稳定度等。

1) 有效频率范围

各项指标均能得到保证时的输出频率范围称为信号发生器的有效频率范围。在该频率范围内，有的信号源提供全范围内频率连续可调，有的则分波段连续调节，还有的则以较小的频率间隔(称为频率分辨率)离散地覆盖其频率范围。例如，国产的 XFG-7 型高频信号发生器，其频率范围为 100 kHz～30 MHz，分为 8 个连续可调波段；美国 Agilent 公司生产的 864X 系列合成信号发生器的频率范围为 9 kHz～6000 MHz，可提供频率分辨率为 0.01 Hz 的近 $6×10^{11}$ 个离散的频率信号。

2) 频率准确度

频率准确度是指输出信号频率的实际值 f 与其标称值 f_0 的相对偏差，其表达式为

$$\alpha = \frac{f-f_0}{f_0} = \frac{\Delta f}{f_0} \qquad (5-1)$$

3) 频率稳定度

频率稳定度是指其他外界条件恒定不变的情况下，在规定时间内，信号发生器输出频率相对于预设值变化的大小。频率的稳定度分为频率短期稳定度和频率长期稳定度。

频率短期稳定度定义为信号发生器经规定的预热时间后，频率在规定的时间间隔内的最大变化，可表示为

$$\delta = \frac{f_{max}-f_{min}}{f_0} \qquad (5-2)$$

式中，f_{max} 和 f_{min} 分别为输出信号频率在任何一个规定的时间间隔内的最大值和最小值。

频率稳定度通常用 ppm 来表示，1 ppm$=10^{-6}$。

实际上，式(5-2)表示的是频率的不稳定度。在电子测量中，信号发生器输出频率在

1 s 内的稳定度具有十分重要的意义，它直接影响到测量速度及测量准确度的高低。

频率长期稳定度是指长时间(年、月的范围)内频率的变化，定义表达式同上。

信号发生器的频率准确度是由主振荡器的频率稳定度来保证的，所以频率稳定度是一个信号发生器的重要指标，一般来说，振荡器的频率稳定度应该比所要求的频率的准确度高1~2个数量级。频率稳定度很高的正弦信号发生器的频率可以作为标准频率，用于其他各种频率的校正。

4）频谱纯度

对于正弦信号发生器，频谱纯度也是其重要指标之一。它是指正弦信号发生器输出的频谱逼近理想频谱的程度，常用谐波电平(dBc)、杂散电平(dBc/Δf)、单边带相位噪声(dB/Hz)等技术参数来衡量。

谐波电平是指总的谐波电平与基波电平比值的分贝数(dB)。

2. 输出特性

信号发生器的输出特性主要有输出电平及其频响、谐波失真、输出阻抗和输出波形等。

1）输出电平

输出电平包括输出电平范围和输出电平准确度。输出电平范围是指输出信号幅度的有效范围，也就是信号发生器的最大和最小输出电平的可调范围，通常采用有效值来度量。输出幅度可用电压(V、mV、μV)和分贝(dB、dBm)两种方式表示。一般标准高频信号发生器的输出电平为 0.1~1 V，而电平振荡器的输出电平为 -60~10 dB。

输出电平准确度一般由电压表刻度误差、输出衰减器衰减误差、0 dB 准确度等决定，温度及供电电源的变化也会导致输出电平的变化。

2）输出电平的频率响应

输出电平的频率响应是指在有效频率范围内调节频率时，输出电平的变化情况，也就是输出电平的平坦度。现代信号发生器一般都有自动电平控制电路(ALC)，可使输出电平平坦度保持在±1 dB 以内，即幅度波动控制在±10% 以内。

3）谐波失真

对于正弦信号发生器而言，由于信号发生器内部存在非线性元器件，会产生非线性失真的谐波分量；差频信号发生器的混频输出信号的组合波以及仪器内部的其他噪声等，都会引起输出信号的频谱不纯。因而它不可能提供理想单一频率的正弦波。常用信号频谱纯度 γ 来说明其输出信号波形接近正弦波的程度，并用非线性失真度(谐波失真度)表示，一般信号发生器的非线性失真应小于 1%。

$$\gamma = \frac{\sqrt{U_2^2 + U_3^2 + \cdots + U_n^2}}{U_1} \times 100\% \tag{5-3}$$

式中，U_1 为输出信号基波的有效值(或幅值)；U_2，U_3，…，U_n 分别为各次谐波分量的有效值(或幅值)。

4）输出阻抗

输出阻抗的高低随信号发生器类型而异。低频信号发生器一般有 50 Ω、600 Ω、5 kΩ 等几种不同的输出阻抗，而高频信号发生器一般只有 50 Ω(或 75 Ω)不平衡输出，在使用高频信号发生器时，要注意阻抗的匹配。

5）输出波形

输出波形是指信号发生器所能输出信号的波形。信号发生器一般能输出正弦波和方波；函数信号发生器还能输出三角波、锯齿波、脉冲信号和阶梯波等；合成信号源则能输出 AM/FM、FSK/PSK/GMSK/QPSK 等调制信号；矢量信号发生器还能提供当今通信领域的多种 I/Q 矢量调制信号，如 16QAM、64QAM、256QAM、π/4DQPSK、8PSK、16PSK、OQPSK 等，满足 W-CDMA、CDMA2000、TD-SCDMA（TSM）、1xEV-DO、CDMA、GSM、EDGE、Bluetooth、PDC、PHS、WLAN（802.11a/b/g）、DECT、TETRA 等系统研发、测试的需求。

3. 调制特性

许多信号源包含调制功能。例如，高频信号发生器一般具有输出一种或多种调制信号（通常为调幅和调频信号）的能力，有些还带有调相、脉冲调制、数字调制等功能。调制特性包括调制的种类、频率、调幅系数或最大频偏以及调制线性等。

当调制信号由信号产生器内部产生时，称为内调制；当调制信号由外部加到信号发生器进行调制时，称为外调制。这类带有输出已调波功能的信号发生器是测试无线电收、发设备等场合不可缺少的仪器。

5.2　低频信号发生器

低频信号发生器是一种多功能、宽量程的电子仪器，广泛应用在模拟电路的设计、测试、维修中，例如测试或检修各种电子仪器及家用电器的低频放大电路，测量扬声器、传声器、滤波器等器件的频率特性以及用作高频信号发生器的外部调制信号发生器等。早期的低频信号发生器（也称为音频信号发生器）的工作频率范围为 20 Hz～20 kHz。由于其他电路测试的需要，频率向下、向上分别延伸，现代低频信号发生器的频率范围通常为 1 Hz～1 MHz，输出波形以正弦波为主，或兼有方波及其他波形。

5.2.1　低频信号发生器的组成

低频信号发生器的组成框图如图 5.4 所示。低频信号发生器主要包括主振器、缓冲放大器、电平调节器、功率放大器、输出衰减器、阻抗变换器和输出指示器等部分。

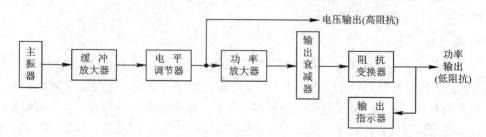

图 5.4　低频信号发生器的组成框图

1. 主振器

主振器是低频信号发生器的核心部分，产生频率可调的正弦信号，它决定了信号发生器的有效频率范围和频率稳定度。低频信号发生器中产生振荡信号的方法有多种，现代低频信号发生器中，主振器常采用 RC 文氏电桥振荡电路。其原理框图如图 5.5 所示。

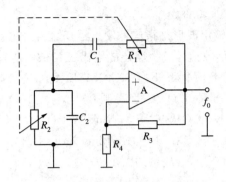

图 5.5　文氏电桥振荡器的原理框图

　　文氏电桥振荡器由两级 RC 耦合放大器及文氏电桥正反馈电路共同组成。图 5.5 中，R_1、C_1、R_2、C_2 组成 RC 选频网络，跨接于放大器的输出端与输入端之间，形成正反馈，产生正弦振荡，其振荡频率由选频网络中的元件参数决定。在信号发生器中，利用波段开关改变振荡器选频网络不同容量的电容器来改变频段，通过调节 R_1、R_2 使同一频段内的振荡频率连续变化。实际电路中，通常选择 $R_1=R_2=R$、$C_1=C_2=C$，则文氏电桥振荡器的振荡频率为 $f=1/(2\pi RC)$。

　　图 5.5 中的 R_3、R_4 组成负反馈臂，起稳定输出信号幅度和减少失真的作用。R_3 是具有负温度系数的热敏电阻，其阻值随外界温度升高而减小。在振荡器的起振阶段，放大器的输出电压较小，流过 R_3 的电流较小，R_3 的温度较低，阻值较大，负反馈系数较小，使负反馈放大器的电压增益较大，振荡器产生信号频率为 $f=1/(2\pi RC)$ 的增幅振荡。随着该信号的增大，流过 R_3 的电流增大，从而使 R_3 的温度升高，阻值下降，反馈深度加深，负反馈放大器的电压放大倍数减小，只要 R_3、R_4 选择恰当，最后将达到稳定的等幅正弦振荡。当电路进入稳定的等幅振荡后，如果由于某种原因引起输出电压增大，则通过 R_3 的电流将加大，引起 R_3 的温度升高，R_3 的阻值减小，使负反馈增强，放大器增益减小，振荡器输出电压幅度减少，从而起到稳幅作用。由于这种振荡电路同时具有正、负两条反馈支路，恰好构成文氏电桥电路，因此将这种电路称为文氏电桥振荡电路。这种振荡器产生的正弦波频率调节方便，可调范围较宽，振荡频率稳定，谐波失真小。

　　除文氏电桥振荡电路外，低频信号发生器的主振信号也可以用差频（混频）方式得到，即将一个固定频率高频振荡器的输出信号与一个可变频率高频振荡器的输出信号进行混频，再用低通滤波器取出其差频信号（即低频正弦信号）。用差频方法产生的低频正弦信号其频率覆盖范围很宽，无须转换波段即可在整个频段内做到连续可调，但其电路较复杂，频率准确度、稳定度差，波形失真较大。

2. 缓冲放大器

　　缓冲放大器兼有缓冲和电压放大的作用。缓冲是为了将后级电路与主振器隔离，防止后级电路、负载等的变化对主振器产生影响，保证主振频率稳定，一般采用射极跟随器或运放组成的电压跟随器。放大是指把振荡器产生的微弱振荡信号进行放大，使信号发生器的输出电压达到预定技术指标，要求其具有输入阻抗高、输出阻抗低、频率范围宽、非线性失真小等性能。

　　为适应不同负载的需要，低频信号发生器既可作为高输入阻抗电路的电压源，也可作为功率源，提供较大的功率输出，其电平调节器输出端还可提供电压信号输出，但其负载能力很弱。

3. 功率放大器

功率放大器用来对电平调节器送来的电压信号进行功率放大，使之达到额定的功率输出，驱动低阻抗负载。这部分通常采用电压跟随器或 BTL 电路等。

4. 输出衰减器

输出衰减器用于改变信号发生器的输出电压或功率，通常分为连续调节和步进调节。步进调节由电阻分压器实现，并以分贝值为刻度；连续调节则由电位器实现。图 5.6 所示电路为低频信号发生器中最常用的输出衰减器。由电位器 R_P 取出一部分信号电压加于由 $R_1 \sim R_8$ 组成的步进衰减器，调节电位器或调节波段开关 S 所接的挡位，均可使衰减器输出不同电压。

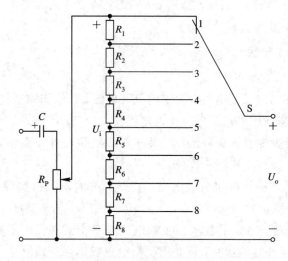

图 5.6　输出衰减器

5. 阻抗变换器

阻抗变换器用于匹配不同阻抗的负载，以便在负载上获得最大输出功率。

6. 输出指示器

输出指示器用来指示输出端输出电压的幅度，或对外部信号电压进行测量，可能是指针式电压表、数码 LED 或 LCD。

5.2.2　低频信号发生器的主要性能指标

通常低频信号发生器的主要工作特性如下：

（1）频率范围：一般为 20 Hz～1 MHz，连续可调。

（2）频率准确度：±(1～3)％。

（3）频率稳定度：优于 0.1％。

（4）输出电压：0～10 V 连续可调。

（5）输出功率：0.5～5 W 连续可调。

（6）非线性失真范围：0.1%～1%。

（7）输出阻抗：50 Ω、75 Ω、600 Ω、5 kΩ。

（8）输出形式：平衡输出与不平衡输出。

5.2.3 低频信号发生器的使用要点

低频信号发生器的型号很多，如常见的 XD 系列、XFG 系列、EE 系列等，但它们的基本使用方法是类似的。其使用要点如下：

1. 了解面板

要正确地使用仪器，在使用之前必须充分了解仪器面板上各个开关旋钮的功能及使用方法。低频信号发生器面板上的开关旋钮等通常按其功能分区布置，一般包括波形选择开关、输出频率调节部分（频段、粗调、微调等）、幅度调节旋钮、衰减器旋钮、阻抗选择开关、输出电压指示及其量程选择等部分。

2. 注意正确的操作步骤

信号发生器的使用包括如下步骤：

（1）开机准备。正确选择使用符合要求的电源电压，将输出调节旋钮置于起始位置（最小），开机预热，待仪器稳定工作后才可投入使用。

（2）选择频率。根据需要置频段选择开关于相应挡位，调节频率旋钮于相应的频率点上。一般情况下，频率微调旋钮置于零位。

（3）配接输出阻抗。根据外接负载电路的阻抗，将输出阻抗选择开关置于相应挡位，以获得最佳负载输出（输出功率大，失真小）。

（4）选择输出电路的形式。根据外接负载电路是平衡式还是不平衡式，用输出短路片改变信号发生器输出接线柱的接法，可获得平衡输出或不平衡输出。

（5）调节和测读输出电压。调节输出电压调节旋钮，可以连续改变输出信号的大小。在使用衰减器时，实际输出电压为输出电压指示读数除以衰减倍数。例如，信号发生器的输出电压指示读数为 20 V，衰减分贝数为 60 dB 时，输出电压为 20 V/1000＝0.02 V。当仪器输出为不平衡方式时，输出电压指示读数即为实际输出电压值；当仪器输出为平衡方式时，输出电压指示读数为实际输出电压的一半。需要注意的是，根据输出电压指示及衰减器测读出的电压值仅供参考，对于精确测量，还需用电压表或电平表直接接在信号发生器输出端测量其输出电压。

5.3 高频信号发生器

高频信号发生器和甚高频信号发生器也称为射频信号发生器，广泛应用在高频电路测试中，例如用于调试检修各种收音机、通信机中的高频电路，测量电场强度等。其工作频率通常为 300 kHz～30 MHz，甚高频信号发生器的工作频率通常为 30～300 MHz。除可以产生标准正弦信号外，它们通常还具有一种或一种以上调制或组合调制功能，包括正弦调幅、正弦调频以及脉冲调制等，其输出信号的频率、电平及调制度可在一定范围内调节并能准确读数，特别是具有微伏级的小信号输出，以适应各种接收机测试的需要。

5.3.1　高频信号发生器的组成

高频信号发生器的组成框图如图 5.7 所示，主要包括主振级、缓冲级、调制级、输出级、内调制振荡器、频率调制器、监测指示电路(图 5.7 中的调制度计、电压表等)等。

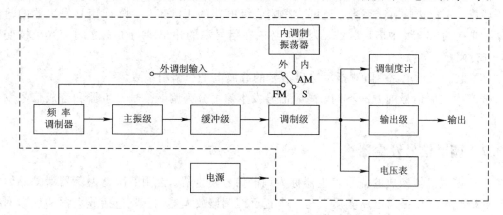

图 5.7　高频信号发生器的组成框图

(1) 主振级：用于产生高频振荡信号。它是信号发生器的核心，信号发生器的主要工作特性大都由它决定。一般要求主振级的频率范围宽，有较高的准确度(优于 10^{-3})和稳定度(优于 10^{-4})。主振级电路结构简单，输出功率不大，一般在几毫瓦到几十毫瓦的范围内。

(2) 缓冲级：主要起隔离放大的作用，用来隔离调制级对主振级可能产生的不良影响，以保证主振级工作稳定，并将主振信号放大到一定的电平。

(3) 调制级：主要完成对主振信号的调制。虽然单纯的正弦信号是最基本的测试信号，但是有些参量用单纯的正弦信号是不能或不便于测试的，如各种接收机的灵敏度、选择性和失真度等，必须采用与被测接收机相应的已调制的正弦信号作为测试信号。

高频信号发生器中的调制主要采用正弦幅度调制(AM)、脉冲调制(PM)、正弦频率调制(FM)等。调幅多用于 300 kHz～30 MHz 的高频信号发生器中，调频主要用于30～1000 MHz 的信号发生器中，脉冲调制多用于 300 MHz 以上的微波信号发生器中。信号发生器的调制方式通过面板上的选择开关来进行选择。

调幅是在保证载波信号的频率及相位固定不变的情况下，使其幅度按调制信号的规律进行变化。为获得良好的调幅性能，通常采用平衡调制器。

调频是在保持载波信号幅度不变的情况下，使其频率按调制信号的规律变化的过程。调频技术由于具有较高的抗干扰能力和较高的效率，因而得到了广泛应用，如 FM 广播、电视伴音、VHF/UHF 通信等。但 FM 调制后信号占据的频带较宽，因此，调频技术主要应用在甚高频以上的频段，即频率在 30 MHz 以上的信号发生器才具有调频功能。频率调制大多采用变容二极管调频电路来实现。变容二极管并接于主振荡器的振荡回路中，调制信号加于变容二极管两端，变容二极管两端的反向电压将随着调制信号的幅度发生变化，使变容二极管的电容随之变化，导致主振荡器的振荡频率随之变化，实现调频。

调制信号可来自内调制振荡器，也可来自外部。

(4) 内调制振荡器：提供符合调制级要求的音频正弦调制信号。

（5）输出级：主要由放大器、滤波器、输出微调电路、输出衰减器等组成。

由于被测电路多种多样，对信号的幅度要求也千差万别，因此高频信号源设置输出微调和步进衰减电路，使得输出信号的幅度大小可任意调节，最小输出电压达微伏（μV）数量级。

高频信号源必须工作在阻抗匹配的条件下，其输出阻抗一般为 50 Ω 或 75 Ω。如果阻抗不匹配，不仅影响衰减系数，还可能影响前级电路的正常工作，降低信号发生器的输出功率，或在输出电缆中出现驻波。因此，必须在信号源的输出端与负载之间加入阻抗变换器，进行阻抗匹配。

（6）监测指示电路：监测指示输出信号的载波电平和调制系数。

按产生主振信号的方法不同，高频信号发生器可分为调谐信号发生器和合成信号发生器两类。

5.3.2　调谐信号发生器

由调谐振荡器构成的信号发生器称为调谐信号发生器。常用的调谐振荡器就是晶体管 LC 振荡电路。LC 振荡电路实质上是一个正反馈调谐放大器，主要包括放大器和反馈网络两个部分。放大器通常采用调谐放大器，其作用：一是放大振荡器输出的高频信号电压；二是在输出级和振荡器间起隔离作用（因此也叫缓冲放大器），以提高振荡频率稳定性；三是兼作调幅信号的调幅器。根据反馈方式，LC 振荡电路又可分为变压器反馈式、电感反馈式（也称电感三点式或哈特莱式）及电容反馈式（也称电容三点式或考毕兹式）三种，如图 5.8 所示。

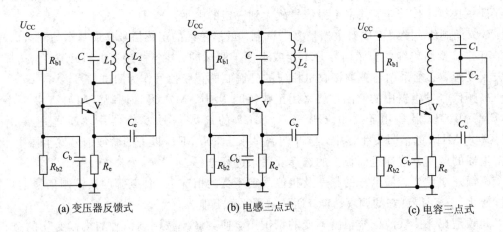

(a) 变压器反馈式　　　　　(b) 电感三点式　　　　　(c) 电容三点式

图 5.8　LC 振荡电路的三种构成形式

虽然三种振荡电路的构成形式不同，但是经过分析可知，它们的工作频率均为 $f_0 = 1/(2\pi\sqrt{LC})$。

调谐信号发生器中通常通过改变电感 L 来改变频段，通过改变电容 C 来进行频段内的频率微调。传统调谐信号发生器虽指标不先进，但价格低廉，在要求不高的场合还是比较受欢迎的。20 世纪 70 年代以后，随着宽带技术和倍频、分频数字电路技术的发展，宽带放大器、宽带调制器及滤波器代替了传统的调谐信号发生器，省去了多联可变电容器等元件，提高了调谐信号发生器的可靠性、稳定性和调幅特性。

5.3.3 合成信号发生器

调谐信号发生器的优点是电路简单，但其频率准确度、稳定度均不高，频率稳定度不超过 10^{-6}/min。随着通信及电子测量水平的不断提高，对信号源频率的准确度、稳定度的要求越来越高。一个信号发生器输出信号频率的准确度、稳定度在很大程度上是由主振器的输出频率稳定度所决定的。前面介绍的 LC 振荡电路已无法满足高性能信号发生器的要求，而利用频率合成器代替调谐信号发生器中的 LC 振荡电路，可以有效地解决上述问题，这就诞生了合成信号发生器，其频率稳定度和准确度在 10^{-8} 以上。

合成信号发生器诞生于 20 世纪 60 年代，它用频率合成器代替信号发生器中的主振荡器。频率合成器把一个(或少数几个)高稳定度基准频率源经过加(产生和频)、减(产生差频)、乘(产生倍频)、除(产生分频)等算术运算，以产生在一定频率范围内、按一定的频率间隔变化的一系列离散频率，这些输出频率均具有与基准频率相同的高稳定度。除核心的主振级(频率合成器)之外，合成信号发生器的调制、放大、输出、指示等电路均与一般的高频信号发生器类同。

合成信号发生器具有良好的输出特性和调制特性，又有频率合成器的高稳定度、高分辨率的优点，频率稳定度和准确度在 $10^{-5}\sim 10^{-9}$ 数量级，频率分辨率达到 mHz 数量级，同时输出频谱纯度高，输出频带宽，输出信号的频率、电平、调制深度均可由微机控制并显示。因此，合成信号发生器是一种性能优越的信号发生器，代表了当今信号发生器的主流，广泛应用于计算机、通信、自动测试、医疗电子、家用电器等领域。

频率合成的方法很多，但基本上分为两类：一类是直接合成法，另一类是间接合成法。

直接合成法分为模拟直接合成法和数字直接合成法。模拟直接合成法采用基准频率通过谐波发生器，产生一系列谐波频率，然后利用混频、倍频和分频进行频率的算术运算，最终得到所需的频率；数字直接合成法则是将 ROM 和 DAC 相结合，通过控制电路，从 ROM 单元中读出数据，再进行数/模转换，得到一定频率的输出波形。

间接合成法则通过锁相技术进行频率的算术运算，最后得到所需的频率。

1. 直接合成法

1) 模拟直接合成法

模拟直接合成法是将一个或多个基准频率通过倍频、分频、混频技术实现算术运算(加、减、乘、除)，合成所需频率信号，再用窄带滤波器选出所要求的高性能信号。图 5.9 所示为模拟直接合成法的基本原理，基准频率源(石英晶体振荡器)产生 1 MHz 基准频率，通过谐波发生器产生 2 MHz、3 MHz、…、9 MHz 等谐波频率，连同 1 MHz 基准频率一起并接在纵横制接线的电子开关上，通过电子开关取出 8 MHz、2 MHz、6 MHz、4 MHz 信号，再经过 10 分频器(完成÷10 运算)、混频器(完成加法或减法运算)和滤波器，最后产生 4.628 MHz 输出信号。只要控制电子开关选取不同谐波进行合适的组合，就能得到所需频率的高稳定度信号。

模拟直接合成法能够迅速改变产生的输出频率，具有很小的频率转换时间(小于 100 μs)和很高的频率分辨率，但是它产生的输出频点数量较少，杂散分量较多，需要仔细设计，以免产生寄生分量，而且需要大量的倍频器、混频器、分频器和窄带滤波器，各单元间的电磁屏蔽必须很好，以防止交叉耦合。模拟直接合成器一般比较笨重，需要相当大的

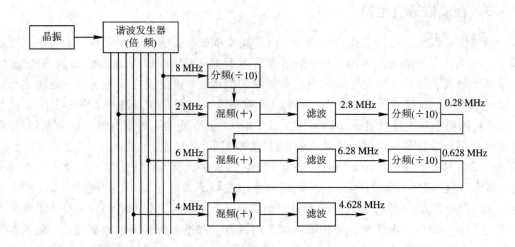

图 5.9　模拟直接合成法的基本原理

功率，难以集成，价格较昂贵。这种频率合成法目前已很少采用。

2）数字直接合成法

数字直接合成法又叫直接数字频率合成（DDS），它是近年来迅速发展起来的一种新的频率合成方法，它将先进的数字处理理论与方法引入信号合成领域，通过控制相位变化速度直接产生各种不同频率的信号。

DDS 的基本原理如图 5.10 所示。把一个单位振幅的正弦函数的相位在 2π 弧度内分成 2^A 个点，求出相应各点的正弦函数值，并用 D 位二进制数表示，写入 ROM 中，构成一个所谓的正弦表。在高速稳定的参考时钟控制下依次读出每个相位对应的正弦函数值，即得到采样的正弦离散信号，经 D/A 转换得到需要的模拟信号，通过改变输入时钟频率即可控制输出信号的频率。

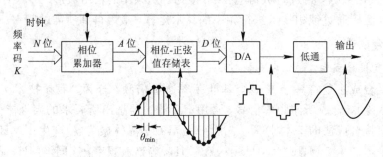

图 5.10　DDS 的基本原理

设（0，2π）内的相位点数为 2^A，参考时钟周期为 T_r，则每个采样周期相位增量为 $2\pi/2^A$，即经过 2^A 个采样点，相位变化了 2π，则输出的频率 $f_o = 1/(2^A \times T_r) = f_r/2^A$。

通过改变参考时钟的周期来改变输出频率，只是为了方便理解 DDS 的原理。实际上采用的是一个既简便又实用的方法：参考时钟的频率不变，但在相位-正弦值存储器表中，每隔 K 个点读一次，那么读过（0，2π）相位区间的时间缩小为原来的 $1/K$，即输出频率 $f_o = K/(2^A \times T_r) = K f_r/2^A$，提高为原来的 K 倍。当 $K=1$ 时，可得最低的频率分量，即 DDS 的最小频率分辨率 $f_{min} = f_r/2^A$；当 $K=2^{A-1}$ 时，可得 DDS 最高的输出频率 $f_{max} = f_r/2$。

K 称为频率控制字,可通过微处理器置入。对存储正弦幅值表的存储器的寻址也十分简单,只需设计一个相位累加器即可,其相位在参考时钟的控制下以 $2\pi/(K\times 2^A)$ 为步进进行累加,相位累加器的输出作为存储器的地址。

与传统的频率合成技术相比,DDS 具有以下优点:

(1) 频率分辨率高,频点数多。直接数字频率合成器输出频率的分辨率和频点数,随相位累加器的位数 N 呈指数增长,分辨率为 0.001 Hz 或更高,可满足精细频率控制的要求。

(2) 频率转换快。直接数字频率合成器是一个开环系统,无任何反馈环节,它的频率转换时间主要由频率控制字状态改变所需的时间及各电路的时延所决定,频率转换时间可达纳秒(ns)数量级。

(3) 相位连续。DDS 在频率转换时只需改变累加器的累加步长,而不改变原有的累加值,故变频时相位连续。

(4) 信号相干。DDS 产生的所有频率都由标准的同一时钟源控制,因而很容易实现相干信号频率的产生和变换,在通信、雷达、导航等设备中有极宽广的应用前景。

(5) 相位噪声小。一般锁相环为了减小相位噪声,必须减小回路的带宽,致使锁相环难于捕获,频率转换速度和稳定性不能保障。DDS 频率由数字控制直接产生,没有反馈环路,DDS 输出信号的相位噪声主要取决于参考源的相位噪声,只要参考源的相位噪声小,DDS 产生的新频率的相位噪声就小。

(6) 便于实现复杂方式的信号调制。DDS 充分利用大规模数字集成芯片的优点,将相位累加器,频率、幅度控制,正交两路输出等功能集成于同一芯片内,提供了相位、频率和幅度调制接口,可方便地实现线性调频、FSK/PSK/GMSK 等调制。

(7) 采用微处理器接口,容易控制,稳定可靠。DDS 全数字集成,工作稳定,电磁兼容性好。

(8) 大规模集成,体积小,功耗低,重量轻。

近年来,DDS 技术获得了长足的进步,在跳频通信、电子对抗、自动控制和仪器设备等领域得到了广泛的应用。其代表产品有美国模拟器件(Analog Devices)公司的 AD985x、AD995x 系列单片 DDS,其主要特性见表 5.2。

表 5.2 美国模拟器件公司 DDS 的主要特性

型 号	主时钟频率/MHz	DAC/bit	频率控制字/bit	供电电压/V	电流/mA	主时钟倍频器	内部比较器	接口
AD9854ASQ	300	12	48	3.1~3.5	1210	有	有	并/串
AD9859	400	10	32	1.8	30	有	无	串行
AD9956	400	14	48	1.8 和 3.3	—	无	无	串行
AD9951	400	14	32	1.8	—	有	无	串行
AD9952	400	14	32	1.8	85	有	有	串行
AD9953	400	14	32	1.8	—	有	无	串行
AD9954	400	14	32	1.8	—	有	有	串行
AD9858	1000	10	32	3.1~3.5	757	无	无	并/串

由于受器件水平的限制(主要受 D/A 转换器转换速度的限制),目前使用的 DDS 的时钟频率仍不太高。虽然有的芯片的时钟频率在 1 GHz 或 1 GHz 以上(如 AD9858),但高位数 D/A 转换芯片的上限频率仅为几百兆赫,这样 DDS 的输出频率就受到了极大的限制。因而在需要产生较高频率信号的情况下,往往要采用 DDS 和锁相环相结合的技术。

借助于直接数字频率合成(DDS)技术,人们又研制出了任意波形发生器(AWG)。其原理与采用 DDS 技术的正弦信号发生器相同,只是用可读写存储器(RAM)代替 ROM 来存储波形数据,根据需要通过微处理器更改其中的波形数据就达到了产生所需的任意波形的目的,如美国福禄克(FLUKE)公司的 395 系列等。

2. 间接合成法

间接合成法即锁相合成法。所谓锁相,就是自动实现相位同步。能够完成两个电信号相位同步的自动控制系统称为锁相环。由于频率是相位对时间的微分,因而当这两个电信号相位同步时,这两个电信号的频率也就保持了一致。这样,利用锁相环和分频比可变的分频器,就可把压控振荡器(VCO)的输出频率稳定在基准频率的整数倍上,获得大量稳定度和准确度与基准频率相同的频率输出。锁相环路具有滤波作用,通频带可以做得很窄,而且可以自动跟踪输入频率的变化,因此可以省去模拟直接合成器中的滤波器,从而简化结构,降低价格,便于集成。图 5.11 给出了锁相环的基本原理框图。

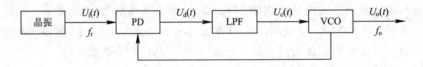

图 5.11　锁相环的基本原理框图

基本锁相环是个闭环相位负反馈环路,由鉴相器(PD)、低通滤波器(LPF)及压控振荡器(VCO)三大部分组成。

(1) 鉴相器(PD,又称相位比较器)。鉴相器是相位比较装置,它将两个输入信号 $U_i(t)$ 和 $U_o(t)$ 之间的相位进行比较,产生对应于两信号相位差的误差电压信号 $U_d(t)$,输出给低通滤波器(LPF)。当环路锁定后,鉴相器的输出电压是一个直流量。

(2) 低通滤波器(LPF)。环路低通滤波器用于滤除误差电压中的高频分量和噪声,以保证环路所要求的性能,并提高系统的稳定性。

(3) 压控振荡器(VCO)。压控振荡器是受电压控制的振荡器,其输出频率受输入电压的控制。

锁相环路的基本工作原理如下:锁相环开始工作时,VCO 的固有输出频率 f_o 不等于基准信号频率 f_r(称为参考频率),存在频差 $f_o - f_r$,则两个信号 $U_i(t)$ 与 $U_o(t)$ 之间的相位差将随时间变化。相位比较器将此相位差转化为与之对应的误差电压 $U_d(t)$,并通过环路滤波器滤波后加到 VCO 上,VCO 受误差电压 $U_c(t)$ 控制,其输出频率向减少 f_o 与 f_r 频差的方向变化,使 f_o 向 f_r 靠拢,即进行"频率牵引"。在一定条件下,通过频率牵引,f_o 与 f_r 越来越接近,直至 $f_o = f_r$,环路进入"锁定"状态。此时,虽然所需的输出频率来自 VCO,但由于环路处于锁定状态,因此输出频率的稳定度就提高到与基准频率同一量级。

将基本锁相环的结构稍加变化,在反馈回路中加入分频比 N 可变的分频器,就可得到频率合成器中经常使用的锁相环,其原理如图 5.12 所示。

图 5.12 倍频式锁相环原理图

当锁相环锁定时,鉴相器 PD 两输入端信号的频率差为零,即

$$f_r = \frac{f_o}{N} \qquad\qquad (5-4)$$

从而有

$$f_o = Nf_r \qquad\qquad (5-5)$$

通过改变分频比 N,就可得到各种所需的输出频率,输出信号的频率分辨率为 f_r。为了得到较细的频率分辨率,在实际的频率合成器中,f_r 是由晶体振荡器经参考分频器分频后得到的。

除倍频式锁相环外,还有混频式锁相环(如图 5.13 所示)等形式,在此不作详述。

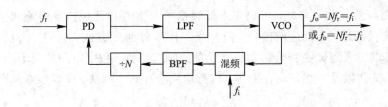

图 5.13 混频式锁相环

锁相频率合成器具有体积小、功耗低、输出频点多、频率准确度及稳定度高(完全与基准频率相同)、频率分辨率较高、便于微机控制等优点,并可方便地实现频率调制功能,因而在计算机与微处理器、通信设备、仪器仪表、家用电器、医疗电子等领域得到了十分广泛的应用。但锁相环需要经过频率捕捉和相位锁定过程才能达到稳定的工作状态,这使得其频率转换速度与直接频率合成器的转换速度相比大大降低。如锁相环频率转换的典型时间为 20 ms,比直接频率合成器(典型时间为 100 μs)大 200 倍,因而限制了其在高速跳频通信等领域的应用。

总之,无论是利用直接频率合成技术,还是利用锁相频率合成技术,合成信号发生器从根本上解决了普通信号发生器输出信号频率的稳定度与准确度的问题,并且可方便地在微处理器控制下工作,满足自动测试的需求。

5.3.4 高频信号发生器的主要性能指标

以常用的 XFG - 7 型高频信号发生器为例,它是一种具有标准频率和标准输出电压的高频信号发生器,既能产生等幅波,又能产生调幅波,可以方便地用于高频放大器、调制器以及滤波器的性能指标的测量,特别适用于无线电接收机性能指标的测量。其主要性能指标如下:

(1) 频率范围：100 kHz～30 MHz，共分八个波段。

(2) 频率刻度误差：±1%。

(3) 输出电压：0～1 V(有效值)。

(4) 输出阻抗：40 Ω(0～1 V 输出孔)、8 Ω(0～0.1 V 输出孔)。

(5) 电压表刻度误差：±5%(1 V 电压时，载波为 1 MHz)。

(6) 内调制信号频率：400 Hz、1000 Hz，误差为±5%。

(7) 外调制信号频率：50 Hz～8 kHz。

(8) 调幅范围：当 $m<60\%$ 时，误差为±5%；当 $m>60\%$ 时，误差为±10%。

(9) 谐波电平：<25 dBc。

5.4 函数信号发生器

函数信号发生器是一种宽带频率可调的多波形信号发生器，由于其输出波形均可用数学函数描述，故命名为函数发生器。一般能产生正弦波、方波和三角波，有的还可以产生锯齿波、矩形波(宽度和重复周期可调)、正负尖脉冲、斜波、半波正弦波及指数波等波形。现代函数信号发生器一般还具有调频、调幅等调制功能和 VCO(电压控制振荡器)特性，其工作频率从几毫赫至几十兆赫，可以充当低频信号发生器和低频扫频信号发生器使用。除工作于连续波状态外，有的还能键控、门控或工作于外触发方式。它除了作为正弦信号源使用外，还可以用来测试各种电路和机电设备的瞬态特性、数字电路的逻辑功能、模/数转换器、压控振荡器以及锁相环的性能等，广泛应用于生产、测试、仪器维修和医疗、教学实验等场合。

5.4.1 函数信号发生器的基本组成与原理

构成函数发生器的方案很多，通常有以下三种：

(1) 脉冲式：在触发脉冲的作用下，施密特电路产生方波，然后经变换得到三角波和正弦波。

(2) 正弦式：先产生正弦波，再得到方波和三角波。

(3) 三角波式：先产生三角波，再转换为方波和正弦波。

1. 脉冲式函数信号发生器

脉冲式函数信号发生器的原理框图如图 5.14 所示。它包括脉冲发生器、施密特触发

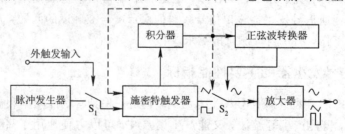

图 5.14 脉冲式函数信号发生器原理框图

器、积分器和正弦波转换器等部分。

脉冲式函数信号发生器的工作过程如下：在外触发或内触发脉冲的作用下，施密特触发器产生方波，方波的频率由触发脉冲决定，然后经积分器将方波积分形成线性变化的三角波或斜波，最后由正弦波形成电路将三角波转换成正弦波。放大器选择三个波形中的一个放大后输出，输出端接有衰减器，以调节输出电平大小。调节积分器积分时间常数（RC值），可改变积分速度和输出的三角波斜率，从而调节三角波的幅度。

正弦波形成电路用于将三角波变换成正弦波，能够完成这种变换的电路种类很多，如二极管网络、差分放大器等。图 5.15 所示为典型的二极管网络变换电路，可将对称的三角波转换成正弦波。

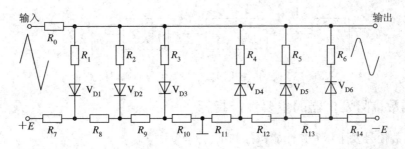

图 5.15　二极管正弦波形成电路

正弦波可看成是由许多斜率不同的折线段组成的。如果折线段选得足够多，并适当选择转折点的位置，便能得到非常逼真的正弦波。斜率不同的折线段可由三角波经分压得到，因此，将三角波经过分压系数不同的电路网络，便可得到近似的正弦波输出。

图 5.15 中用二极管和电阻构成三角波的"限幅"电路，它实际上是一个由输入三角波控制的可变分压器，其中 V_{D1}、V_{D2}、V_{D3} 完成正弦波正半周的近似，V_{D4}、V_{D5}、V_{D6} 完成正弦波负半周的近似。分压网络的级数越多，逼近的程度也就越好，例如通常将正弦波一个周期分成 22 段或 26 段，用 10 个或 12 个二极管组成成形网络，这种正弦波成形网络所获得的正弦信号失真小，可以得到非线性失真小于 0.5% 的波形良好的正弦波输出。

2. 正弦式函数信号发生器

正弦式函数信号发生器的原理框图如图 5.16 所示。它包括正弦振荡器、缓冲级、方波形成、积分器、放大器和输出级等部分。其工作过程如下：正弦振荡器输出正弦波，经缓冲级隔离后，分为两路信号，一路送放大器输出正弦波，另一路作为方波形成电路的触发信号。方波形成电路通常是施密特触发器，后者也输出两路信号，一路送放大器，经放大后输出方波，另一路作为积分器的输入信号。积分器一般是米勒积分电路，它将方波积分形

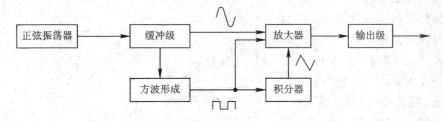

图 5.16　正弦式函数信号发生器的原理框图

成三角波，经放大后输出。同样，三种波形的输出由放大级中的选择开关选择输出。

3. 三角波式函数发生器

三角波式函数信号发生器的原理框图如图 5.17 所示。由三角波发生器先产生三角波，然后经方波形成电路产生方波，或经正弦波形成电路形成正弦波，最后经过缓冲放大器输出所需信号。虽然方波可由三角波通过方波变换电路变换而来，但在实际中，三角波和方波是难以分开的，方波形成电路通常是三角波发生器的组成部分。

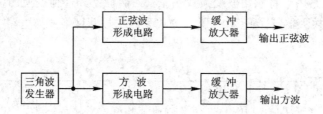

图 5.17　三角波式函数信号发生器的原理框图

5.4.2　函数信号发生器的主要性能指标

对于函数信号发生器，其性能指标如下：

（1）输出波形：通常输出波形有正弦波、方波、脉冲和三角波等波形，有的还具有锯齿波、斜波、TTL 同步输出及单次脉冲输出等。

（2）频率范围：函数发生器的整个工作频率范围一般分为若干频段，如 $1\sim10$ Hz、$10\sim100$ Hz、100 Hz~1 kHz、$1\sim10$ kHz、$10\sim100$ kHz、100 kHz~1 MHz 等波段。

（3）输出电压：对正弦信号，一般指输出电压的峰-峰值，通常可达 $10U_{\text{P-P}}$ 以上；对脉冲数字信号，则包括 TTL 和 CMOS 输出电平。

（4）波形特性：不同波形有不同的表示法。正弦波的特性用非线性失真系数表示，一般要求小于等于 3%；三角波的特性用非线性系数表示，一般要求小于等于 2%；方波的特性参数是上升时间，一般要求小于等于 100 ns。

（5）输出阻抗：函数输出 50 Ω；TTL 同步输出 600 Ω。

例如，GFG-8016G 函数发生器的主要性能指标如下：

- 频率范围：0.2 Hz~2 MHz，分 7 个频段，6 位 LED 数码管显示。
- 频率准确度：$\pm5\%$。
- 压控特性：输入电压 $0\sim10$ V（±1 V）、压控比 $1000:1$、输入阻抗 10 kΩ。
- 输出波形：正弦波、方波、三角形、脉冲、斜波。
- 输出幅度：$>20U_{\text{P-P}}$（开路），$>10U_{\text{P-P}}$（50 Ω）。
- 输出衰减：-20 dB 及电位器连续可调。
- 输出直流偏移：$-10\sim+10$ V（开路）、$-5\sim+5$ V（50 Ω），可调节。
- 正弦波：失真-0.2 Hz~200 kHz，$\leqslant1\%$；响应-0.2 Hz~200 kHz，<0.1 dB，200 kHz~2 MHz，<0.5 dB。
- 方波：上升时间<120 ns。
- 脉冲：上升时间<25 ns，TTL 及 $5\sim15$ V CMOS 电平。

5.5 脉冲信号发生器

脉冲信号通常是指持续时间较短、宽度及幅度有特定变化规律的电压或电流信号。常见的脉冲信号有矩形、锯齿形、阶梯形、钟形、升余弦、数字编码序列等。脉冲信号发生器是可以产生这些不同的重复频率、不同的宽度和幅度的脉冲信号的发生器，它不仅用于研究、测试脉冲和数字电路，测试逻辑元件的开关特性，而且广泛用于雷达、激光、航天、数字通信、计算机、自动控制、集成电路和半导体器件的测量领域。例如，对视频放大器以及其他宽带电路的振幅特性、过渡特性的测试，逻辑元件的开关速度的测试，集成电路的研究，以及对示波器的检定与测试等，都需要脉冲信号发生器提供测试信号。脉冲信号发生器已成为时域测量的重要仪器。

最基本的脉冲信号是矩形脉冲信号，如图 5.18 所示。它有以下一些基本参数：

(1) 脉冲振幅 A：指脉冲顶量值与底量值之差。

(2) 上升时间 t_r：指由 10% 电平处上升到 90% 电平处所需的时间，也叫脉冲前沿。

(3) 下降时间 t_f：指由 90% 电平处下降到 10% 电平处所需的时间，也叫脉冲后沿。

(4) 脉冲宽度 τ(或 t_w)：脉冲宽度本应指脉冲出现后所持续的时间，但是由于脉冲波形差异很大，顶部和底部宽度并不一致，所以定义脉冲宽度为前后沿 50% 电平处的宽度。

(5) 脉冲周期和重复频率：周期性脉冲相邻两脉冲之间的时间间隔称为脉冲周期，用 T 表示，脉冲周期的倒数称为重复频率，用 f 表示，如图 5.18(b) 所示。

(6) 脉冲的占空系数 ε：脉冲宽度 τ 与脉冲周期 T 的比值称为占空系数或占空比，即 $\varepsilon = \tau / T$。

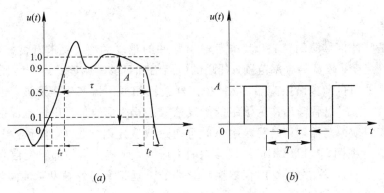

图 5.18　矩形脉冲信号

5.5.1　脉冲信号发生器的分类

按照频率范围来分，脉冲信号发生器有射频脉冲信号发生器和视频脉冲信号发生器两种。前者一般是高频或超高频信号发生器受矩形脉冲的调制而获得的，而常用的脉冲信号发生器都是以产生矩形脉冲为主的视频脉冲信号发生器。

按照用途和产生脉冲的方法不同，脉冲信号发生器可分为通用脉冲发生器、快沿脉冲发生器、函数信号发生器、特种脉冲发生器等。

通用脉冲发生器是最常用的脉冲发生器，其输出脉冲频率、延迟时间、脉冲持续时间、脉冲幅度均可在一定范围内连续调节，输出脉冲大都有"＋""－"两种极性，有些还具有前后沿可调、双脉冲、群脉冲、闸门、外触发及单次触发等功能，其最高频率可达 500 MHz以上，前后沿小于 100 ps。

快沿脉冲发生器以快速前沿为其特征，主要用于各类电路的瞬态特性测试，特别是测试示波器的瞬态响应。

函数信号发生器则如上节所述，一般可输出多种波形，是通用性极强的一类信号发生器。但作为脉冲信号源，其主要问题是上限频率不够高（50 MHz 左右），前后沿也难提高，因而不能完全取代通用脉冲发生器。

特种脉冲发生器是指那些具有特殊用途，对某些性能指标有一定要求的脉冲信号源，如稳幅、高压、精密延迟等脉冲发生器，以及功率脉冲发生器、数字序列发生器等。

5.5.2 脉冲信号发生器的组成与基本原理

一台基本的脉冲信号发生器，其组成原理方框图如图 5.19 所示，包括主振级、延迟级、形成级、整形级、输出级等部分。

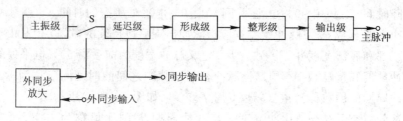

图 5.19 脉冲信号发生器的原理框图

1. 主振级

主振级是脉冲信号源的核心，其决定输出脉冲的重复频率，要求有良好的调节性能，较高的频率稳定度，较宽的频率范围，陡峭的前后沿和足够的幅度。

主振级可采用自激多谐振荡器、晶体振荡器或锁相振荡器产生矩形波，也可将正弦振荡信号加以放大、限幅后输出作为下级的触发信号。最常见的是采用恒流源射极耦合自激多谐振荡器或间歇振荡器，其振荡频率一般可通过改变定时电容 C 进行分挡粗调，用充、放电电阻 R 进行细调。也可以不使用仪器内的主振级，而直接由外部触发信号经过同步放大后作为延迟级的触发信号，这时仪器输出脉冲的重复频率与外触发脉冲同相，用于保证测试时系统的同步。

外同步放大电路将各种不同波形、幅度、极性的外同步输入信号转换成能触发延迟级正常工作的触发信号。

2. 延迟级

在很多场合下要求脉冲信号发生器能输出同步脉冲，并使同步脉冲超前于主脉冲一段时间，用于提前触发某些观测用仪器（如示波器等），这个任务由延迟级完成。主振级输出的未经延时的脉冲称为同步脉冲，又称前置脉冲，如图 5.20 所示。延迟级电路通常由单稳电路和微分电路组成，要求延迟级在全波段内获得一定的延时量和输出幅度，以满足触发下一级电路的要求。

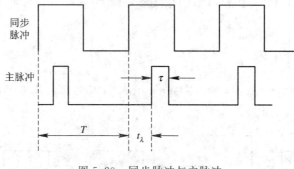

图 5.20 同步脉冲与主脉冲

3. 形成级

形成级通常由单稳态触发器等脉冲电路组成，是脉冲信号发生器的核心之一。它可产生宽度准确、波形良好的矩形脉冲，而且要求脉冲的宽度可独立调节，并具有较高的稳定性。

4. 整形级与输出级

整形级与输出级一般由放大、限幅电路组成，整形级具有电流放大的作用，输出级具有功率放大的作用。它还具有保证信号发生器输出的主脉冲的幅度可调、极性可切换以及良好的前后沿等性能的作用。通常由射极跟随器或推挽输出电路构成，可提供低输出阻抗，并且使前后级电路隔离。

5.5.3 脉冲信号发生器的主要性能指标

脉冲信号发生器的主要性能指标有以下几方面。

（1）脉冲频率：包括输出脉冲重复频率、同步脉冲频率（与输出频率的关系：如倍频或分频等）、外触发输入信号频率。要求较高的还包括频率稳定度、波形失真等。

（2）脉冲持续时间：包括脉冲宽度、延迟时间、微调范围、前后沿要求等。

（3）脉冲幅度：包括主脉冲、前置脉冲（同步脉冲）和外触发输入脉冲幅度的范围。

（4）输出阻抗：有 50 Ω（或 75 Ω）、600 Ω 几种电阻可选。

（5）波形失真：包括过冲、倾斜等指标。

（6）输出脉冲状态：包括单极性/双极性、单脉冲/双脉冲等。

（7）工作方式：包括外触发、单次触发等。

例如，XC-16 型脉冲信号发生器的主要性能指标为，频率范围 10 Hz～10 MHz，五挡连续可调；脉冲宽度 0.1～1000 μs，四挡连续可调；脉冲前后沿≤30 μs；单/双脉冲输出，双脉冲间隔时间 0.3～300 μs；单极性/双极性输出，输出脉冲幅度 150 mV～20 V（50 Ω 负载），连续可调；过冲和预冲≤5%；占空比≤80%；触发方式为内触发、外触发、单次触发。

5.6 专用（特殊）信号发生器

除了常用的低频信号发生器、高频信号发生器、函数发生器、脉冲信号发生器等通用信号发生器之外，针对一些特定的应用，人们还设计了一些专用信号发生器，它们只适用于某种特定的测量对象和测量条件(如任意波形发生器(AWG)、调频立体声信号发生器和电视信号发生器等)。

5.6.1　任意波形发生器

任意波形发生器(Arbitrarily Wave Generator，AWG)具备产生任意波形的能力，其简化的原理框图如图 5.21 所示。

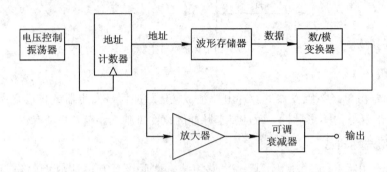

图 5.21　任意波形发生器原理框图

任意波形发生器的工作原理基于数字直接频率合成(DDS)技术，欲产生波形的样点数据通过编程被存储在波形存储器(RAM)中，由地址计数器输出地址数据，使波形存储器中的数据顺序地出现在数/模变换器(DAC)的数字输入口，DAC 产生正比于其输入口的数字数据电压。这样，当地址循环通过地址计数器计数时，波形数据就被转换成电压波形，在DAC 中周期性地输出。压控振荡器的输出作为地址计数器的时钟，因而地址计数器的时钟速率可变，从而使输出波形的周期(或频率)可变，时钟速率愈高，输出波形的频率也愈高。DAC 的输出经放大后通过可调衰减器输出。

任意波形发生器可模拟各种波形，只要其可用数字形式存储。如正弦波、方波、脉冲、脉冲序列、三角波、斜波、$\sin x/x$、升余弦、心(律)波等，波形数据通常可由用户自行创作后通过计算机联机软件载入，也可由数字存储示波器采集存储后载入，因而具有强大的输出波形可定制能力，满足一些对特殊波形需要测试的应用场合，广泛应用于科研院所、高等学校、高等职业院校，以及机械电子等各个领域。图 5.22 列举了几种经常需要产生的复杂波形。

但是，任意波形发生器与其他信号发生器一样，其输出频率的覆盖范围也受到器件的限制，如 DAC 的性能、DAC 与地址计数器的最高时钟速率、波形存储器的容量等因素，限制了任意波形发生器的输出频率范围。目前，美国力科(LeCroy)公司的 LW410/420 型任意波形发生器具有 100 MHz 时钟频率、512 K 个点记忆长度；泰克(TEK)公司的AWG2041 型任意波形发生器具有 1 GS/s(S/s 即 Samples/s)的采样速率、1 MB 的存储长度。此外，美国安捷伦(Agilent)公司的 8770A 型任意波形发生器可以输出 DC～50 MHz的任意波形。

以美国福禄克(FLUKE)公司的 395 系列任意波形发生器为例，其主要特性如表 5.3所示。

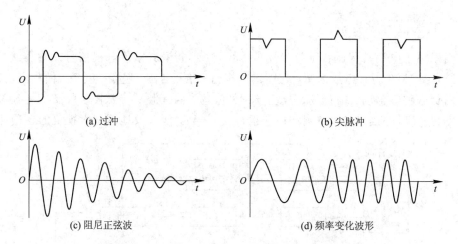

(a) 过冲　　　　　　　　　　　　　　(b) 尖脉冲

(c) 阻尼正弦波　　　　　　　　　　　(d) 频率变化波形

图 5.22　任意波形发生器可产生的几种波形

表 5.3　395 系列任意波形发生器的主要特性

	通道数(标准/最大)	1
任意波形	最高采样频率	100 MS/s
	波形存储器(标准/选件)	64 K/256 K 个点
	垂直分辨力	12 bit
	波形序列(最大段数)	4
标准波形	正弦波最高频率	40 MHz
	方波最高频率	50 MHz
	脉冲波形最高频率	10 MHz
	脉冲串	有
	噪声发生器	模拟,数字,信号+噪声
	同步输出	有
工作模式	触发	外部、内部、前面板按钮、远程触发命令
	门控	有
	猝发	有
	扫频	有,线性/对数
	调制	AM/FM/脉冲,0.01 Hz~40 MHz
幅值	最大幅值(50 Ω/600 Ω)	$10U_{P-P}/20U_{P-P}$
一般特性	多机间锁相	有
	GPIB 接口	选件
	RS-232 接口	有
	软件驱动器	LabVIEW 和 LabWindows
	WaveForm DSP2 载入软件	有

5.6.2 电视信号发生器

下面以用于电视机调试和维修专用的 S305A 型全频道彩色电视信号发生器为例进行简要介绍，图 5.23 为其组成框图。它能输出棋盘、格子、圆、竖条、横条、横灰度、灰度等七种黑白信号和红色场、绿色场、蓝色场、白色场、四矢量、特殊图、彩条等七种彩色信号，以及上述信号的组合（如将圆和格子组合在一起），能有效地测试电视机的各种性能。

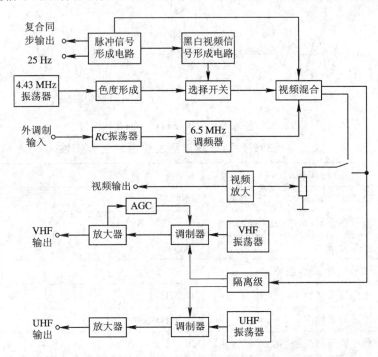

图 5.23　S305A 型全频道彩色电视信号发生器的组成框图

脉冲信号形成电路用于产生复合同步、复合消隐以及形成各种图像信号所需的控制脉冲。复合同步和消隐信号送往视频混合电路，控制脉冲送往黑白视频信号形成电路。脉冲信号形成电路还通过面板向外直接输出复合同步信号及 25 Hz 信号，供示波器测试时作外触发信号源。黑白视频信号形成电路用于产生电子圆、横灰度、格子、竖条、横条、棋盘及灰度等七种黑白图像信号。色度形成电路用于产生红色场、绿色场、蓝色场、白色场、四矢量、特殊图、彩条等七种彩色图形信号。RC 振荡器产生 1 kHz 音频信号，作为伴音调制信号。外调制输入也可作为伴音调制信号，当外调制信号从插孔输入时，RC 振荡器自动停振。6.5 MHz 调频器是一个内含变容二极管的压控振荡电路，在伴音调制信号调制下产生调频伴音信号。视频混合电路对复合同步信号、复合消隐信号、伴音信号及选择开关选择出来的黑白或彩色图像信号进行叠加，形成正、负极性的全电视信号，送往视频放大电路放大并输出。

除视频输出外，S305A 还提供射频（RF）输出。由视频混合电路送出的另一路负极性视频信号经隔离级分别送往 VHF、UHF 调制器，对 VHF、UHF 载波信号进行幅度调制，形成某 VHF、UHF 频道（VHF：1～12 频道；UHF：13～56 频道）的电视信号，经放大后由面板输出孔输出。

5.6.3 矢量信号发生器

随着社会信息化的不断深入发展,数字电视、有/无线通信、卫星导航等已成为人们现代生活不可分割的一部分。在国防现代化进程中,新型雷达、制导装备也不断涌现。在这些领域使用的无线电波频率越来越宽、数字调制种类及系统标准越来越多,常规功能单一的射频信号发生器已很难满足其复杂的测试应用需求。为此,矢量信号发生器应运而生。

矢量信号发生器又称矢量信号源,是为满足通信、雷达等领域技术发展的数字化需求而出现的新型射频信号发生器,它将通信中的数字调制技术引入信号发生器技术领域,为通信、雷达等设备的测试提供必要的支撑。

现代数字通信中数字调制方式众多,如 BPSK、QPSK、OQPSK、PSK、QAM、FSK、MSK、GMSK 等,各种调制可以采用不同的方法来实现,但它们都可以采用矢量调制的方法,因此矢量调制是产生各种数字调制信号的最佳方案。与传统调制方案不同的是,矢量调制方案采用两个载波相位相差90°的调制通道(分别称为I、Q通道)实现对射频载波的幅度和相位的调制。因此矢量调制也被称为I/Q调制,矢量调制器也被称为I/Q调制器。

矢量信号发生器是以矢量调制为核心来构建的,其基本原理框图如图 5.24 所示。矢量信号发生器通常由基带信号产生单元、载波振荡器、矢量调制单元、后处理等部分组成。其中,基带信号单元将内部产生的或外部输入的数字序列经符号映射后形成I、Q两路正交数据,然后分别经基带成形滤波、DAC输出后形成两路基带调制信号 $I(t)$ 和 $Q(t)$,送至后级矢量调制单元。载波振荡器用来产生连续的射频载波信号。矢量调制单元首先将载波信号进行 90°相移得到两路正交的载波信号,然后分别将它与两路基带信号进行调制,再相加得到矢量调制信号,最后经驱动/衰减等处理后输出。

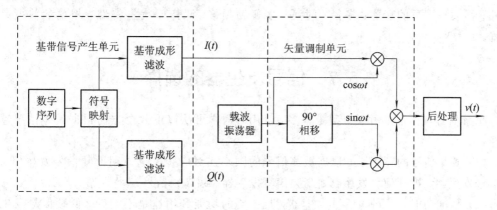

图 5.24 矢量信号发生器原理框图

现代数字通信有很多复杂的标准协议,如蜂窝移动通信就有 GSM、CDMA、WCDMA、TD-SCDMA、TD-LTE、LTE-FDD 等,为了在对这些系统及设备进行测试时能够减少设备数量、简化测试操作流程、提高测试效率和质量,在矢量信号发生器中往往还设计有这些标准协议,使得它能输出符合协议规程的信号;少数矢量信号发生器甚至还具备无线信道模拟功能,模拟常见的无线信道(如移动通信信道)的衰落、多径、时延、多普勒频移、噪声干扰等特性,以便在实验室/生产线模拟实际的无线信道传输环境,满足相应的测试需求。

矢量信号发生器的主要技术指标有以下几个方面：

（1）频率范围。频率范围指矢量信号发生器射频载波的频率上限。现代矢量信号发生器的频率范围通常达数 GHz，最高达 40 GHz，以满足各种无线通信、雷达等领域的应用需求。

（2）调制带宽。调制带宽指矢量信号发生器 I/Q 通道基带信号的最大带宽值，它决定了数字调制信号的符号速率，主要受限于通道内的高速高比特 DAC。现代矢量信号发生器内置基带信号调制带宽可达 160 MHz/16 bit。为解决内置基带通道带宽不够的问题，矢量信号发生器往往提供外调制功能，可提供最高达 2 GHz 的外调制带宽。

（3）数字调制参数。数字调制参数包括数字调制方式、符号速率、滤波器类型等。数字调制方式通常包括 ASK、PSK（BPSK、QPSK、OQPSK、$\pi/4$DQPSK、8PSK、16QPSK、D8PSK 等）、FSK（2FSK、4FSK、8FSK、16FSK、MSK、GMSK 等）、QAM（4QAM、16QAM、32QAM、64QAM、128QAM、256QAM 等）。

（4）矢量调制准确度。矢量调制准确度表示矢量调制信号的质量，一般包括误差矢量幅度、幅度误差、相位误差、原点偏移等几种表示方式。

（5）标准通信制式。标准通信制式指矢量信号发生器内部支持的标准通信协议，包括GSM、CDMA、WCDMA、TD-SCDMA、TD-LTE、LTE-FDD、IEEE802.11a/b/g/n/ac、IEEE802.16、Bluetooth 等。

（6）通道数。通道数指矢量信号发生器的输出射频通道数。为满足 MIMO 通信测试的需求，一些矢量信号发生器具有两个或两个以上的射频输出通道，从而可实现单台仪器上同时产生两个或两个以上的完整矢量信号输出。

（7）信道模拟。一些矢量信号发生器内置无线信道模拟器，能够逼真模拟典型室内、室外、移动环境下的衰落、多径、时延、多普勒频移、噪声干扰等特性，相关参数可灵活设置。

5.7　信号发生器的选择

测量信号发生器的种类、型号繁多，使用时通常可从以下几个方面根据具体情况进行选择：

（1）被测信号的频率。可根据被测信号的频率在对应频段选择超低频信号发生器、低频信号发生器、视频信号发生器、高频信号发生器、超高频信号发生器等。

（2）测试功能。不同的信号发生器，其主要的功能和用途是不同的。低频信号发生器主要用于检修、测试或调整各种低频放大器、扬声器、滤波器等的频率特性；高频信号发生器主要用于测试各种接收机的灵敏度、选择性等参数，同时也为调试高频电子线路提供射频信号；函数信号发生器可提供多种信号波形，可用于波形响应研究及各种实验研究；脉冲信号发生器可用于测试器件的振幅特性、过渡特性和开关速度等。

（3）输出信号波形。信号发生器的输出波形种类也是多种多样的，输出电平也有多种，不同的测量场合对此需求也是不同的。如低频、高频、超高频信号发生器用于模拟电路的测量；函数信号发生器和脉冲发生器既可用于模拟电路的测量，又可用于数字电路的测量；数字序列发生器则用于数字设备的测试。对于无线通信等领域，常常需要选用具备调幅、调频等调制能力的高频信号发生器，或具备数字调制能力的矢量信号发生器。

（4）测量准确度的要求。不同的测量（测试）目的对测量准确度的要求也是不同的。如在学生实验中，对输出信号的频率、幅度准确度和稳定度以及波形失真等要求不严格时，可采用普通信号发生器；在对仪器校准或测量准确度有严格要求的场合中，应选用准确度和稳定度较高的标准信号发生器。

思 考 题 5

1. 根据输出信号频率、输出波形种类的不同，信号发生器分为哪几类？

2. 信号发生器的基本组成有哪几部分？其技术指标有哪些？其含义是什么？

3. 低频信号发生器一般包括哪几部分？各部分的作用是什么？其主振级常采用什么电路？

4. 文氏桥振荡器中常采用热敏电阻组成负反馈支路来稳定振幅，试简述其基本工作原理。

5. 试画出用低频放大器进行电压放大倍数测量的测试方框图。

6. 高、低频信号发生器的输出阻抗一般是多少？使用时，如果阻抗不匹配，会产生什么影响？

7. 高频信号发生器主要由哪些电路组成？各部分的作用是什么？

8. 合成信号发生器的实现方法有哪几种？各有什么特点？

9. 什么是 DDS？什么是频率合成器？说明它们各自的优缺点。

10. 基本锁相环由哪些部分组成？其作用是什么？

11. 已知图 5.25 所示的混频倍频混合式锁相环中，$f_{r1}=10\ \text{kHz}$，$f_{r2}=40\ \text{MHz}$，其输出频率 $f_o=73\sim101.1\ \text{MHz}$，步进频率 $\Delta f=10\ \text{kHz}$，试求 N。

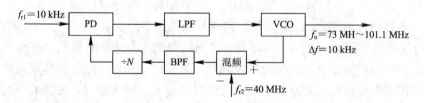

图 5.25　题 11 图

12. 正弦信号发生器的调制方式一般有哪几种？

13. 函数信号发生器能输出哪几种波形的信号？一般有哪几种构成方式？

14. 简述脉冲信号发生器的基本组成以及各部分的主要功能。

15. 脉冲信号发生器的主要性能指标有哪些？

16. 如何合理选择和正确使用测量用信号源？

第6章 频率与时间测量

频率和时间是电子技术领域内两个重要的基本参量，其他许多电参量的测量方案、测量结果都与频率有着十分密切的关系，因此频率的测量相当重要。本章介绍频率与时间测量的基本方法与原理，重点介绍利用电子计数器法测量频率与时间，包括电子计数器的组成、工作原理及电子计数器测量频率、周期、时间间隔、相位差、频率比、累加计数与计时和自校的方法，并在对测量误差的来源进行分析的基础上提出了减少误差的方法。最后介绍了等精度测量法的原理及几种常用的电子计数器。

6.1 频率与时间测量的特点与方法

6.1.1 频率与时间测量的特点

频率(Frequency)是指周期性信号在单位时间(1 s)内变化的次数，其单位是 Hz。周期则是指出现相同现象的最小时间间隔。

例如，T 秒内，某信号周期性地变化了 N 次，则该信号频率为 N/T Hz。

频率很高时，采用 kHz、MHz 和 GHz 作频率的单位比较方便。它们之间的关系是

$$1 \text{ GHz} = 10^3 \text{ MHz} = 10^6 \text{ kHz} = 10^9 \text{ Hz}$$

与其他各种物理测量相比，频率与时间测量具有如下特点：

(1) 时频测量具有动态性质。在时刻和时间间隔的测量中，时刻始终在变化，如上一次和下一次的时间间隔是不同时刻的时间间隔，频率也是如此，因此在时频的测量中，必须重视信号源和时钟的稳定性及其他一些反映频率和相位随时间变化的技术指标。

(2) 测量精度高。在时频的计量中，由于采用了以"原子秒"和"原子时"定义的量子基准，因而使得频率测量精度远远高于其他物理量的测量精度。对于不同场合的频率测量，测量的精度要求虽然不同，但我们都可以找到相应的各种等级的时频标准源。例如，石英晶体振荡器结构简单，使用方便，其精度在 10^{-10} 左右，能够满足大多数电子设备的需要，是一种常用的标准频率源；原子频标的精度可达 10^{-13}，其广泛应用于航天、测控等频率精确度要求较高的区域。

利用时频测量精度高的特点，我们可将其他物理量转换为频率进行测量，使其测量精度得以提高。如数字电压表中双积分式 A/D 转换，就是将电压变成与之成比例的时间间隔进行测量。

(3) 测量范围广。信号可通过电磁波传播，极大地扩大了时间频率的比对和测量范围。例如，GPS 卫星导航系统可以实现全球范围内高准确度的时频比对和测量。

(4) 频率信息的传输和处理比较容易。例如，通过倍频、分频、混频和扫频等技术，可

以对各种不同频段的频率进行灵活方便地测量。

随着集成电路及微处理器的广泛应用，采用电子计数方式测频的仪器普及和发展迅速，很多问题也就迎刃而解了。过去曾一度采用的其他类型频率计已很少使用，本章将主要介绍电子计数器测频。

6.1.2 频率测量的方法

任何测量仪器和方法都是根据生产和科学试验的需要，为解决某量值的测定问题而创造出来的。当出现更快、更经济、更省力和精度更高的仪器或方法时，旧的仪器或方法就逐渐被淘汰，同时，更新式的仪器又在创造之中了。

出现并得到过应用的测频方法与仪器主要有以下几种：

（1）谐振法：利用 LC 回路的谐振特性进行测频（如谐振式波长表可测无源 LC 回路的固有谐振频率），测频范围为 $0.5 \sim 1500$ MHz。

（2）外差法：改变标准信号频率，使它与被测信号混合，取其差频，当差频为零时读取频率。这种外差式频率计可测量高达 3000 MHz 的微弱信号的频率，测频精确度为 10^{-6} 左右。

（3）示波法：在示波器上根据李沙育图形或信号波形的周期个数进行测频。这种方法的测量频率范围可以从音频到高频信号。

（4）电子计数器法：直接计量单位时间内被测信号的脉冲数，然后以数字形式显示频率值。这种方法的测量精确度高、速度快，可满足不同频率、不同精确度测频的需要。

以上四种方法中前三种可归结为模拟测频方法，而最后一种属于数字测频方法。目前，主要采用的是数字测频法，也就是电子计数器测频法。

6.1.3 电子计数器测频法原理

计数是电子计数器最基本的功能。尽管电子计数器的种类很多，但其基本的工作原理可用图 6.1 所示的简化方框图加以说明。

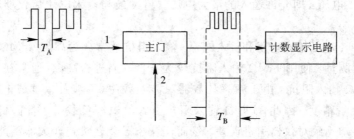

图 6.1　电子计数器简化方框图

图 6.1 中标注"主门"的方框，就是脉冲电路中所介绍的"门电路"的一种，"1"和"2"分别表示主门的两个输入端。设由"1"端输入待计数脉冲，其周期为 T_A，由"2"端输入开门时间控制脉冲信号（闸门信号），其宽度为 T_B。因而，当把周期为 T_A 的脉冲信号由"1"端加入后，假设在闸门信号的上升沿主门打开，计数器对输入脉冲信号进行累加计数，在闸门信号的下降沿主门关闭，计数器停止计数，显然计数器所计之数 N 为

$$N = \frac{T_B}{T_A} = f_A T_B = \frac{f_A}{f_B} \qquad (6-1)$$

此结果经显示电路以数字形式显示出来。

由式(6-1)不难看出，如果从主门的"1"端加入不同的计数信号，从"2"端加入不同的闸门时间信号，那么用图 6.1 所示的基本电路就能实现对周期、频率、频率比等的多种测量。

6.2 通用电子计数器

电子计数器测频法的核心是电子计数器，而最常见的电子计数器是通用电子计数器。所谓通用电子计数器，就是指具有测量频率和时间两种以上功能的电子计数器。这种计数器一般具有下列几种功能：测频、测时、测周期、测多倍周期、测频率比和累加计数。这类仪器功能多，使用方便，应用范围较广。

6.2.1 通用电子计数器的主要技术性能

用于测频的通用电子计数器其主要技术性能包括：

(1) 测试性能：仪器所具备的测试功能（如测量频率、周期、频率比等）。

(2) 测量范围：仪器的有效测量范围。在测频和测周期时，测量范围不同。测频时要指明频率的上限和下限；测周期时要指明周期的最大值和最小值。

(3) 输入特性：通用电子计数器一般由 2～3 个输入通道组成，需分别指出各个通道的特性，包括以下几个方面：

• 输入耦合方式：有 AC 和 DC 两种耦合方式。在低频和脉冲信号计数时宜采用 DC 耦合方式。

• 输入灵敏度：指在仪器正常工作时输入的最小电压。例如，通用计数器 A 输入通道的灵敏度一般为 10～100 mV。

• 最高输入电压：即允许输入的最大电压。超过最高输入电压后仪器不能正常工作，甚至会损坏。

• 输入阻抗：包括输入电阻和输入电容。输入阻抗通常分为高阻(1 MΩ)和低阻(50 Ω)两种。对于低频测量，使用 1 MΩ 输入阻抗较为方便；当进行高频（通常在 50 MHz 以上）测量时需用 50 Ω 输入阻抗。由于频率计数器只涉及频率(不涉及幅度或电压)，降低信号电平不致降低测量精度，因此，1 MΩ 输入阻抗引入的电容负载虽可能降低进入频率计数器的信号电平，却不致对仪器引进误差。然而，信号不会衰减到计数器不能精确检测的程度。另外，对于振荡器振荡频率的测量，不宜将频率计直接接入振荡回路，频率计的输入电阻/电容会导致振荡器振荡频率改变甚至停振，应选高阻在振荡器的后级缓冲输出处进行测量。许多频率计数器存在组合 50 Ω 和 1 MΩ 输入阻抗的情况，测低频时用 1 MΩ 输入阻抗，测高频时用 50 Ω 输入阻抗。还有些频率计的输入阻抗可在 1 MΩ 和 50 Ω 之间转换。

(4) 测量准确度：常用测量误差来表示，主要由时基误差和计数误差决定。时基误差由内部晶体振荡器的稳定度确定。频率计的时基通常是精确控制的晶体振荡器，它经分频后产生需要的频率。因此，计时精度完全由晶体振荡器的稳定度和精度来决定。因为这种振荡器的工作频率只有一个，所以通过设计可使它的频率极其稳定。

这种用作时基的晶体振荡器主要有三类：室温晶体振荡器(RTXO)、温度补偿晶体振荡器(TCXO)以及恒温箱控制晶体振荡器(OCXO)。室温晶体振荡器经过设计，通常在0～50℃范围内频率相对稳定。仔细选用晶体，在上述温度范围内，频率稳定度可达百万分之2.5(俗称2.5 ppm)。温度补偿晶体振荡器除含基本晶体振荡器之外，还增加了热敏元件或对晶体固有温度特性进行补偿的元件，这样可使其稳定度提高。通常在上述温度范围内，稳定度可达到百万分之0.5。OCXO的频率稳定度最高，这种振荡器中的晶体放在恒温箱中，恒温箱的温度由加热元件来稳定，加热器的控制系统可能是简单通断型的，也可能是复杂一些的线性控制系统。由于消除了晶体的温度变化，因此这类振荡器的频率稳定度在上述温度范围内通常可达到百万分之0.01。表6.1概括了以上三类振荡器的频率稳定度。

表 6.1　振荡器的频率稳定度

振荡器类型	频率稳定度
室温晶体振荡器(RTXO)	2.5×10^{-6}
温度补偿晶体振荡器(TCXO)	0.5×10^{-6}
恒温箱控制晶体振荡器(OCXO)	0.01×10^{-6}

(5) 闸门时间和时标：由机内时标信号源所能提供的时间标准信号决定。根据测频和测周期的范围不同，有多种闸门时间和时标可供选择，如通常的 0.01 s、0.1 s、1 s、10 s等。闸门时间的选择与被测信号的频率有关，对于频率较低的被测信号，应选较长的闸门时间；同时，闸门时间还决定了测量结果的位数，较长的闸门时间可以获得较多的测量结果位数(如闸门时间为 1 s 时测量结果为 7 位，闸门时间为 10 s 时测量结果为 8 位)，相应的测量精度也就高一些。

(6) 显示及工作方式：包括显示位数、显示时间、显示方式等。
- 显示位数：可显示的数字位数，如常见的 8 位。
- 显示时间：两次测量之间显示结果的时间，一般是可调的。
- 显示方式：有记忆和不记忆两种显示方式。记忆显示方式只显示最终计数的结果，不显示正在计数的过程。实际上显示的数字是刚结束的一次测量结果，显示的数字保留至下一次计数过程结束时再刷新。不记忆显示方式可显示正在计数的过程。多数计数器没有不记忆显示方式。

(7) 输出：包括仪器可输出的时标信号种类、输出数据的编码方式及输出电平等。

6.2.2　通用电子计数器的测量功能

1. 频率测量

频率的测量实际上就是在单位时间内对被测信号的变化次数进行累加计数，其原理框图如图 6.2 所示。被测信号由 A 通道输入，经 A 通道变成符合要求的脉冲信号，其频率与输入被测信号的频率 f_x 相等，然后送入主门的输入端("1"端)。主门由门控双稳电路控制其打开和关闭的时间，当主门打开时，脉冲信号通过主门进入计数显示电路进行计数和显示。门控信号时间是非常准确的，它是由高准确度的石英晶体振荡器分频后输出的标准时基信号经过门控双稳电路后形成的。

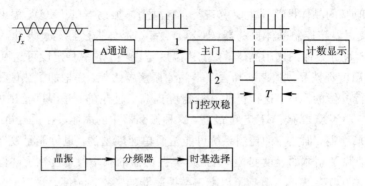

图 6.2　频率测量的原理框图

设开门时间为 T，在时间 T 内，从主门通过的脉冲个数为 N，则被测信号的频率 f_x 为

$$f_x = \frac{N}{T} \tag{6-2}$$

例如，测量一输入信号，选择闸门时间为 1 s，计数器显示数字为 5000，则被测信号频率 $f_x = N/T = 5000$ Hz。

当然，在测量中并非一定要选闸门时间为 1 s，也可以选择其他时间，如 0.1 s、10 s 等。不论闸门时间怎样选择，对于同一被测信号，其测量结果应是相同的。在测量过程中不需要对测量结果进行折算，当我们选择不同的闸门时间时，显示电路则自动按所选时间移动小数点。例如，用 E312A 型通用计数器测一输入频率 $f_x = 100\,000$ Hz 的信号，显示电路所显示读数随闸门时间的不同而不同，见表 6.2。

表 6.2　闸门时间与显示

输入信号	闸 门 时 间			
	10 ms	0.1 s	1 s	10 s
100 000 Hz	100.0 kHz	100.00 kHz	100.000 kHz	100.0000 kHz

由表 6.2 可见，不论选择哪种闸门时间，测得的结果都相同，只是显示的有效数字不同而已。当然，对于输入的低频信号，闸门时间应适当选长一些，以保证闸门时间内能计数足够多的输入信号脉冲。

2. 周期测量

周期是频率的倒数，因此周期的测量和频率的测量正好相反，其原理框图如图 6.3 所示。

测量周期时，时标信号作为计数脉冲，由主门的"1"端输入；被测信号由 B 通道输入，经放大整形电路把被测信号转换成脉冲信号，再利用脉冲信号的跳变沿去触发主控双稳电路，以形成闸门信号加到主门的"2"端。

设被测信号的周期为 T_x，时标信号的周期为 T_0，在时间 T_x 内，有 N 个时标脉冲通过主门，则被测信号的周期为

$$T_x = NT_0 \tag{6-3}$$

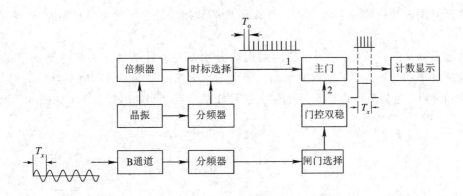

图 6.3 周期测量的原理框图

在实际测量中，如果被测信号周期较短，则为了减小测量误差，常采用多周期测量法来读取输入信号的周期的平均值。这种方法将被测信号的周期扩大 10^n 倍，这样在开门时间内计数器所计脉冲的个数也相应增多了，将最终计数器的计数值除以 10^n，便可得到一个周期的周期测量值。它实际上是多个被测周期的平均值，即

$$T_x = \frac{NT_o}{10^n} \qquad\qquad (6-4)$$

式中，T_o 是时标信号的周期，由时标选择开关选择，一般有 1 μs、10 μs、0.1 ms、1 ms 等几种时标信号；10^n 是周期被乘率，一般有 ×1、×10、×10^2、×10^3、×10^4 几种。

3. 时间间隔测量

时间间隔测量和周期的测量都是测量信号的时间，因此测量电路大体相同，所不同的是测量时间间隔需要 B、C 两个通道分别送出起始和停止信号去控制门控双稳电路以形成闸门信号，其工作原理如图 6.4 所示。

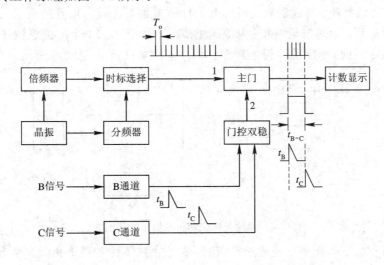

图 6.4 时间间隔测量的原理框图

时标信号作为计数脉冲，B 通道输入的信号作为主门的开门信号，当主门打开时，时标脉冲通过主门进入计数显示电路；C 通道输入的信号作为主门的关门信号。若计数器在

主门打开时间内计得脉冲个数为 N，则 B 和 C 两脉冲信号之间的时间间隔为

$$t_{\text{B-C}} = NT。 \tag{6-5}$$

为增强测量的灵活性，在 B、C 两通道内分别设有极性选择开关和电平调节电位器，通过触发电平的选择，可以选取两个输入信号的上升沿或下降沿的某电平点作为时间间隔的始点和终点，这样就可以测量两个输入信号任意两点之间的时间间隔，如图 6.5 所示。

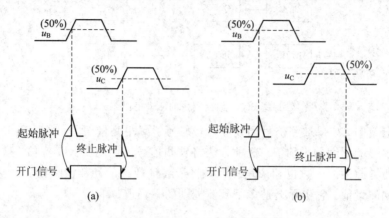

图 6.5 输入信号任意两点间的时间间隔测量示意图

图 6.5 中，u_{B} 和 u_{C} 表示待测时间间隔的两个输入信号，分别由 B、C 通道输入。如果触发电平为输入信号的 50%，触发极性为正，这样可测得两个输入信号上升沿(50%电平点)之间的时间间隔，如图 6.5(a)所示；若将 C 通道的触发极性设为负，即能测出 u_{B} 上升沿 50%电平处与 u_{C} 下降沿 50%电平处的时间间隔，如图 6.5(b)所示。

4. 相位差测量

相位差测量通常是指两个同频率的信号之间的相位差的测量。相位差测量的主要方法有示波器法、比较器法、直读法等。利用电子计数器也可进行相位差的测量，它是时间间隔测量的一个应用。瞬时值数字相位差测量原理框图如图 6.6 所示，通过测量两个正弦波上两个相应点之间的时间间隔，可换算出它们之间的相位差。

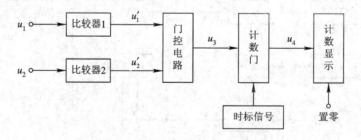

图 6.6 瞬时值数字相位差测量原理框图

当被测信号 u_1、u_2 由负变正通过零点时，分别由过零比较器 1 和 2 产生脉冲信号 u_1'、u_2'。设 u_1' 超前于 u_2'，则 u_1'、u_2' 分别作为门控电路的开启信号、关闭信号，使门控电路产生门控信号 u_3。u_3 的脉宽与两个信号的相位差相对应。在 u_3 脉宽期间，打开计数门，时标信号则经由计数门至计数显示电路，得到对应的相位差数值。其工作波形如图 6.7 所示。

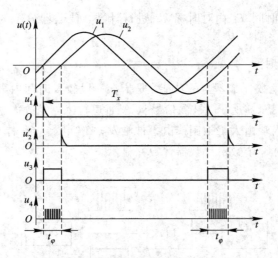

图 6.7 瞬时值数字相位差测量工作波形

设被测信号周期为 T_x，门控信号 u_3 的宽度（亦即两个信号相位差 $\Delta\varphi$ 对应的时间）为 t_φ，则

$$\begin{cases} \dfrac{t_\varphi}{T_x} = \dfrac{\Delta\varphi}{360°} \\ t_\varphi = NT_s \end{cases} \tag{6-6}$$

式中，T_s 为时标信号周期。

由式(6-6)可得

$$\Delta\varphi = \frac{NT_s}{T_x} \times 360° = N\frac{f_x}{f_s} \times 360° \tag{6-7}$$

为了减小测量误差，可利用两个通道的触发源选择开关，第一次设置为"＋"，信号由负变正通过零点，测得 $t_{\varphi 1}$，第二次设置为"－"，信号由正变负通过零点，测得 $t_{\varphi 2}$，两次测量结果取平均值，即

$$t_\varphi = \frac{t_{\varphi 1} + t_{\varphi 2}}{2}$$

再利用式(6-7)即可求得相位差。

5. 频率比测量

频率比是指两路信号源的频率的比值。其测量原理与频率、周期测量的原理类似，如图 6.8 所示。选择频率高的信号加到 A 通道形成时标信号 T_A，频率低的信号加到 B 通道

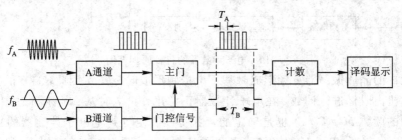

图 6.8 频率比测量原理框图

形成时基 T_B，在闸门时间 T_B 内对时标 T_A 进行计数，计数器显示的读数就是两信号的频率比 f_A/f_B。

6. 累加计数和计时

累加计数是电子计数器最基本的功能，是指在一段较长时间内累加被测信号的脉冲个数，测量原理框图如图 6.9 所示。被测信号从 A 通道输入，经放大整形为脉冲序列，送入主门；门控电路的输入端由人工控制或由事件触发；在"开始"至"停止"这段时间内主门打开，通过的被测信号脉冲个数由计数器计数并显示。

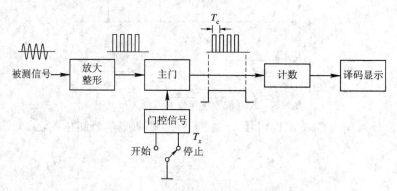

图 6.9 累加计数和计时的原理框图

若 A 通道加入的是标准时钟信号，则计数器累计的是开门所经历的时间，这便实现了计时功能。电子计数器计时精确，可用于工业生产的定时控制。若时标为 T_c，计数器显示的值为 N，则计时值 $T=NT_c$。

由于在累加计数和计时中所选的测量时间往往较长，比如几个小时，因而对控制门的开关速度要求不高，主门的开、关除了本地手控外，也可以远地程控。

7. 自校

在使用电子计数器测量之前，应对电子计数器进行自校。自校的目的：一是检验电子计数器的逻辑关系是否正常，二是检验电子计数器能否准确地进行定量测量。自校的原理框图如图 6.10 所示。

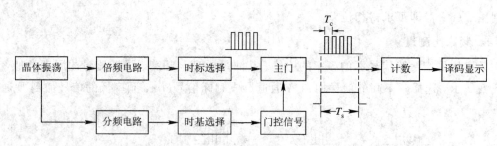

图 6.10 电子计数器的自校原理框图

利用机内的晶体振荡器分频形成时基 T_s，倍频形成时标 T_c，因此，自校的实质是利用机内时基对机内时标进行计数。在电子计数器正常工作时，时基、时标都是已知的，因此计数器显示的读数 $N=T_s/T_c$ 也是确定的，由读数值便可判定电子计数器的工作是否正常。例如，$T_c=1$ ns、$T_s=1$ s 时，正常显示的读数应为 $N=1\,000\,000\,000$，如果多次自校均能稳定地显示 $N=1\,000\,000\,000$，则说明仪器工作正常。

6.2.3 通用电子计数器的基本组成

通用电子计数器一般由六大部分组成，如图 6.11 所示。

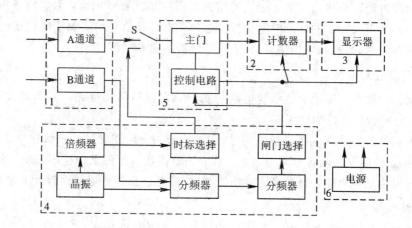

图 6.11 通用电子计数器的基本组成框图

1. 输入通道

通用计数器的输入电路一般包含 A、B、C 三个输入通道(图 6.11 中只画出 A、B 两个通道，因此在测量时间间隔时需配时间间隔测量插件——通道 C)，其中 A 为主通道，频带较宽；B、C 主要在测量周期、频率比以及时间间隔时使用，称为辅助通道。三个输入通道都由放大器、衰减器及整形电路等组成。由于在测量过程中被测信号的波形可能是各种各样的，其幅度可能差异很大，它们不一定适合于电子计数器的计数要求，输入通道的作用就是在对被测信号计数之前先对其进行放大(衰减)、整形，使之成为符合计数电路要求的脉冲信号。

此外，输入信号可以是被测信号，也可以是自校信号，所以 A 通道一般具有信号选择功能。

2. 计数器

计数器由触发器构成，对来自主门的脉冲信号进行计数。在数字仪表中，最常用的是按 8421 码进行编码的十进制计数器。计数器的最高工作频率决定了仪器的最高测量频率。目前计数器都已集成化，在使用时可当作一个逻辑部件使用。

3. 显示器

显示器将累计的结果以十进制数字的形式显示出来。它包括译码和显示电路。

电子计数器以数字方式显示出测量结果，目前常用的有 LED 显示器和 LCD 显示器。LED 为数码显示，其优点是工作电压低，能与 COMS/TTL 电路兼容，发光亮度高，响应快，寿命长。LCD 为液晶显示，其具有供电电压低和微功耗的突出优点，它是各类显示器中功耗最低的。同时，LCD 制造工艺简单，体积小而薄，特别适用于小型数字仪表。近年来图形点阵 LCD 的大量应用，为仪器带来了更加丰富、直观、智能的操作界面。

4. 时间基准电路

时间基准电路包括晶体振荡器、分频器、倍频器以及时基选择电路。

由于电子计数器的测频原理实际上是以比较为基础的，即在测量过程中，将被测信号与相应的标准时间信号进行比较，把比较结果以数字形式显示出来，因此时基电路的作用就是提供一系列不同频率的标准时基信号，这些标准时基信号均来源于高稳定度和高准确度的晶体振荡器（如恒温晶体振荡器），保证了仪器的测量精度。

5. 主门及控制电路

控制电路一般由双稳电路、单稳电路等构成，它包括门控电路，工作方式选择电路，记忆、显示时间和复原控制电路等。

控制电路的作用是产生各种指令信号（如闸门脉冲、闭锁脉冲、显示脉冲、复零脉冲、记忆脉冲等），控制和协调各单元电路的工作，使整机按一定的工作程序完成测量任务。有些控制信号可由其他电路控制，也可手动控制（如时基的选择可通过面板开关进行）。

6. 电源

电源部分包括整机电源电路、晶体振荡器和恒温槽电源电路。

6.2.4 通用电子计数器的测量误差

1. 测量误差的来源

电子计数器的测量误差来源主要包括量化误差、触发误差和标准频率误差。

1）量化误差

量化误差是在将模拟量转换为数字量的量化过程中产生的误差，是数字化仪器所特有的误差，是不可能消除的误差。对于电子计数器而言，它是由于电子计数器闸门的开启与输入被测脉冲在时间上的不确定性（即相位随机性）而产生的误差。如图 6.12 所示，虽然闸门开启时间都为 T，但因为闸门开启时刻不一样，计数值一个为 9，另一个却为 8，两个计数值相差 1。

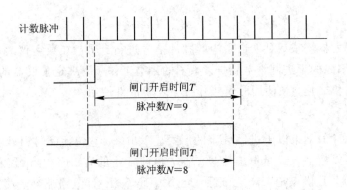

图 6.12 量化误差的形成

量化误差的特点是无论计数值 N 为多少，每次的计数值总是相差 ± 1，因此量化误差又称为 ± 1 误差或 ± 1 字误差。又因为量化误差是在十进制计数器的计数过程中产生的，故又称为计数误差。

量化误差的相对误差为

$$\gamma_N = \frac{\Delta N}{N} \times 100\% = \pm \frac{1}{N} \times 100\% \tag{6-8}$$

由式(6-8)可以看出,被测脉冲的读数 N 不同,量化误差的相对误差也不同,增大 N 能够减小量化误差的相对误差。因而当被测信号频率一定时,选用长的闸门时间可以获得较小的量化相对误差;当闸门时间一定时,被测信号频率越高,测量结果的量化相对误差也就越小。

2)触发误差

触发误差又称为转换误差。测量频率时,需对被测信号进行放大、整形,转换为计数脉冲;测量时间或周期时,也需对被测信号放大、整形,转换为门控信号。由于输入信号中干扰和噪声的影响,以及利用施密特电路进行转换时电路本身触发电平的抖动,使得整形后的脉冲周期不等于被测信号的周期,由此而产生的误差称为触发误差,误差的大小与被测信号的大小和转换电路的信噪比有关。

施密特电路具有上、下两个触发电平,即具有回差特性。被测信号进入输入通道放大后,加至施密特触发器。如果不存在干扰信号和噪声,则它在信号的同一相位点上触发,施密特电路输出规则的矩形波,如图 6.13(a)所示。如果被测信号叠加了干扰,且干扰较大,它可能在被测信号的一个周期内使信号电平多次在上、下触发电平 E_1、E_2 之间摆动,从而产生宽度不等的多个脉冲输出,如图 6.13(b)所示。很显然,这种情况会产生很大的测量误差。这时的测量值应视为坏值,应予剔除。如果叠加了干扰,但是干扰并不大,则会出现图 6.13(c)所示的情况。在信号的一个周期内,仍然只输出一个脉冲。这时,如果仪器是用于测量频率的,因为被测信号的每个周期仅产生一个计数脉冲,则对测量是没有影响的。可见,当用计数器测量频率时,为保证测量准确,应尽量提高信噪比,以减弱干扰的影响。调整仪器时应尽量不使信号衰减过大。但如果图 6.13(c)所示的情况是用于测量周期的,则仍然有影响。因为触发点的信号相位发生了摆动,转换为门控脉冲信号后,其宽度会发生变化,仍然存在触发误差。

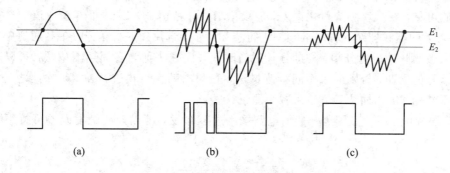

图 6.13 噪声和干扰产生的触发误差

触发误差对测量周期的影响较大,而对测量频率的影响较小,所以测频时一般不考虑触发误差的影响。为了减小测量周期时触发误差的影响,除了尽量提高被测信号的信噪比外,还可以采用多周期测量法测量周期,即增大 B 通道分频器的分频次数。

3)标准频率误差

电子计数器在测量频率和时间时是以晶振产生的各种时标信号作为基准的。显然,如果时标信号不稳定,则会产生测量误差,这种误差称为标准频率误差。测频率时,晶振信号用来产生门控信号(即时基信号),标准频率误差称为时基误差;测周期时,晶振信号用来产生时标信号,标准频率误差称为时标误差。由于电子计数器中对晶振都采取了较好的稳频措施,其稳定度很高,与量化误差和触发误差相比,标准频率误差要小得多,故可不考虑其影响。

2. 测量误差分析与提高测量精度的方法

上述测量误差中,对频率测量影响最大的是量化误差,其他误差一般不予考虑。周期测量则主要受量化误差和触发误差的影响。下面对测频和测周误差进行分析。

1) 测频误差

通过前面的介绍,测频量化误差可用下式表示:

$$\gamma_N = \frac{\Delta N}{N} \times 100\% = \pm \frac{1}{N} \times 100\%$$

$$= \pm \frac{1}{f_x \cdot T_s} \times 100\% \tag{6-9}$$

式中:f_x 为被测信号的频率;T_s 为闸门时间。

由此可见,要减小量化误差对测频的影响,应设法增大计数值 N。因而可在 A 通道中对输入信号用较大的倍频系数进行倍频,提高进入主门的脉冲的频率,并延长闸门时间。而对于低频信号则可采用间接测量法,先测出周期后,再换算成频率。

2) 测周误差

测周误差包括测周量化误差和测周触发误差。

(1) 测周量化误差。参照图 6.3,以及对测频量化误差的分析,测周量化误差为

$$\frac{\Delta T_x}{T_x} = \frac{\Delta N}{N} \times 100\% = \pm \frac{1}{N} \times 100\%$$

$$= \pm \frac{1}{f_c \cdot T_x} \times 100\% \tag{6-10}$$

式中:f_c 为时标信号的频率;T_x 为被测信号的周期。

由此可见,要减小测周量化误差,应设法增大计数值 N。因而可在 A 通道中选用倍频次数 m 较大的倍频器对晶体基准频率进行倍频,亦即选用短时标信号;在 B 通道中用分频器对输入被测脉冲进行分频,亦即延长闸门时间。该方法称为多周期测量法,可以直接测量低频信号的周期,否则应采用间接测量法,先测出频率后再进行换算。除此之外,人们还常采用游标法、内插法等方法来减小测量误差。

(2) 测周触发误差。因为一般门电路采用过零触发,可以证明触发误差可按下式近似表示:

$$\frac{\Delta T_n}{T_x} = \pm \frac{1}{\sqrt{2}\pi mM} \tag{6-11}$$

式中:$\Delta T_n / T_x$ 为干扰所引起的主门开启时间误差;m 为 B 通道中分频器的分频系数;M 为输入信号信噪比。

由此可见,为减小测周触发误差,应尽量提高被测信号的信噪比,还可以采用多周期测量法(即增大 m)。

3) 中界频率的确定

通过上述分析可以知道直接测频与测周法测频的相对误差是不一样的。被测信号频率

越高,用电子计数器直接测量频率的误差就越小;反之,被测信号频率越低(周期 T_x 越大),用电子计数器测量周期的误差就越小。由于频率与周期互为倒数,实际上只要测出其中一个量,另一个量用倒数运算便很容易得到,因此,为了提高测量精确度,人们自然会想到测高频信号的频率时,用测频的方法直接读取被测信号的频率;测低频信号的频率时,先通过测周期的方法测出被测信号的周期,再换算成频率。高、低频信号可以采用中界频率划分。所谓高频或低频,是相对于电子计数器的中界频率而言的。

电子计数器测量某信号的频率,若采用直接测频法和测周测频法的误差相等,则该信号的频率称为中界频率 f_0。

忽略随机误差,根据中界频率的定义,可得到中界频率的计算公式:

$$f_0 = \sqrt{\frac{mf_c}{T_s}} \qquad (6-12)$$

式中:f_0 为中界频率;f_c 为标准晶振的振荡频率;T_s 为标准晶振分频(或倍频)后形成的时标周期;m 为 B 通道中分频器的分频系数。

需要说明的是,实际使用的电子计数器,面板上一般有可变的 m 和 T_s 旋钮,通过改变 m、T_s 旋钮的位置,m、T_s 的取值就会发生相应的变化,中界频率也会随之改变,这一点在实际测量中应引起注意。

例如,用电子计数器测量 $f_x = 2\ \text{kHz}$ 信号的频率,分别采用测频(闸门时间为 1 s)和测周(晶振频率 $f_c = 10\ \text{MHz}$)两种测量方法,由于量化误差所引起的相对误差如下:

测频时,量化误差为

$$\frac{\Delta N}{N} = \pm \frac{1}{f_x \cdot T_s} = \pm \frac{1}{2 \times 10^3 \times 1} = \pm 5 \times 10^{-4}$$

测周时,量化误差为

$$\frac{\Delta T_x}{T_x} = \pm \frac{1}{f_c \cdot T_x} = \pm \frac{2 \times 10^3}{10^7} = \pm 2 \times 10^{-4}$$

中界频率为

$$f_0 = \sqrt{\frac{mf_c}{T_s}} = \sqrt{\frac{10^7}{1}} = 3.16\ \text{kHz}$$

由于被测频率低于中界频率,因此根据前面的理论可知,采用测周法比测频法误差小,计算结果也证明了这一点。

4) 多周期测量

为提高周期测量的精度,多周期测量法是非常有效的方法。它是指在测量被测信号的周期时,时间间隔的起点在一个信号点上取出,终点在其若干个周期后的信号点上取出。由于采用多周期测量,两相邻周期因转换产生的误差互相抵消,最后剩下的只有第一个和最后一个的转换误差。例如,测量 10 个周期时,只有第一个周期开始时,产生的转换误差 ΔT_1 和第 10 个周期结束时产生的转换误差 ΔT_2 才会产生测周误差,这是一个随机误差,两个随机误差的合成值为 $\Delta T = \sqrt{(\Delta T_1)^2 + (\Delta T_2)^2}$,该误差是由 10 个周期产生的,所以每个周期产生的误差为 $\Delta T/10$,而原来单个周期法所产生的误差为 ΔT,可见误差减小为原来的 1/10。

此外,由于周期倍增后计数器计得的数值也增加了 10 倍,这样,±1 误差所引起的测周误差也就减小为原来的 1/10。

所以，经"周期倍乘"后再进行周期测量，其测量精确度大为提高。需要注意的是，所乘倍数 m 要受到仪器显示位数等的限制。

除采取以上措施外，测量时还应注意以下事项：

（1）每次测试前应先对仪器进行自校检查，当显示正常时再进行测试。

（2）当被测信号的信噪比较差时，应降低输入通道的增益或加低通滤波器。

（3）为保证机内晶体稳定，应避免温度有大的波动和机械振动，避免强的工业磁电干扰，仪器的接地应良好。

6.3 等精度时间/频率测量

等精度时间/频率测量技术也叫多周期平均技术，它是将被测信号经输入通道放大整形后产生的计数脉冲和由时基电路产生的时钟计数脉冲分别在事件（E）计数器和时间（T）计数器中累加存放，然后根据预先编制好的管理程序，由微处理器对存储在两个计数器中的数据进行运算、比较等处理，并把处理结果送到显示单元显示。

6.3.1 等精度测量原理

等精度时间/频率测量是新一代的测量时间/频率的方法，由于采用微处理器技术，因而可取得较高的分辨力。该方法采用倒数测量技术，保证了在同一闸门时间内对不同频率信号的等精度测量。

实现等精度时间/频率测量的仪器是等精度计数器。等精度计数器也称倒数计数器，它和智能计数器、计算计数器一样都是从通用计数器派生出来的，是带有微处理器的通用计数器，它不仅具有通用计数器的测时、测频等基本功能，还可对测量结果进行一定的运算，并可通过程控组成自动测量系统。

图 6.14 示出了等精度测量原理。测量时，仪器先产生闸门预备信号，由被测信号脉冲的上升沿触发同步门 E，主门 E 开启，E 计数器计数。与此同时，时钟脉冲的上升沿触发同

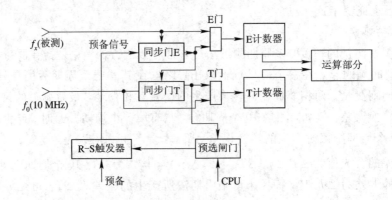

图 6.14　等精度测量原理

步门 T，主门 T 开启，T 计数器计数。当 T 计数器累计到预选闸门时间所需要的脉冲个数时，闸门预备信号解除。然后，在被测信号的下一个脉冲上升沿到来后，同步门 E 翻转，主门 E 关闭，时钟上升沿到达后，同步门 T 翻转，主门 T 关闭，测量结束。

图 6.15 是等精度测量的逻辑时序图。从时序图中可以看出：预选闸门时间 T' 不同于实际意义的闸门时间——测量时间 T，或者说，测量时间总要比预选闸门时间长一些，以保证获得的测量时间是被测信号周期的整数倍，这是等精度计数器不同于通用计数器的特点之一。

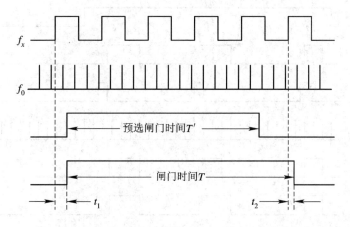

图 6.15　等精度测量逻辑时序图

在闸门时间 T 内，E 计数器累计了 $N_E = f_x \cdot T$ 个被测信号脉冲，T 计数器累计了 $N_T = f_0 \cdot T$ 个时钟脉冲，由运算部分(微处理器)可算出：$f_x = \dfrac{N_E}{N_T} f_0$，并显示出来。

如图 6.15 所示，每次测量闸门时间 T 总是被测信号周期的整数倍，因而消除了通用计数器测频时 ± 1 个被测信号周期的量化误差，而仅存的误差表现为实际的闸门时间应为 $T + t_1 - t_2$，而 $|t_1 - t_2| \leqslant 1/f_0$，所以采用倒数计数方式，就可以将测量量化误差从 ± 1 个被测信号周期转变为 $\pm 1/f_0$。

在任何一挡预选闸门时间的情况下，系统量化误差恒为 100 ns(时钟脉冲频率为 10 MHz 时)；而在同一闸门时间内对不同频率的信号，测量分辨力均相等。

当时钟脉冲频率 f_0 选为 100 MHz 时，对 1 s 闸门时间测量的分辨力恒为 10^{-8}，如图 6.16 所示。

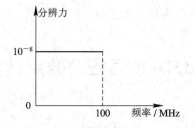

图 6.16　1 s 闸门时间测量分辨力示意图

6.3.2 时间间隔平均测量原理

时间间隔测量时序图如图 6.17 所示。

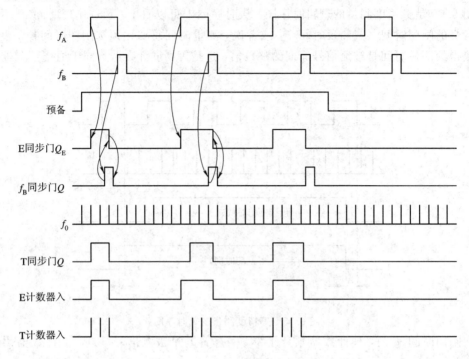

图 6.17 时间间隔测量时序图

从图中可以看出，当预备信号到来后，f_A 将 E 同步门打开；当 f_B 到来后，f_B 同步门打开，其 $\bar{Q}$ 输出一个负脉冲，通过与门到 E 同步门 R 端，将 E 同步门关闭。此时 Q_E 下降沿将 f_B 同步门关闭，通过与门电路 E 同步门将输出一个脉宽为 $A-B$ 的正脉冲。

从图 6.17 中还可以看出，在预定闸门时间内 E 计数器计 N_E 个脉宽为 $A-B$ 的方脉冲；T 计数器计 N_T 个 T_0 时钟脉冲，由微机运算后，得出 $A-B$ 时间间隔数。此时的显示位数取决于 T 计数器中 N_T 的个数。

从图中还可以看出，单次时间间隔测量的分辨力为钟频周期 T_0。为了得到较高的分辨力，T_0 越小越好，一般取 T_0 为 100 ns（或者 10 ns），即钟频频率为 100 MHz（或者 10 MHz）。采用平均测量法（即测量多个 $A-B$ 时间间隔）时，可以根据概率法将分辨力 T_0 提高到 $T_0/\sqrt{N}$，其中 N 为平均测量的次数。

6.4 EE3376 型可程控通用计数器简介

6.4.1 EE3376 型可程控通用计数器原理

图 6.18 示出了 EE3376 型可程控通用计数器的原理框图。

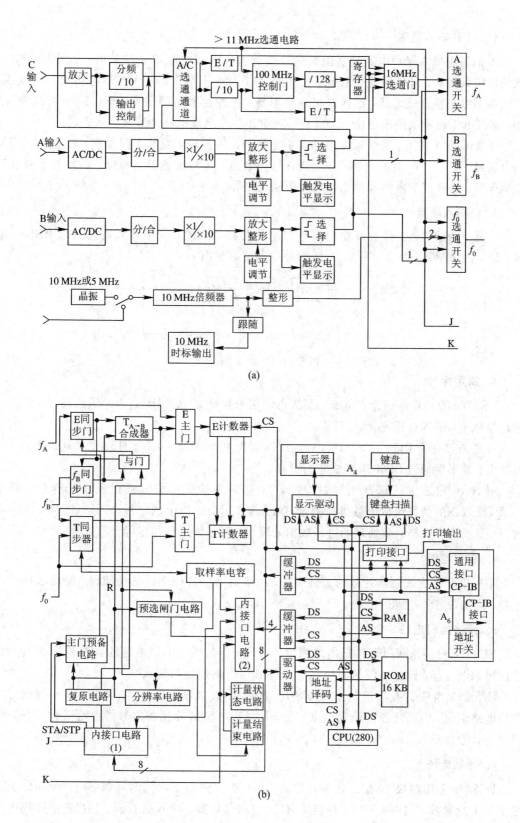

图 6.18　EE3376 型可程控通用计数器逻辑原理框图

1. A、B 输入通道

A 通道中输入保护电路包括由两只二极管组成的双向限幅电路及由一只稳压管等组成的源极跟随器,其作用是过压保护、阻抗变换及电平移位。放大整形电路由三级组成,其中第一级是差分放大器,后两级组成整形器。极性控制电路采用 MC10102 的"线或"结构,触发电平指示电路采用由 E/T 转换器 MC10125 组成的脉冲展宽器来实现。

B 通道同 A 通道。整个输入电路基本上能满足用户对测量的不同要求。它包括 AC/DC 耦合电路、×1/×10 衰减电路、正负极性选择电路、A/B 通道分合电路、触发电平调节和检测电路、输入保护电路和高阻抗源极跟随电路等。

2. C 输入通道

C 通道由放大器、分频及输出停止控制三大部分组成,其中放大器由五级 ERB90 组成,分频由 SP8668 完成。图 6.19 所示为 C 通道方框图。

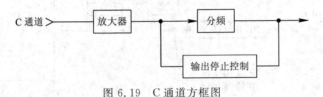

图 6.19　C 通道方框图

3. 预定标

EE3376 的钟频周期为 100 ns,最大可测信号频率为 10 MHz。为了测量高于 10 MHz 的信号频率,需进行预定标。

A 通道频宽为 DC～120 MHz,C 通道频宽为 100 MHz～1.5 GHz。在 C 通道中,信号经放大、整形后通过 SP8668 预先进行分频。

对 A、C 通道进行选择是通过"线或"电路来完成的。信号通过通道选择后,对于 10 MHz 以下的信号可以直接进行测量;对高于 10 MHz 以上的信号必须通过 MC10138 再进行一次分频。这样,微处理器进行数据处理时,就必须进行预定标计算处理。

4. 主门电路

主门电路是实现倒数计数的关键部件,由微机送出各种不同的功能码,经由选择开关选择,来实现各种功能的测量。

5. 预选闸门电路

EE3376 的预选闸门电路是由单稳电路 T555 组成的。单稳电路的脉宽受控于前面板上的可调电位器,因此闸门时间约在 0.05～10 s 之间连续可调。

测量时,当 T 计数器被触发后 $\overline{Q}$ 输出(负跳变)去触发预选闸门单稳电路,等预选闸门单稳电路结束,微处理器检测到结束信号,便发出一个解除预备信号指令给 E 同步门,使其预备解除。

6. 计数电路

EE3376 采用两块 40 位二进制计数器 LS7061 和两块十六进制计数器 74LS93 分别组成 E、T 计数器。其中 LS7061 包括 32 位二进制计数器、40 位寄存器、扫描选通译码电路及 8 位三态门输出电路。微处理器接到测量结束指令后开始取数。

7. 送显电路

送显电路是由扫描驱动显示器 7812 构成的。

8. 取样率电路

取样率电路是由 T555 组成的单稳电路。微处理器将测量结果运算送显后，启动取样率电路，经取样率延迟后，重新开始下一次测量。取样率延迟的长短由面板上的电位器调节控制。

9. 微处理器单元

微处理器单元对仪器的运行情况、数据交换和数据处理进行管理。该单元主要包括 CPU(Z80)、16 KB EPROM、8 KB RAM、键盘扫描管理器(8279)以及扫描驱动显示器(7218)等。

10. GPIB 通用接口

EE3376 配置了 GPIB 接口，其通用性强，配合通用接口所需的应用软件，可以很方便地将该计数器接入自动测试系统。

6.4.2 EE3376 型可程控通用计数器的使用

1. 面板功能

启动"POWER"键，接通电源，这时面板上除"LEVEL A""LEVEL B"两灯外，所有指示灯全亮，显示器显示全"8"1 秒钟，然后显示本机型号"EE3376"。如机内插有接口板，则也显示该接口板的地址，即"AD03"(接口板的地址要求是 00011)。最后仪器自动进入自校状态。因闸门时间是由前面板"GATE TIME"电位器控制连续可调的，所以进入自校状态后，显示器首先显示此时的闸门时间，然后显示自校测量结果。显示位数视闸门时间而定，当闸门时间为 1 s 时，显示应为 10.000000 MHz。

当闸门时间大于 10 s 时，可以按"DISPL"键，灯亮时显示位数向左移动一位为 0.0000000 MHz，并点亮溢出灯 OVFL，"1"表示已溢出，这样可以不牺牲有用的有效位。

旋动"SAMPLE"电位器可改变显示时间。当顺时针旋至 HOLD 位置时，显示数值为保持状态。

2. 功能键操作

功能键可以上下换挡，只要分别按↑、↓键即可。每按一次键功能上(或下)移一次。

按"RESET"键可对微机重新进行初始化。在进行某一次测量时，如不需要继续测量而要重新测量时，可按下"CLEAR"键，此时仍进行原功能的测量。

进行单次测量时，将"GATE TIME(闸门时间)"旋钮逆时针方向旋转，听到"咔嚓"一声即选中 MIN(单次)功能，然后可进行单次测量。

3. A 通道频率测量(f_A)、周期测量(P_A)

被测信号 f_x 从"INPUT A"输入，"COM"键弹起。"LEVEL A"可以调节触发电平，调节范围为 $-1.5 \sim +1.5$ V，触发电平可用万用表从旁边的检测孔测量。当电位器调至灯闪亮时，触发灵敏度为最高。如 f_x 为正信号，触发电平往"+"方向调节；如 f_x 为负信号，触发电平往"一"方向调节。由于信号中可能存在噪声，为了使测量稳定、准确，往往将触发电平调至工作范围的中间为佳（INPUT B 类同）。

当 f_x 的测量范围在 100 kHz 以下时，需按下 DC/AC 键进行测量。

当 $f_x > 10$ MHz、闸门时间 > 10 s 时，应该有 9 位有效位，但该机只设八位数码显示，故丧失了最后一位有效值，为此该机设置了"DISPL"键（此键在累计（TOTAL）功能时起 STA/STP 作用），只要按下此键（灯亮）时，最高有效位溢出（OVFL）灯点亮，同时将最低有效位显示出来。

如果知道测量时间，则先将取样率时间适当地加长，然后将功能选择置"自校"挡，就可先显示出闸门时间。

4. A→B 时间间隔测量(T_{A-B})

启动信号从"INPUT A"输入，停止信号从"INPUT B"输入，调节触发电平使 A、B 通道触发指示灯闪烁。调节 LEVEL A 和 LEVEL B 的电平要一致（用万用表在检测孔检测）。

测量边沿和脉宽时，被测信号从"INPUT A"输入，将公共（COM）键按下，"INPUT B"无信号输入，触发电平调节到所需的位置，按如下方法选择极性：

测正沿：A 通道置"⌐"，B 通道置"⌐"；

测负沿：A 通道置"⌐"，B 通道置"⌐"；

测正脉宽：A 通道置"⌐"，B 通道置"⌐"；

测负脉宽：A 通道置"⌐"，B 通道置"⌐"。

当输入信号较大时，应使用×10 挡衰减；在测试状态时，应采用 DC 耦合方式。

在进行单次测量时，将 GATE TIME 电位器旋至"MIN"处；进行平均时间间隔测量时，如果知道平均次数 N，可在 T_{A-B} 测量后将功能键向下移一挡至"N"处，显示的数即为 N。

5. 累计测量(TOT A)

信号从"INPUT A"输入，同时按下"STA/STP"键，灯亮，表示计数开始；再按一次该键，灯灭，表示停止计数，显示计数结果；再按一次，灯亮，则表示继续计数，并在上次测量结果上继续累计。如果需观测测量的结果，可将取样率电位器调节到需要的位置。

6. C 通道测频(F_C)

当被测信号频率在 100 MHz～1.5 GHz 范围时，f_x 应从"INPUT C"输入。

7. GPIB 通用接口

GPIB 通用接口具有完全的源挂钩功能、完全的受者挂钩功能、除只讲外的完全讲功能、除只听外的完全听功能、完全的串行点名功能和完全的远控/本控功能。

8. EE3376 用于自动测试

EE3376 型可程控通用计数器用于自动测试时，其使用说明如下：

(1) 由于接入自动测试系统的主控机不同，发布程控命令的方式也不同。本仪器的接口要求在发出一串程控命令字后以回车（CR）、换行（LF）字符结尾。

(2) 在远控状态下，每次测量完毕数据送显示的同时，用这组数据去刷新数据存储区，以备系统主控机随时读数。在系统主控机未要求发送数据时，本仪器将按这个过程不断进行测量，并不断刷新数据，以保证一旦系统主控机要求上传数据时，读取的是最新测量数据。

（3）当系统主控机要求该仪器"听"时，无论仪器处于什么测量状态，均能立即响应，并按输入的程控命令调整状态。

（4）当系统主控机要求该仪器"讲"时，若这时仪器正处于测量状态，则暂不响应，直到测量完毕，数据刷新之后，再响应系统主控机的"讲"命令，将这组数据上传；若此时仪器未处于测量状态，则立即响应此命令，并将最新测量的一组数据上传。

（5）接口输出格式：以一行为单位，一行最多为32个字符（包括空白字符）。

思 考 题 6

1. 目前常用的测频方法有哪些？电子计数器法有何特点？

2. 画出通用电子计数器测量频率、周期的原理框图，简述其基本原理，并说明二者的主要区别。

3. 使用电子计数器测量频率时，如何选择闸门时间？使用电子计数器测量周期时，如何选择周期倍乘？闸门时间与测量结果位数间是怎样的关系？

4. 通用电子计数器测量频率、周期时存在哪些主要误差？如何减小这些误差？

5. 为什么测频时选用不同的闸门时间会改变测量的准确度？用 7 位电子计数器测量 5 MHz 的信号频率，当闸门时间分别置于 1 s、0.1 s、10 ms 时，试分别计算电子计数器测频量化误差。

6. 用电子计数器多周期法测量周期。已知被测信号重复周期为 50 μs 时，计数值为 100 000，内部时标信号频率为 1 MHz。保持电子计数器状态不变，测量另一未知信号，已知计数值为 15 000，求未知信号的周期。

7. 欲用电子计数器测量 1 kHz 的信号频率，采用测频（闸门时间为 1 s）和测周（时标为 0.1 ms）两种方案，试比较这两种方案由±1 误差所引起的测量误差。

8. 欲测量一个 1 MHz 的石英振荡器，要求测量准确度优于±1×10^{-6}，在下列几种方案中，哪种是正确的？为什么？

（1）选用 E312 型通用计数器（≤±10^{-6}），闸门时间置于 1 s；

（2）选用 E323 型通用计数器（≤±10^{-6}），闸门时间置于 1 s；

（3）选用 E323 型通用计数器，闸门时间置于 10 s。

9. 利用频率倍增方法，可提高测量准确度。设被测频率源的标称频率为 1 MHz，闸门时间置于 1 s，欲把±1 误差产生的测频误差减少到 10^{-11}，倍增系数应为多少？

10. 利用下述哪种测量方案产生的测量误差最小？

（1）测频，闸门时间 1 s；

（2）测周期，时标 100 μs；

（3）周期倍乘，$N=1000$。

11. 什么是等精度测量？简要叙述其原理。

第 7 章　波形显示与测量

电信号通常包含频率、幅度、相位等参量，不同的信号可能还具有不同的波形。进行电子测量时，我们往往希望能直观地观察被测信号随时间变化的波形，以测量其幅度、频率、周期等基本参量。波形显示与测量技术很好地满足了人们的这一愿望。进行波形显示与测量最常用的仪器是示波器。本章重点介绍波形显示与测量的原理，包括通用示波器及数字示波器的电路组成、基本原理、主要指标等，对示波器的选用及应用示波器进行电压、时间、频率、相位、频率响应等的测量方法进行了详细介绍。

7.1　示波器的功能与分类

7.1.1　示波器的功能

示波器是一种电子图示测量仪器，它可以用来观察和测量随时间变化的电信号图形，可以定性地观察电路的动态过程，如观察电压、电流的变化过程，还可以定量测量各种电参数，例如测量脉冲幅值、上升时间、重复周期或峰值电压等。由于示波器能够直接对被测电信号的波形进行显示、测量，并能对测量结果进行运算、分析和处理，其功能全面，加之具有灵敏度高、输入阻抗高和过载能力强等一系列特点，因此在生产、维修、教学、科学研究等领域中得到了极其广泛的应用。

7.1.2　示波器的分类

从示波器的性能和结构出发，可将示波器分为模拟示波器、数字存储示波器、混合信号示波器和专用示波器。

1. 模拟示波器

(1) 通用示波器：采用单束示波管的示波器。这类示波器采用单束示波管，有单踪型和多踪型，能够定性、定量地观测信号，是最常用的示波器。多踪示波器是采用单束示波管而带有电子开关的示波器，它能同时观测几路信号的波形及其参数，或对两个以上的信号进行比较。

(2) 多束示波器：采用多束示波管的示波器。与通用示波器叠加或交替显示多个波形不同，其屏上显示的每个波形都由单独的电子束产生，能同时观测、比较两个以上的波形。

(3) 取样示波器：它根据取样原理将高频信号转换为低频信号，然后再用通用示波器显示其波形。这样，被测信号的周期被大大展宽，便于观察信号的细节部分，常用于观测 300 MHz 以上的高频信号及脉冲宽度为纳秒级的窄脉冲信号。目前已被数字存储示波器或数字取样示波器所取代。

2. 数字存储示波器

（1）数字存储示波器（Digital Storage Oscilloscope，DSO）：它能将电信号经过数字化及后置处理后再重建波形，具有记忆、存储被观测信号的功能，可以用来观测和比较单次过程和非周期现象、低频和慢速信号以及在不同时间或不同地点观测到的信号。它往往还具有丰富的波形运算能力，如加、减、乘、除、峰值、平均、内插、FFT、滤波等，并可方便地与计算机及其他数字化仪器交换数据。

（2）数字荧光示波器（Digital Phosphor Oscilloscope，DPO）：采用先进的数字荧光技术，能够通过多层次辉度或彩色显示长时间信号，具有传统模拟示波器和现代数字存储示波器的双重特点。

3. 混合信号示波器

混合信号示波器是把数字示波器对信号细节的分析能力和逻辑分析仪对多通道的定时测量能力组合在一起的仪器。

4. 专用示波器

不属于以上几类、能满足特殊用途的示波器称为专用示波器或特殊示波器，如监测和调试电视系统的电视示波器、主要用于调试彩色电视中有关色度信号幅度和相位的矢量示波器等。

7.2 示波显示的基本原理

要想在示波器上显示被观测信号的瞬时波形，就必须将被观测的电信号不失真地转化为光信号，然后在屏幕上显示。完成这一转换的部件就是示波管，它是传统模拟示波器的核心之一，其内部构造与波形显示的原理密切相关，所以本节首先简要介绍示波管的构造原理，然后在此基础上重点介绍示波显示的基本原理。

7.2.1 阴极射线管

典型的示波器利用阴极射线管（CRT）作为显示器。CRT 是示波器的重要组成部分，其作用就是把电信号转换为光信号而加以显示。CRT 的构造与电视机显像管相同，主要由电子枪、偏转系统和荧光屏三大部分组成，这三大部分均封装在密闭、真空的玻璃壳内，其结构示意图如图 7.1 所示（图中省略了玻璃外壳）。电子枪产生高速的电子束，偏转系统控

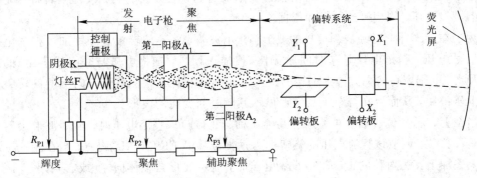

图 7.1 阴极射线管结构示意图

制电子束的偏转方向，使电子束按要求打在荧光屏上相应的部位产生荧光，从而描出被观测信号的波形。

1. 电子枪

电子枪的作用是发射电子并形成聚束的高速电子流。它主要由灯丝 F、阴极 K、控制栅极 G、第一阳极 A_1、第二阳极 A_2 组成。除灯丝外，其余电极的结构均是金属圆筒，且它们的轴心都保持在同一轴线上。

灯丝 F 用于加热阴极 K。阴极 K 是一个表面涂有氧化物的金属圆筒，在灯丝的加热下，阴极发射出大量的游离电子。

控制栅极 G 是套装在阴极之外的圆筒，只在面向荧光屏的方向开有一小孔，使电子束能从小孔中穿过。控制栅极 G 的电位比阴极电位低，改变这两者之间的电位差就可控制射向荧光屏的电子数量，从而改变荧光屏上光点的明暗，即辉度。G 极的电位越低，打到荧光屏上的电子数就越少，显示也就越暗。图 7.1 中调节 G 极电位的电位器 R_{P1} 称为辉度（INTENSITY）调节旋钮。

当电子束通过栅极小孔时，电子相互排斥而发散，必须将它们聚焦、加速，为此设计了聚焦极，也就是第一阳极 A_1，还引入了第二阳极 A_2，即加速极。第一阳极 A_1、第二阳极 A_2 的电位都远高于阴极，因而可吸引电子流射向荧光屏。A_1 和 A_2 与控制栅极 G 配合完成对电子束的聚焦和加速（在荧光屏上得到截面积很小的高速电子束），调节电位器 R_{P2}、R_{P3} 可改变 A_1 和 A_2 的电位，使电子束的焦点正好落在荧光屏上，得到明亮、精细的光点。R_{P2}、R_{P3} 分别称为聚焦（FOCUS）调节旋钮和辅助聚焦调节旋钮。

2. 偏转系统

偏转系统的作用是使电子束产生垂直和水平方向上的位移。

偏转系统位于第二阳极之后，由两对相互垂直且平行的金属板——X、Y 偏转板（水平、垂直偏转板）组成，其中心轴线均与示波管的中心轴线重合，分别控制电子束在水平方向、垂直方向的偏转。在一定范围内，电子束的偏转距离与加在偏转板上的电压大小成正比，通常把在荧光屏上使电子束产生单位距离（cm 或 div（1 div：荧光屏上的 1 格，一般为 1 cm 或 0.8 cm））偏移时所需施加在偏转板上的电压大小称为示波管的灵敏度，单位为 V/cm 或 V/div。由于示波管的 X 轴电路和 Y 轴电路的最大放大量是一定的，因此把示波管所需的偏转电压折算到输入端，这时产生单位偏转距离所需的输入端电压称为垂直系统或水平系统的灵敏度。该特性称为阴极射线示波管的线性偏转特性。线性偏转特性是利用示波器测量电压、周期等的原理和依据。

为了在荧光屏上得到被测信号的波形，在示波管 X、Y 偏转板上分别加以扫描电压和被测信号电压。扫描电压是与时间成正比（扫描正程时，扫描电压与时间成正比）的锯齿波，因此，电子束在水平方向上偏转的距离与时间成正比，而在垂直方向上的偏转距离受被测电压控制，从而可在屏幕上真实地显示其随时间变化的波形。

当在上、下 Y 偏转板上再叠加上互为对称的正（或负）直流电压时，显示波形会整体向上（或下）移位。调节该直流电压的旋钮称为垂直位移（VERTICAL）旋钮。当在左、右 X 偏转板上叠加上互为对称的正（或负）直流电压时，显示波形会整体向左（或右）移位。调节该直流电压的旋钮称为水平位移（HORIZONTAL）旋钮。

调节示波器的偏转灵敏度(单位为 V/div) 旋钮,可以改变加到示波管 Y 偏转板上的被测电压大小,从而改变显示波形的幅度。由此可见,当偏转灵敏度一定时,显示波形的幅度与被测信号的电压大小成正比,这是利用示波器测量电压、调制系数等的原理和依据。

调节时基因数旋钮,可以改变加在示波管 X 偏转板上的扫描电压的大小,从而改变显示波形的宽度。时基因数定义为"t/cm"或"t/div",t 的单位为 s、ms 或 μs,表示光点在荧光屏水平方向上移动 1 cm 或 1 div 所需的时间。时基因数的倒数称为扫描速度,单位为 cm/s 或 div/s。由此可见,当时基因数一定时,显示波形任意两个光点之间的距离与其对应时间成正比,这是利用示波器测量时间、相位、周期等的原理依据。

3. 荧光屏

荧光屏是示波器的显示部分,为圆形曲面或矩形平面,其内壁涂有荧光物质,形成荧光膜。当荧光物质受到电子枪发射的高速电子束轰击时就能产生荧光亮点,光点的亮度取决于电子束中电子的数目、密度和速度。

当电子束从荧光屏上移去后,光点仍能在屏上维持一定的时间才消失,该现象称为荧光物质的余辉现象。从电子束移去到光点亮度降为原始值的 10% 所延续的时间称为余辉时间。人们正是利用余辉时间和人眼的视觉暂留特性,才看到荧光屏上光点的移动轨迹的。按余辉时间的长短,荧光物质分为短余辉(10 μs～1 ms)、中余辉(1 ms～0.1 s)和长余辉(0.1～1 s,甚至更长)。被测信号的频率越低,越宜选用余辉长的荧光物质;反之,宜选用余辉短的荧光物质。通用示波器一般选用中余辉管。

电子束轰击荧光屏时电子的动能变成了光和热。如果用过密的电子束轰击屏上某一点,则很容易使荧光屏受损,产生焦斑。为了保护屏幕,在屏的内侧设置了一层薄铝膜。这一层薄铝膜可使高速电子穿过,具有反光作用,可以提高亮度,还可以散热。

为了利用示波器进行定量测试,一般在荧光屏内壁预先沉积透明的垂直及水平刻度,称为内刻度;或在屏外安置标有刻度的透明塑料板,称为外刻度。刻度区域通常为一矩形,其尺寸称为示波器的可视尺寸,一般为 10 div×8 div(宽×高)。

7.2.2 示波管显示原理

利用示波管中电子束在屏上形成的光点在垂直/水平方向上的偏转距离与加在 Y 轴/X 轴上的偏转电压成正比这一特性,即可在屏幕上显示出被观测信号的波形。用示波器显示被测图像有两种类型:一种是显示随时间变化的信号,称为波形显示;另一种是显示任意两个变量 X 与 Y 的关系,称为 X-Y 显示。

1. 显示随时间变化的图形

1) 扫描的概念

若想观测一个随时间变化的信号,例如 $f(t)=U_m \sin\omega t$,那么只要把被观测的信号转变成电压加到 Y 偏转板上,电子束就会在 Y 方向上随信号的规律变化,任一瞬间的偏转距离正比于该瞬间 Y 偏转板上的电压。但是如果水平偏转板间没加电压,则荧光屏上只能看到一条垂直的直线,如图 7.2(a)所示。这是因为光束在水平方向未发生偏转。

如果在 X 偏转板上加一个随时间线性变化的电压，即加一个锯齿波电压，那么光点在 X 方向的变化就反映了时间的变化；若在 Y 方向上不加电压，则光点在荧光屏上构成一条反映时间变化的水平直线，称为时间基线（简称时基线），如图 7.2（b）所示。当锯齿波电压达到最大值时，屏上光点亦达到最大偏转，到达最右端；然后锯齿波电压迅速返回起始点，光点也迅速返回屏幕最左端，再重复前面的变化。光点在锯齿波作用下扫动的过程称为扫描，能实现扫描的锯齿波电压叫扫描电压，光点自左向右的连续扫描称为扫描正程，光点自屏的右端迅速返回起点称为扫描回程。

当 Y 轴加上被观测的信号电压，X 轴加上扫描电压时，屏上光点的 Y 和 X 坐标分别与这一瞬间的信号电压和扫描电压成正比。由于扫描电压与时间成比例，因此荧光屏上所描绘的就是被测信号随时间变化的波形，如图 7.2(c)所示。

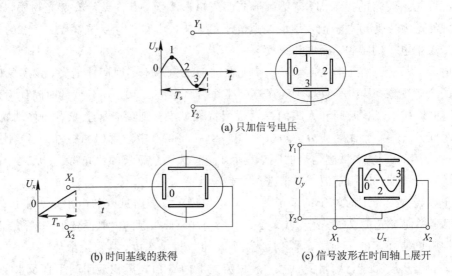

(a) 只加信号电压

(b) 时间基线的获得　　　　　　　　(c) 信号波形在时间轴上展开

图 7.2　扫描过程

只要被测信号是周期性信号，每次得到的波形能完全重复，并且每次重复的间隔时间又很短，就可以得到适于观测的稳定的被测信号波形，重复间隔时间应小于人眼视觉暂留时间，否则波形会闪烁，不便于观测。

2）信号与扫描电压的同步

当扫描电压的周期 T_n 是被观察信号周期的整数倍时，扫描的后一个周期描绘的波形与前一周期完全一样，荧光屏上得到清晰而稳定的波形，这称为信号与扫描电压同步。

图 7.3 为扫描电压与被测信号同步时的情况。图中 $T_n = 2T_s$，在时间 8 扫描电压由最大值回到零，这时被测电压恰好经历了两个周期，光点沿 8—9—10 移动时，重复上一扫描周期光点沿 0—1—2 移动的轨迹，得到稳定的波形。

如果没有这种同步关系，则后一扫描周期描绘的图形与前一扫描周期描绘的图形不重合，如图 7.4 所示。

在图 7.4 中，$T_n = \dfrac{5}{4}T_s$。第 1 个扫描周期开始，光点沿 0—1—2—3—4—5 轨迹移动，当扫描结束，光点迅速从 5 回到 0′；接着第 2 个扫描周期开始，这时光点沿 0′—6—7—8—9—10 轨迹移动，即与第一次扫描轨迹不重合。这样，我们第一次看到的波形为图中实线

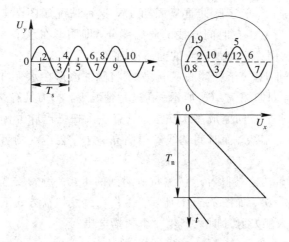

图 7.3 扫描电压与被测信号同步

所示，而第二次看到的波形则为虚线所示，我们会感到波形在从右向左移动。也就是说，显示的波形不再是稳定的了。可见，保证扫描电压周期是被观察信号周期的整数倍，即保证同步关系是非常重要的。但实际上扫描电压是由示波器本身的时基电路产生的，它与被测信号是不相关的。为此常利用被测信号产生的同步触发信号去控制示波器时基电路中的扫描发生器，迫使这两者同步。也可以用外加信号去产生同步触发信号，但这个外加信号的周期应与被测信号有一定的关系。

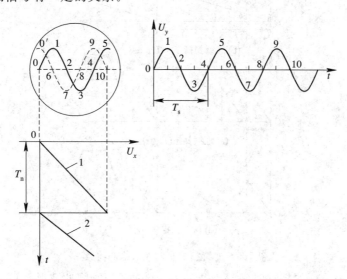

图 7.4 扫描电压与被测电压不同步

3）连续扫描和触发扫描

以上所述为观测连续信号的情况，这时扫描电压也是连续的，这种扫描方式称为连续扫描。但是当观测脉冲过程时，往往感到连续扫描不再适应，特别是研究脉冲持续时间与重复周期之比（即占空比 τ/T_s）很小的脉冲过程时，问题就更为突出。

连续扫描与触发扫描的比较如图 7.5 所示。其中图 7.5（a）为被测脉冲，若用连续扫描来显示它，扫描信号的周期有以下两种选择：

（1）选择扫描周期 T_n 等于脉冲重复周期 T_s，这种情况如图 7.5(b) 所示。不难看出，屏幕上出现的脉冲波形集中在时间基线的起始部分，即图形在水平方向被压缩，以致难以看清脉冲波形的细节（例如很难观测它的前后沿时间）。

（2）选择扫描周期 T_n 等于脉冲底宽 τ。为了将脉冲波形在水平方向展宽，必须减小扫描周期，若取 $T_n = \tau$，则如图 7.5(c) 所示。在这种情况下，扫描具有这样的特点，即在一个脉冲周期内，光点在水平方向完成多次扫描，只有一次扫描出脉冲图形，结果在屏幕上显示的脉冲波形本身非常暗淡，而时间基线却很明亮。这样会给观测者带来困难，而且很难实现扫描的同步。

利用触发扫描可解决上述脉冲示波测量所遇到的困难。触发扫描的特点是：只有在被测脉冲到来时才扫描一次，如图 7.5(d) 所示。工作在触发扫描方式下的扫描发生器平时处于等待状态，只有送入触发脉冲时才产生一个扫描电压。

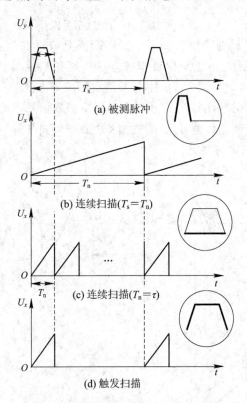

图 7.5　连续扫描和触发扫描的比较

只要选择扫描电压的持续时间等于或稍大于脉冲宽度，脉冲波形就可展宽得几乎布满横轴。同时由于在两个脉冲间隔时间内没有扫描，因此不会产生很亮的时间基线。通用示波器的扫描电路一般均可调节在连续扫描或触发扫描两种方式下工作。

4）扫描过程的增辉

在以上的讨论中假设扫描回程时间接近于零，但实际上回扫是需要一定时间的，这就对显示波形产生了一定的影响。图 7.6 仍是扫描周期等于两倍信号周期的情况，只是扫描电压有一定的回扫时间（图 7.6 中的 7—8 段）。在这段时间内回扫电压和被测信号共同作用，荧光屏上将显示如虚线所示的回扫线，这当然是不希望的。为使回扫产生的波形不在荧光屏上显示，可以设法在扫描正程期间使电子枪发射更多的电子，即给示波器增辉。这种增辉可以通过在扫描期间给示波管控制栅极加正脉冲或给阴极加负脉冲来实现。这样就可以做到只有在扫描正程（即有增辉脉冲）时荧光屏上才有显示，在其他时间荧光屏上没有显示。

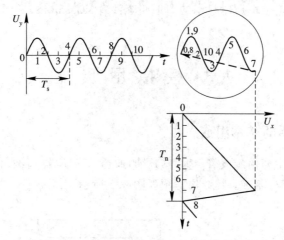

图 7.6　扫描回程对显示波形的影响

对于触发扫描的情况，扫描过程的增辉更为必要。由图 7.5(d) 可见，在没有脉冲信号时无扫描输出，或者说扫描发生器处于等待状态。这时 X、Y 偏转电压均为零，荧光屏上只显示一个不变的光点。一个较亮的光点长久集中于屏上一点是不允许的，利用扫描期间的增辉恰好可以解决这个问题。因为在被测脉冲出现的扫描期间，增辉脉冲的作用使得波形较亮；而在等待扫描期间，即波形为一个光点的情况下，由于没有增辉脉冲，因此光点很暗。这对保护荧光屏是十分重要的。

2. 显示任意两个变量之间的关系

在示波管中，电子束同时受 X 和 Y 两对偏转板的作用，而且两对偏转板上的电压 U_x 和 U_y 的影响又是相互独立的，它们共同决定光点在荧光屏上的位置。利用这一特点就可以把示波器变为一个 X-Y 图示仪，使示波器的功能得到扩展。

图 7.7 表示两个同频率信号分别作用在 X、Y 偏转板上时的情况。如果这两个信号初

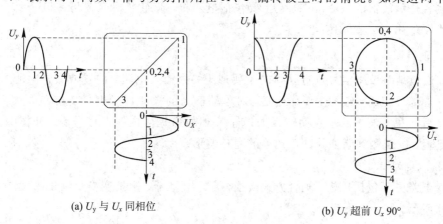

(a) U_y 与 U_x 同相位　　　　　　(b) U_y 超前 U_x 90°

图 7.7　两个同频率信号构成的李沙育图形

相相同，则可在荧光屏上画出一条直线；若 X、Y 方向的偏转距离相同，则这条直线与水平轴呈 $45°$，如图 7.7(a)所示。如果这两个信号初相相差 $90°$，则在荧光屏上画出一个正椭圆；若 X、Y 方向的偏转距离相同，则在荧光屏上画出一个圆，如图 7.7(b)所示。在示波器两对偏转板上都加正弦电压时显示的图形叫李沙育(Lissajous)图形，这种图形在相位和频率测量中常会用到。

7.3 模 拟 示 波 器

7.3.1 模拟示波器的基本组成

通用模拟示波器主要由示波管、垂直(Y 轴)通道、扫描(锯齿波)信号发生器、水平(X 轴)通道以及电源等部分组成，其结构框图如图 7.8 所示。

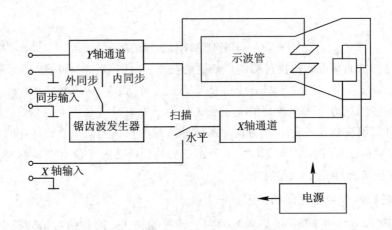

图 7.8 通用模拟示波器的基本结构框图

1. 示波管

示波管是示波器的核心部件，它主要包括电子枪、偏转板和荧光屏等几个部分，其构造及工作原理如 7.2 节所述。

2. Y 轴通道

Y 轴通道是对被测信号进行处理的主要通道，由输入电路、前置放大器、延迟级和输出放大器等部分组成。它的主要作用是，对单端输入的被测信号进行变换和放大，得到足够的幅度后加在示波管的垂直偏转板上；向 X 轴通道提供内触发信号源；补偿 X 轴通道的时间延迟，以观测到诸如脉冲等信号的完整波形。

1）输入电路

输入电路主要包括探极、耦合方式转换开关、衰减器、阻抗变换及倒相放大器等部分，如图 7.9 所示。

（1）探极。探极用于被测信号与示波器的连接，一般使用示波器附带的高频特性良好、抗干扰能力强的高输入阻抗探极进行连接。

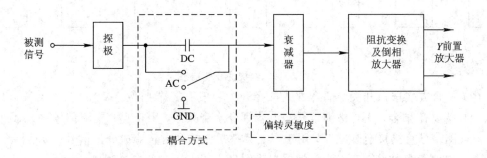

图 7.9　Y 通道输入电路框图

探极分为有源探极和无源探极两种。有源探极具有良好的高频特性,衰减比为 1∶1,适于测试高频小信号,但需要示波器提供专用电源,其应用较少。无源探极则被广泛应用,其通常设有衰减器,衰减比(输入∶输出)分为 1∶1、10∶1 和 100∶1 三种,普遍使用前两种(后者用于高频测量)。当探极衰减系数为 10∶1 或 100∶1 时,被测电压值是示波器测得电压的 10 倍或 100 倍。

无源探极的结构如图 7.10 所示。它是个低电容、高电阻探头,在带有金属屏蔽层的塑料外壳内部装有一个 RC 并联电路,其一端接探针,另一端通过屏蔽电缆接到示波器的输入端。使用这种探头,探头内的 RC 并联电路与示波器的输入阻抗 $R_i C_i$ 并联电路组成了一个具有高频补偿的 RC 分压器。当满足 $RC = R_i C_i$ 时,分压器的分压比为 $R_i/(R+R_i)$,与频率无关。通常取分压比为 10∶1,如图 7.10 中 $R = 9\ \text{M}\Omega$,$R_i = 1\ \text{M}\Omega$,则从探针看进去的输入电阻 $R' = R + R_i = 10\ \text{M}\Omega$,输入电容 $C' = C \cdot C_i/(C+C_i)$。因为 C' 小于 C 及 C_i,而 C 一般为数十皮法,这样输入电容 C' 就更小,故称为低电容探头。低电容、高阻抗探头的使用可以提高示波器的输入阻抗,减小探极引入对被测电路的影响,增强示波器的抗干扰能力,扩展示波器的量程。但这也使探头具有 10 倍的衰减,示波器灵敏度也下降为原来的 1/10。

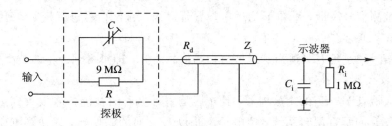

图 7.10　无源探极的结构

电容 C 又称为补偿电容,为一可变电容,有的位于探针处,有的位于探极末端或校准盒内。调整其大小以满足 $RC = R_i C_i$ 的条件,使探头误差与频率无关。具体做法是将示波器标准信号发生器产生的方波(通常为 1 kHz)加到探极上,用螺丝刀左右旋转补偿电容 C,直到调出如图 7.11(a)所示正确的方波(即正确补偿)为止。否则,会产生如图 7.11(b)、(c)所示电容过补偿或欠补偿的波形。

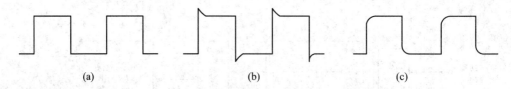

(a)   (b)   (c)

图 7.11　探极的补偿结果

（2）耦合方式选择开关。耦合方式选择开关一般有三个挡位：AC、DC 和 GND（即接地）。AC 为交流耦合，此时被测信号经电容耦合至衰减器，用于观察交流信号；DC 为直流耦合，被测信号直接接至衰减器，用于观测频率很低或含有直流成分的信号；接地耦合时，在不断开被测信号的情况下，为示波器提供测量直流电压时的参考地电平。

（3）衰减器。衰减器一般为阻容步进衰减器，其电路原理与探极中的 10∶1 衰减一样。其分压比做成许多挡，改变衰减器衰减比即改变示波器偏转灵敏度，从而使显示波形的幅度得以调整。

（4）阻抗变换及倒相放大器。阻抗变换及倒相放大器的作用是将来自衰减器的单端信号转换为双端输出的对称信号送给 Y 输出放大器（差分放大器），这样可以克服放大器零点漂移的影响，也提高了放大器输入阻抗，同时隔离前后级的影响，又满足了 Y 偏转板对称信号输入的要求。

2）前置放大器

前置放大器的作用是：初步对前级输出信号进行放大，补偿延迟级对信号的衰减损耗；为 X 通道的触发电路提供大小合适的内触发信号，以得到稳定可靠的内触发脉冲，并具有灵敏度调节、校正、Y 轴移位等控制作用。

3）延迟级

为了显示稳定的脉冲波形，示波器通常采用内触发方式来产生扫描电压，即扫描电压的产生由被测信号来触发。但只有当被测信号达到一定的触发电平时，才能产生触发脉冲并形成扫描电压，被测信号从 0 开始上升到一定的触发电平需要经历一定的时间，这表明扫描电压将比被测信号晚出现一段时间，这样就会使被测信号的前沿无法完整显示。为了完整地显示被测信号波形，可在 Y 通道中设置延迟级对被测信号进行延时，延迟时间一般为 60～200 ns，通常在 100 ns 左右。

被观测信号经过延迟级适当延迟后与扫描信号对齐，即可看到完整的被测信号波形。

4）输出放大器

输出放大器是 Y 通道的主放大器，其作用是将延迟后的被测信号放大到足够的幅度，用以驱动示波管的垂直偏转系统，使电子束获得 Y 方向的满偏转，以便观测微弱信号。Y 轴输出放大器大都采用推挽式放大器，并采用频率补偿与负反馈，以获得稳定的增益、足够的带宽、较小的失真。

3. X 轴通道

X 轴通道由触发电路、扫描信号发生器和 X 轴放大器组成，其组成框图如图 7.12 所示。它的主要作用是，在内触发信号的作用下，输出大小合适、与时间呈线性关系的周期性的双端对称的扫描电压（锯齿波电压），经过 X 轴放大器放大以后，再加在示波管水平偏转板上，以驱动电子束进行水平扫描。X 轴通道还为示波管提供增辉、消隐脉冲，对于双踪示波器还提供交替显示时的控制信号。

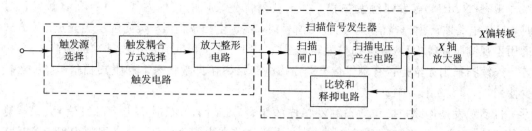

图 7.12 X 轴通道组成框图

1) 触发电路

触发电路的作用在于选择触发源并产生稳定可靠的触发信号，以触发扫描发生器产生稳定的扫描电压。其组成框图如图 7.13 所示，主要由触发源选择开关、耦合方式选择开关、触发电平及斜率选择器、放大整形电路等组成。

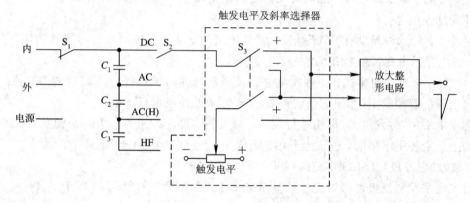

图 7.13 触发电路组成框图

（1）触发源选择。开关 S_1 可以选择内触发、外触发或线触发（又称电源触发）。内触发（INT）是将 Y 前置放大器输出的、位于延迟线前的被测信号作为触发信号，触发信号与被测信号的频率是完全一致的，适用于观测被测信号；外触发（EXT）是用外部与被测信号有严格同步关系的信号作为触发源，常用于比较两个信号的同步关系，或当被测信号不适于作触发信号时使用；电源触发是用 50 Hz 的正弦信号作为触发源，适用于观测与 50 Hz 交流电有同步关系的信号。

（2）触发耦合方式选择。为了适应不同的触发信号频率，示波器一般设有四种触发耦合方式，用开关 S_2 进行选择。

"DC" 直流耦合：这是一种直接耦合方式，常用于外触发或连续扫描方式。

"AC" 交流耦合：这是一种常用的耦合方式，触发信号通过电容耦合，用于观察从低频到较高频率的信号，适用于"内"或"外"触发。

"AC(H)" 低频抑制耦合：触发信号经串联电容 C_1 及 C_2 接入，因电容较小，阻抗较大，用于抑制低频干扰（如工频干扰）。观察含有低频干扰（50 Hz 干扰）的信号时，用这种耦合方式较合适，可以避免波形的晃动。

"HF" 高频耦合：耦合电容较小，适用于 5 MHz 以上信号的观测。

（3）触发方式选择。示波器还包括触发方式的选择。示波器直线扫描方式分为常态、连续、高频、单次等方式。

常态（NORM）触发即触发扫描，是示波器优先采用的扫描方式。只有在有触发信号时，扫描电路才产生扫描信号，无触发信号时，不产生扫描信号，荧光屏上无光点。该方式适用于观测脉冲等信号（连续扫描显示的脉冲一般比较模糊或者看不出脉冲的细节）。

连续扫描则无论是否有触发信号，扫描电路始终在自激状态下产生扫描信号，一般较少使用。

自动触发是连续扫描与常态触发扫描的结合，二者自动转换。当无触发信号（无被测信号）时，扫描电路工作在连续扫描状态，自激振荡产生扫描信号，荧光屏上出现一条时基线；当有触发信号时，采用触发扫描。该方式适于观测低频信号。

高频触发时，触发电路变为自激多谐振荡器，产生高频自激信号（频率约 2 MHz）。该方式适于观测高频信号。

单次触发时，扫描电路只在触发信号激励下才产生一次扫描，之后便不再受触发信号作用，如果需要第二次扫描，必须人工恢复扫描电路到等待状态。该方式适于观测单次瞬变和非周期性信号。

另外，有的示波器设有"TV"触发，将分离出的电视行、场同步信号转换为"TV"触发脉冲，可以显示电视行信号和场信号。

（4）触发电平及斜率选择。触发电平以及斜率选择用于选择合适稳定的触发点，以控制扫描电压的起始时刻（亦即选择波形显示起点），并使波形显示稳定。

触发电平由"触发电平"旋钮进行调节；触发斜率即触发极性，指的是触发点位于触发信号的上升沿还是下降沿，位于上升沿的称为"＋"极性触发，位于下降沿的称为"－"极性触发。通过"触发极性（SLOPE）"选择开关 S_3 进行选择。

触发电平及触发极性可以直接从显示波形上进行判断，如图 7.14 所示。

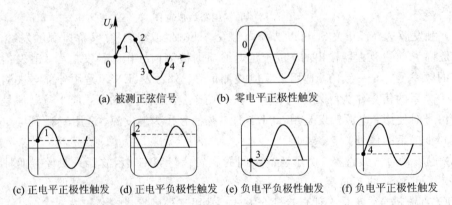

(a) 被测正弦信号　　(b) 零电平正极性触发

(c) 正电平正极性触发　(d) 正电平负极性触发　(e) 负电平负极性触发　(f) 负电平正极性触发

图 7.14　不同触发电平、触发极性下的波形

（5）放大整形电路。由于输入到触发电路的波形比较复杂，频率、幅度、极性都可能不同，而扫描信号发生器要稳定工作，对触发信号有一定的要求（如边沿陡峭、极性和幅度适中等）。因此，需对触发信号进行放大、整形，以产生稳定可靠的触发脉冲。该触发脉冲与被测信号的某一相位点保持固定关系（即触发脉冲与被测信号同步），扫描电路在此触发脉冲的作用下才能产生与被测信号同步的扫描电压，得到稳定的波形。

整形电路的基本形式是电压比较器，当输入的触发源信号越过"触发极性和电平"选择设定的触发门限时，比较电路翻转，输出矩形波，然后经过微分整形，变成触发脉冲。

　　2）扫描信号发生器

　　扫描信号发生器又称时基电路，用来产生线性良好的锯齿波，并提供增辉、消隐脉冲和双踪示波器的交替显示控制信号等。现代示波器通常用扫描信号发生器环来产生扫描信号，一般由扫描电压产生电路、扫描闸门及比较和释抑电路组成，如图7.15所示。

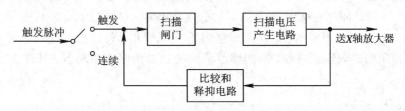

图7.15　扫描信号发生器组成框图

　　闸门电路产生快速上升或下降的闸门信号，再由闸门信号启动扫描发生器工作，产生锯齿波电压；同时闸门信号被送给增辉电路，以便在扫描正程加亮扫描的光迹。释抑电路在扫描开始后将闸门封锁，不再让它受到触发，直到扫描电路完成一次扫描且恢复到原始状态之后，释抑电路才解除对闸门的封锁，使其准备接受下一次触发。这样，释抑电路起到了稳定扫描锯齿波的形成、防止干扰和误触发的作用，确保每次扫描都在触发源信号的同样的起始电平上开始，以获得稳定的图像。

　　3）X轴放大器

　　X轴放大器的作用是将经"内""外"输入选择后的单端输入X轴信号进行放大，转换成为大小合适的双端输出信号后加在X轴偏转板上，使电子束在水平方向上产生足够的偏转，得到合适的波形。当示波器用于显示被测信号波形时，其单端输入的信号是内部扫描电路产生的扫描电压；当示波器工作在"X-Y"方式时，其单端输入的信号则是外加的X信号。

　　X轴放大器的电路原理与Y轴放大器相同，并提供"水平位移""扫描扩展""寻迹"等功能。

4. 电源部分

　　电源部分为示波管和其他电子管(或晶体管)元件提供所需的各组高低压电源，以保证示波器各部分正常工作。

7.3.2　示波器的多波形显示

　　在实际应用中，常常需要同时观测两个或两个以上的波形，即多波形显示，并对这些信号进行测试和比较。实现多波形显示的方法有多线示波和多踪示波两种。

1. 多线示波

　　多线示波是指采用多线示波管(又称为多束示波管)制成的多线示波器来显示多路波形。多线示波管内装有多个(一般有两个)独立的电子枪，每个电子枪能同时发出一束电子束，每一电子束都有各自独立的偏转系统，偏转系统各自控制电子束的偏转，共用一个荧光屏进行显示。多线示波器各通道间相互独立，交叉干扰小，测量准确度高，但它制造困难，成本高，所以较少使用。

2. 多踪示波

多波形显示常用的方法是多踪示波。其组成及原理与单踪示波器类似，是在单踪示波器的基础上增加了电子开关而形成的。它也采用单束示波管，其内只有一个电子枪和一套 Y 偏转板，通过在 Y 通道上增设的电子开关来高速控制几个被测信号轮流地接入 Y 偏转板而在荧光屏上显示出多个波形，即采用了时分复用技术，这一技术充分利用了电子开关的高速转换特性和人眼的视觉惰性。多踪示波具有实现简单、价格低的优点，因而得到了广泛应用。最常用的是双踪示波器，即能够显示两个波形的多踪示波器，其简要原理框图如图 7.16 所示。

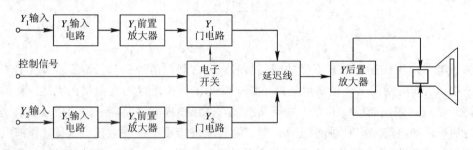

图 7.16　双踪示波器的简要原理框图

为了用单束示波管同时观察两个信号，电路中设置了两套相同的 Y 输入电路和 Y 前置放大器，即 Y_1、Y_2 通道。两个通道的信号都经过门控电路，门控电路由电子开关（又称通道转换器）控制，只要电子开关的切换频率满足人眼的视觉暂留特性要求，就能同时观察到两个被测波形而无闪烁感。根据电子开关工作方式的不同，双踪示波器有以下 5 种显示方式：

（1）"通道 1（CH1）"：只接入 Y_1 通道，单踪显示 Y_1 的波形。

（2）"通道 2（CH2）"：只接入 Y_2 通道，单踪显示 Y_2 的波形。

（3）"叠加（CH1＋CH2）"：两通道同时工作，Y_1、Y_2 通道的信号在公共通道放大器中进行代数相加后送入垂直偏转板，显示两路信号叠加后的波形。Y_2 通道的前置放大器内设有极性转换开关，可改变输入信号的极性，从而实现两信号的"和"或"差"的功能。

显然，以上三种显示均为单踪显示，只显示一个波形。

（4）"交替（ALT）"：此时 Y_1、Y_2 门控电路的开或闭受时基闸门脉冲的控制，第一次扫描时接通 Y_1 通道，第二次扫描时接通 Y_2 通道，只要轮流显示的间隔时间较短，就可交替地显示 Y_1、Y_2 通道输入的信号，无闪烁感。若通道 1 输入正弦波，通道 2 输入同频率的三角波，则屏上显示的波形如图 7.17（a）所示。

交替显示方式适用于观测频率较高的信号。这是因为被测信号频率较低时，所需扫描电压的周期长，这样开关切换的频率就低，轮流显示同一个信号的间隔时间就较长，当间隔时间接近或超过人眼视觉暂留时间时，显示波形会产生闪烁，不便于观测。

（5）"断续（CHOP）"：此时 Y_1、Y_2 门控电路的开或闭受电子开关内的断续器（自激多谐振荡器）产生的高频自激振荡信号（如 200 kHz 的方波）的控制，在每一次的扫描过程中，高速轮流接通两个输入信号，从而显示出每个被测信号的某一段，以后各次扫描重复以上过程。这样显示出的波形是由许多线段组成的，只要转换频率远远高于被测信号的频率，这些线段及其间隔就很短，看起来显示的波形好像是连续的，如图 7.17(b)所示。

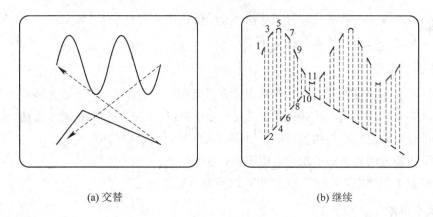

(a) 交替   (b) 继续

图 7.17 交替和断续方式下显示的波形

断续显示方式适于观测频率较低的信号。这是因为当被测信号频率很高时，要求断续器的振荡频率也要很高，否则显示出的波形的断续感将比较明显，不便于观测。然而过高的开关切换频率是不现实的。

7.3.3 通用模拟示波器的主要技术性能指标

通用模拟示波器的主要技术性能指标如下：

(1) 频带宽度 BW：简称带宽，通常指 Y 通道的工作频率范围，即 Y 通道输入信号上、下限频率之差。现代示波器的下限频率都已延伸至 0 Hz，因而示波器的频带宽度可用上限频率来表示。这个带宽也就是我们所熟悉的 3 dB 带宽，是指输入不同频率的等幅正弦波信号，当示波器显示（测量）的波形幅度随频率变化下降到实际幅度的 0.707 倍时的输入信号频率值。为尽可能地准确显示被测信号的波形，通常要求：

$$BW \geqslant 3 f_{\max} \tag{7-1}$$

式中，BW 为频带宽度；$f_{\max}$ 为被测信号的最高频率。

(2) 输入灵敏度：指输入信号在无衰减的情况下，光点在屏幕上偏转一格(div)所需信号电压的峰-峰值，单位为 mV/div。一格是指荧光屏刻度的一大格，等于 1 cm 或 0.8 cm，随管荧光屏型而定。

(3) 输入阻抗：通道的输入阻抗包括输入阻抗和输入电容，一般用 MΩ/pF 来表示，如 1 MΩ/35 pF。低电容、高阻抗是其基本要求，频带宽度越宽，则要求输入电容越小。

(4) 扫描速度：在无扩展情况下，光点在 X 方向偏移 1 cm 或 1 div 所经过的时间，单位为"cm/s"或"div/s"。它表明了示波器能观测的时间和频率范围。

(5) 时域响应：反映输入脉冲等瞬变信号时示波器 Y 通道的过渡特性。当输入理想的矩形脉冲波后，从示波器显示的波形中可看出上升时间 t_r、下降时间 t_f、上冲 δ、反冲 ε、平顶跌落 Δ 等脉冲参数。频带宽度 BW 与上升时间 t_r 之间一般有确定的内在关系，即

$$t_r = \frac{0.35}{BW} \tag{7-2}$$

7.3.4　YB4365 型双踪示波器

绿扬 YB4365 是一款有代表性、功能齐全、性价比较高的 CRT 数字读出 100M 模拟双踪示波器，其主要特点及技术指标如下。

1. 主要特点

(1) 屏幕显示设定状态，多种参数均可在屏幕上以字符形式显示。

(2) 具有光标卡尺线，可对光标线之间的 ΔU、ΔT、$1/\Delta T$ 等参数进行测量。

(3) 可自动设定最佳扫描速度，并跟随输入信号自动设定扫速。

(4) 采用先进的表面贴装工艺，体积小，可靠性高。

(5) 开关电源供电，确保仪器在电压 90～260 V 之间正常使用。

2. 技术指标

(1) 带宽：DC～100 MHz(－3 dB)。

(2) Y 轴偏转灵敏度：2 mV/div～5 V/div，按 1－2－5 进制，分 11 挡，±5%。

(3) 频带响应：5 mV/div 时，DC～100 MHz(－3 dB)。

(4) 上升时间：3.5 ns。

(5) 最高安全输入电压：400 V(DC＋AC 峰值)，≤1 kHz。

(6) 扫描速度：主扫描 A：0.5 s/div～50 ns/div，按 1－2－5 进制，分 22 挡，±5%；延迟扫描 B：50 ms/div～50 ns/div，按 1－2－5 进制，分 19 挡，±5%。

(7) 扫描线性误差：≤5%。

(8) 扩展后线性误差：≤15%。

(9) 光标读出：4 位数字显示。

(10) 校正输出：方波，0.5 $U_{P\text{-}P}$±2%，1×(1±10%)kHz。

7.4　取 样 示 波 器

由前面介绍的示波器显示波形的过程可知，无论是连续扫描还是触发扫描，它们都是在信号经历的实际时间内显示信号波形，即测量时间(一个扫描正程)与被测信号的实际持续时间相等，我们称之为实时(Real Time)测量方法，与此相应的示波器称为实时示波器，一般通用示波器都属于实时示波器。随着被测信号频率的上升，被测脉冲的前沿越来越陡，通用实时示波器的带宽受垂直放大器通频带、扫描速度、图像亮度和示波管频率响应特性等各种因素的限制已不能满足需要，难以观测 100 MHz 以上的高频或超高频信号以及纳秒级的脉冲信号。为了观测这样的信号，可以在普通示波器的前面加一个专门的取样装置构成取样示波器，即运用取样技术，把高频信号变成波形与之相似的低频或中频信号，然后在荧光屏上以断续的光点显示出被测信号的波形。取样示波器属非实时示波器，可以观测吉赫兹以上的超高频周期信号。

7.4.1 取样的概念

1. 取样原理

取样示波器与普通示波器的主要区别在于取样示波器运用了取样技术。欲观察一个波形，可以把这个波形在示波器上连续显示，也可以在这个波形上取很多的点，把连续波形变换成离散波形，只要取样点数足够多，这些离散点也能够反映原波形的形状。这种从被测连续波形上取得一系列样点(也就是获取一系列离散时刻对应的信号幅值)的过程就是取样，又称采样。

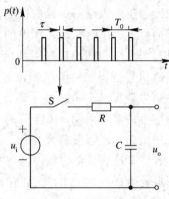

对一个连续时间的输入信号 $u_i(t)$ 的取样如图7.18所示，取样过程在取样保持器中完成。取样保持器在原理上可等效为一个开关和电容的串联，在取样脉冲 $p(t)$ 到来时，取样门(电子开关S)接通，输入信号 $u_i(t)$ 经 R 对 C 充电，充到此刻对应的瞬时值。$p(t)$ 过去后，S断开，C 上电压维持不变，此时，输入信号 $u_i(t)$ 被取样。在周期性取样脉冲 $p(t)$ 的作用下，可得到一系列的取样点，形成离散输出信号 $u_s(t)$，$u_s(t)$ 称为取样信号。若取样脉冲宽度 τ 足够窄，则可以认为输入信号的幅度在 τ 时间内不变，即每次取样所得的离散取样信号的幅度就

图 7.18 取样原理

是该次取样时刻输入信号的瞬时值。而且，取样脉冲 $p(t)$ 的周期 T_0 越短，单位时间内的取样点数就越多，当取样点的数目足够多时，取样信号的包络就是原输入信号 $u_i(t)$ 的波形。

2. 实时取样与非实时取样

取样分为实时取样和非实时取样两种。从信号波形一个周期中取得大量取样点来表示一个信号波形(也就是取样脉冲的周期远小于输入信号的周期)，并且取样持续的时间等于输入信号的一个周期或多个周期或输入信号实际经历的时间，这种取样方式称为实时取样，如图7.19(a)所示。显然，实时取样的取样频率远高于输入信号的频率，所以实时取样较难用于极高频信号、极窄脉冲的观测，但由于它在输入信号实际经历的时间内持续取样，因而是观测非周期现象和单次过程的有效手段。

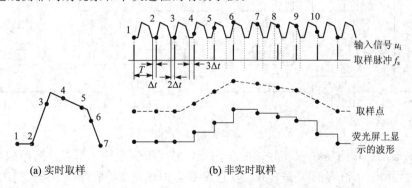

(a) 实时取样   (b) 非实时取样

图 7.19 实时与非实时取样示意图

从被测信号的许多相邻周期波形上取得样点的方法称为非实时取样，或称为等效取

样，如图 7.19(b)所示。

如果输入信号 $u_i(t)$ 的周期为 T，取样脉冲的周期为 $T_s = mT + \Delta t(m = 1, 2, 3, \cdots$，为两个取样脉冲之间被测信号周期的个数，图 7.19 中 $m = 1$)，则非实时取样的工作过程如下：

在 t_1 时刻，它进行第一次取样，对应于信号波形上的样点 1；经过 $mT + \Delta t$ 后的 t_2 时刻，进行第二次取样，取样点为波形上的样点 2，但取样脉冲相对于信号周期延迟了 Δt；第三次则延迟 $2\Delta t$，依次类推，每间隔 $mT + \Delta t$ 在信号波形上取一个样点，而且，取样信号的幅度等于输入信号的瞬时值，宽度等于 τ。Δt 称为步进间隔，它决定了采样点在各个波形上的位置，并使本次采样点的位置比上次采样点的位置推迟 $mT + \Delta t$ 时间。由于被测信号是波形完全相同的重复周期信号，因而利用具有"步进延迟"的宽度极窄的取样脉冲 Δt 在被测信号各周期的不同相位上逐次取样，那么取样点将按顺序取遍整个信号波形。取样后的信号波形是一串脉冲序列，其包络线同样重现了原信号的波形，但因为波形包络来自输入信号的多个周期，所经历的时间变长了，高频率的周期性输入信号变成了低频信号，故可用低频通用示波器来显示。

其实，对于非实时取样的信号间隔选取是灵活的，可以间隔 10 个、100 个甚至更多个波形取一个样点，这样，就更有利于观测高频、高速的信号。

步进间隔 Δt 与信号最高频率 f_h 间应满足取样定理：

$$\Delta t \leqslant \frac{1}{2f_h} \tag{7-3}$$

7.4.2 取样示波器的工作原理

取样示波器利用了非实时取样的原理，与通用示波器类似，取样示波器也主要是由示波管、X 通道和 Y 通道组成的，其原理框图如图 7.20 所示。与普通示波器相比，其主要差别是增加了取样电路和取样脉冲发生器，这些电路都是为了对被测信号进行逐点取样而加入的。此外，为了观测信号的陡峭前沿，必须把延迟线放在取样示波器的输入端。

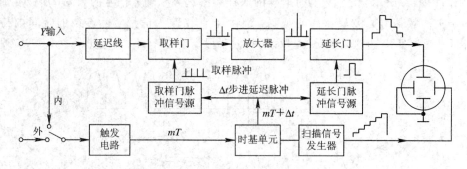

图 7.20　取样示波器的原理框图

垂直 Y 通道的作用是在取样脉冲的作用下，把高频信号变为低频、离散的取样信号，并转换放大后加至示波管的 Y 偏转板。垂直 Y 通道由延迟线、取样门、延长门和 Y 放大器等电路组成，最关键的电路是取样电路，它产生正比于取样值的阶梯电压。

被测信号经延迟线送至取样门，取样门平时关闭，只有步进延迟的取样脉冲到来时才打开并取出样品信号；由于取样脉冲是宽度极窄的脉冲串，因而取样后得到的是一串串很

— 136 —

窄的取样脉冲，其幅度对应于对应时刻的被测信号幅度，但一般只能达到被测信号幅度的2%～10%，所以在取样后必须对取样信号进行脉冲延长和放大。延长门起记忆作用，把每个取样信号幅度记录下来并展宽，这样窄串的取样信号就变成了正比于取样值的阶梯电压。此阶梯电压最后经偏转放大器接至通用示波器的 Y 偏转板。

水平 X 系统由触发电路、取样脉冲发生器、时基单元和 X 放大器等电路组成。被测信号或外触发信号经触发电路产生所需的触发同步信号，该信号馈入时基单元，产生 Δt 步进延迟脉冲。步进延迟脉冲送到垂直系统，控制取样脉冲发生器和延长门控制器的工作。另外，步进延迟脉冲还用于控制水平扫描电路，每一个步进延迟脉冲送至阶梯波发生电路，就产生电压上升一阶的阶梯波，示波器屏幕上隔一定距离就显示出一个光点，所以取样示波器屏幕上的扫描线是由断续的光点组成的，每两点相差一个阶梯电压。

利用同步分频的方法可以改变 m 的大小，从而可扩展测量的频率上限。

相比较而言，取样示波器与通用示波器主要有以下区别：

(1) 取样示波器延迟级放在取样门前面，以便在内触发时提前提取一部分被测信号作为触发信号，这样观测时不会丢掉信号的陡峭前沿。

(2) 取样示波器 X 通道产生时基扫描信号，是利用每一个 Δt 步进延迟脉冲去触发阶梯波形成电路，使它的输出增长一级，扫描信号是线性阶梯波。由于 Δt 步进延迟脉冲的作用，扫描信号与取样脉冲是同步的。而通用示波器中，扫描信号是线性的。

(3) 通用示波器中，每触发一次，能产生一个完整的扫描信号；而取样示波器中，每触发一次，只能获得一个样点。

(4) 取样示波器显示的波形由许多点组成，波形反映被测信号包络，但波形是经过变换的，波形经历时间远大于被测信号的实际经历时间。故取样示波器只能测量频率较高的重复信号，而不能对单次脉冲、极低频信号进行观测。

7.4.3 取样示波器的主要参数

取样示波器除了具有通用示波器的性能指标外，还具有其本身的技术参数，主要有：

(1) 频带宽度。由于取样以后信号频率已经变低，因此对取样示波器的频率限制主要在取样门。首先，取样门用的元件（如取样二极管）的高频特性要足够好；其次，取样脉冲本身要足够窄，以保证在取样期间被观测的信号幅度基本不变。

一般来说，一个系统的频带宽度是指系统频率特性下降 3 dB 所对应的频率范围。当取样门所用元件工作频率足够高时，取样门的最高工作频率与取样脉冲底边的宽度 τ 成反比，其表达式为

$$f_{3\,\mathrm{dB}} = \frac{0.44 \sim 0.64}{\tau} \tag{7-4}$$

式中，τ 为取样脉冲底边的宽度。所以在取样示波器中可利用调整取样脉冲底宽来调整频宽。

(2) 取样密度。取样密度是指电路扫描时，在示波器屏幕 X 轴上每格显示的被测信号所对应的取样点数，常用每厘米的光点数来表示。

每一个步进脉冲对应于一个取样脉冲，进行一次信号取样；同时，每一个步进脉冲使水平扫描阶梯电压上升一阶，每阶产生一个光点。由于屏幕宽度是确定的，也就是 X 方向

最大偏转电压是确定的，因而减小水平扫描阶梯电压的台阶，可使水平扫描阶梯电压台阶数增加，即取样密度变大。取样点越多，经取样后显示的波形越逼真。但取样密度增大，即阶梯数增加，信号波形要经过 m 个周期才取样一次（因为每个取样点相距 $mT+\Delta t$ 时间），这意味着扫描一次的时间较长，可能导致波形闪烁。

（3）等效扫描速度。通用示波器的扫描速度是指单位时间内电子束在水平方向上的位移。而对取样示波器，假设信号波形由 n 个取样点组成，虽然在屏幕上显示 n 个亮点需要 $n(mT+\Delta t)$ 的时间，但信号实际经历的时间为 $n\Delta t$，等效扫描速度为 $n\Delta t/L$，L 表示扫描线长度，由于电子束扫完整个屏幕的时间与显示波形代表的时间不同，因此用"等效"来表示区别。

（4）取样频率。取样频率即取样脉冲的重复频率。取样频率越高，越能反映被测信号的特性。

7.5　数字存储示波器

通用示波器能够方便地观测从低频到高频的周期性重复信号，但它很难观测单次瞬变过程和非周期信号。如果要将正在观测的信号与之前某一时刻的信号进行比较，通用示波器也是无法实现的。为满足实际应用中的这些需求，人们运用采样、存储、微处理器及大规模集成电路、数字信号处理等技术研制出了数字存储示波器(DSO)。

7.5.1　数字存储示波技术简介

数字存储示波采用数字电路实现，先经过 A/D 转换器，模拟输入信号波形被转换成数字信息，存储于数字存储器中；需要显示时，再从存储器中读出，通过显示处理器处理后，将波形显示在显示屏上。数字存储示波的基本原理框图如图 7.21 所示。

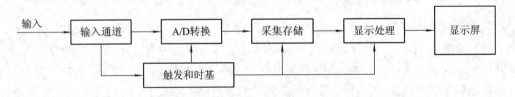

图 7.21　数字存储示波的基本原理框图

数字存储示波器能截获、观察短暂而单一的事件，将重复率低的颤动现象固定下来，对不同波形进行比较，对偶发事件自动监测，记录和保留信号过程，观察电路调节过程中的变化等。它可以通过接口与计算机相连接，分析复杂的瞬变信号。

1. 数字存储示波器的主要特点

与模拟示波器相比，数字存储示波器有以下优点：

（1）波形可长期保存、多次显示。信息存储在存储器(RAM)中，由后备电源供电，因而可以长期地存储信息，反复读出这些数据，并且可以反复在显示屏上再现波形信息，而轨迹既不会衰减也不会模糊。在完成了波形的记录、显示、分析之后，又可随时更新存储器的内容。

（2）支持负延时触发。普通模拟示波器只能观测触发点以后的信号，而数字存储示波器既能观测触发点以后的信号，也能捕捉触发点以前的信号。因为测试人员可根据需要调出存储器中的信息进行显示，所以，数字存储示波器的触发点只是一个参考点，而并不是获取的第一个数据点。因此，它可以用来检修故障，记录故障发生前后的情况。

（3）便于观测单次过程和突发事件。只要设置好触发源和取样速度，就能在事件发生时将其采集并存入存储器，这样就可以长期保存和多次显示，并且取样存储和读出显示的速度可在很大范围内进行调节。利用这一特点可捕捉和显示瞬变信号和突发事件。

（4）具有多种显示方式。现代数字存储示波器都采用大尺寸的 LCD 作显示屏，且越来越多地采用彩色 LCD 屏，具有灵活多样的显示方式，如基本存储显示、抹迹显示、卷动显示、放大显示、X－Y 显示、测量结果的数字显示、波形与文字同屏显示、多种语言显示等，可满足对不同情况下的波形进行观测的需要。

（5）便于进行数据分析、处理。在数字存储示波器中，嵌入式微处理器 FPGA 是其核心，因而利用其强大的数据分析和处理能力，数字存储示波器也具有数据分析和处理功能，如对多次等精度测量取平均值、求方差，信号的峰值、有效值和平均值的换算，时间间隔计算，波形的叠加运算、滤波、FFT 运算，频谱分析等。

（6）具有多种输出方式，便于进行功能扩展和自动测试。数字存储示波器存储的数据、显示的波形可在微处理器的控制下通过接口，以各种方式输出。如直接在屏幕上用数字图片形式输出，通过 GPIB 接口总线或打印口、USB 存储器等输出。

作为智能化仪器，数字存储示波器可通过改变工作程序的方式来扩展仪器功能，与其他仪器设备一起构成自动测试系统。

（7）集成度高，体积小，重量轻。现代数字存储示波器以功能强大的嵌入式微处理器 FPGA 为核心、以 LCD 作显示屏，支持通道工作，具有集成度高、体积小、重量轻、耗电省等优点，使用便携。

2. 信号采样

模拟信号在数字存储示波器内首先要通过采样变成数字信号，然后才能进行进一步的处理。

1）采样方式

数字存储示波器首先对输入信号利用 A/D 转换进行采样，也就是上节介绍的取样，只是 A/D 还要将每个样点的幅度量化成数字比特。这种采样技术大体上分为两类：实时采样和等效时间采样。

在实时采样中，一个信号的所有采样点在一个单一的信号获取段中取得，见图 7.22(a)。由于一个波形只在单一非重复的一个变化中被采集到，因而采样速率必须足够高，通常要超过模拟带宽 4～5 倍或更高，从而获取足够多的数据，以保证正确地重新恢复波形。实时采样技术可以用于获取非重复性或单一的突发事件。

在很多应用场合中，要观察的信号常常是周期重复的，在一定的代价下实时采样方式所提供的时间分辨率不能满足要求，这时可以采用等效时间采样。在等效时间采样中，最终显示的波形是通过从信号的每一次重复中获取少量信息而建立起来的。等效时间采样又大体分为两类：序列采样和随机性采样，见图 7.22(b)、(c)。

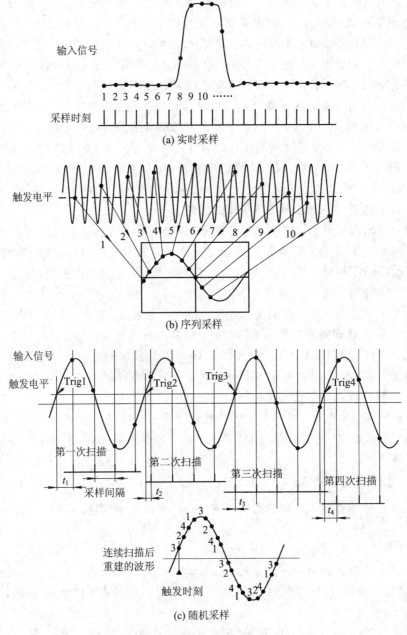

图 7.22　数字存储显示技术中的各种采样技术

序列采样是有序地从一个波形中的每一个被捕捉的周期中采集一个点。采样应该有序而重复地进行，直到获取足够的点以填满存储器。若存储器有 1000 个点的空间，那么就需要通过 1000 次触发来采样 1000 个被捕获的周期，以获取足以构成一个完整波形的点。

如图 7.22(b) 中所示，当第一个触发到来以后立即采集第一个采样点，并将其存入存储器；第二个触发到来后经过一个很小的时间延迟 Δt 后再采集第二个样点并存入存储器；第三个触发到来后经过 $2\Delta t$ 的延迟时间后采集第三个样点并存入存储器；依此类推直至存满存储器，随后对其进行显示。最终示波器上显示的波形是由多个被捕获周期中按固定次序出现的采样点重构而成的,样点从左向右依次排列构成显示波形。很显然,对于周期性信号,通过等效时间采样可大大降低对采样速率的要求。

随机采样原理如图 7.22(c)所示。在每次触发到来时,延迟一段随机的时间长度 t_n(图中的 t_1、t_2、t_3 等)后进行一次扫描周期内的采样。一次扫描周期内的采样包含一次或多次等时间间隔的采样,这个时间间隔已知,并由采样时钟来确定。触发时刻到一次扫描周期内第 1 个采样点间的随机时延长度 t_n 由示波器内部的定时器进行测量,从而计算出各采样点在存储器中的位置并进行存储,直至经过多次触发后的扫描采样,采样点存满整个存储器,然后用这些存储的样点重建被测信号波形。

随机采样技术的优点在于可以提供预触发信息以及触发后信息,且易于发现波形的细节。

随机采样是按一个随机序列来获取所需要的点,这个序列和采样点与存入存储器中的位置相对应,而后又参照触发时刻而重新组合。

2)采样速率

采样速率又称为数字化速率,对它的描述方式通常有以下三种:

(1)用采样次数来描述,表示为单位时间内采样的次数,如 20×10^6 次/s(20 MS/s)。

(2)用采样频率来描述,如 20 MHz。

(3)用信息率来描述,表示每秒钟存储多少位(比特)的数据,如每秒钟存储 160 兆位的数据,这对于一个 8 位的 A/D 转换器来说,就相当于 20×10^6 次/s 的采样速率。

实际上,一个示波器的采样速率是随时基设置的不同而改变的。二者之间的关系是

$$采样速率 = \frac{所记录波形的长度}{时基单位 \times 扫描长度} \tag{7-5}$$

例如,一个示波器有 1024 个波形记录寄存单元,扫描长度为 10 个单位刻度,而时基设置为 10 μs/div,那么采样速率为

$$r = \frac{1024}{10 \times 10} = 10.24 \text{ S/}\mu\text{s} = 10.24 \text{ MHz 或 } 10.24 \text{ MS/s}$$

如果一个 DSO 有 50 k 个采样寄存单元、10 个扫描刻度单位,而时基设置为 5 μs/div,那么它的采样速率就等于 10^9 次/s(1 GS/s)。如果时基设置为 5 ms/div,那么采样速率就等于 10^6 次/s(1 MS/s)。

当采样速率的选择是以占满所有存储单元并覆盖全屏作为标准时,那么时基的压缩(即每个单位刻度代表更长的时间)就要求 A/D 的采样速率降低,以便采集更长的信号来填满全屏。然而,采样速率的降低又会导致有用带宽的缩小。具有较多的存储单元的数字存储显波器能够在时基设置较小的情况下保持较大的有用带宽。这是在设计与应用中需要予以重视的。

3. 波形显示技术

在一个信号波形被采集、数字化、存储和处理之后,有多种方法可以将它重现,如点显示法、点线连接(线性插入)法、正弦插入以及修改型正弦插入法等。

在显示过程中,可能会发生失真。采样理论(参看奈奎斯特关于采样频率的定律)指出:采样频率必须高于信号的最高频率分量的两倍,否则在显示时就会失真。

目前,常用的 DSO 仪器一般可以自动按照式(7-5)来计算采样速率。因此,所要显示

的信号的带宽很容易被估计出来。由于我们总是要以高于信号最高频率分量两倍的速度来采集信号，因此有必要采取一个简单的方法，确保用户正确设置时基，以保证仪器有足够高的采样频率。如果无法做到这一点，就必须配置一个防混叠滤波器来消除输入信号中那些高于奈奎斯特频率限值的频率分量。

1）点显示技术

点显示就是在屏幕上以有间隔的点的形式将被获取的信号波形显示出来。能够做到正确显示的前提是必须有足够的点来重新构成信号波形。考虑到有效存储带宽问题，一般要求为每个信号周期显示 20～25 个点。

采用点显示可以实现用较少的点构成一个波形。但是这样容易造成视觉误差，特别是对于正弦波这样的周期波形，这只是一种光学上的错觉。当观察者将注意力集中在跟踪眼前快速出现的点而在眼睛中感觉出一条连续曲线时，下一个停留点未必就是信号波形的离当前一个点最近的点。这样就会使人感觉出一条错误的曲线，它的频率比实际输入信号的频率低。这种错误不是出自机器，而是出自人的眼睛。数据点插入技术可以解决点显示中产生视觉错误的问题。

2）数据点插入技术

在波形显示技术中，常常使用插入器将一些数据补充给仪器，插在所有相邻的采样点之间。实际应用主要有线性插入和曲线插入两种方式。线性插入法仅按直线方式将一些点插入到采样点之间。在有足够的点可以用来插入的时候，这是一种令人满意的办法。曲线式插入法以曲线形式将点插入到采样点之间，这条曲线与仪器的带宽有关。曲线插入法可以用较少的插入点构成非常圆滑的曲线。但必须注意的是，可供使用的点仅仅构成所显示的实际点，而使用曲线插入器时必须注意形状特殊的波形和高频分量。一些生产高速模拟电路的厂家就在仪器的信号获取环节中或在获取信号之后设置插入器，以下简要介绍几种常用的插入技术。

（1）向量式显示（线性插入）。某些视觉误差可以通过对显示点选加一个向量（按信号规律事先计算好的一系列点）的方法来进行纠正。但由于向量仅仅是以直线形式加入到数据点中的，因而数据点常常没有落在信号波形顶部，这样就造成了顶尖幅值误差。目前，许多厂家都使用专门的向量发生器在屏幕上的显示点之间画线。一般情况下，只需要采用 10 个向量，就可构成比较容易辨认的波形。

（2）正弦插入。这种方法专用于信号波形的复现。一般情况下，每个周期使用 2.5 个数据字就足以构成一个较完整的正弦波形。但是，正弦插入法有时会对阶跃波形产生副作用。

（3）改进型正弦插入。改进型正弦插入可以避免对阶跃波形的不良影响，方法是引入一个前置数字滤波器，它与插入器相配合，使信号波形的重新组合结果能产生一个良好的外观。前置滤波器监视着三个最邻近的点之间的两条连线的斜率的变化。如果斜率出现了突变，而突变又处在一个特定的界限之内，那么就对这个斜率突变处的最临近的点进行修正。修正值大约等于幅值的 10%。

（4）SineX/X 插入。这种技术的原理是，在采样点之间插入曲线段而使显示波形平滑。但是，有时由于过于依赖曲线的平滑性而使用很少的采样点（有时每周期少达 4 个），因而其噪声容易混入数据中。

7.5.2　数字存储示波器的技术性能指标

除具有与模拟示波器相同的垂直灵敏度、扫描速度、频率响应等指标外，数字存储示波器主要还有以下几个技术性能指标。

（1）采样速率。采样速率是指单位时间获取被测信号的样点数。目前，在数字存储示波器的 Y 通道中，限制最高采样速率的因素主要是 A/D 的转换速度。因此，采样速率通常是指对被测信号进行采样和 A/D 转换的最高频率，单位为"次/s"(S/s)。

根据奈奎斯特采样定律，对模拟信号进行采样时，采样速率至少应为信号本身所包含的最高频率的两倍，采样之后的数字信号才能完整地保留原始信号中的信息。若以此速率进行采样，相当于一个周期内采集两个样点，由此来进行原始信号波形的重现显然是远远不够的。若要想尽可能精细地重现原始信号的波形，采用更高的采样速率并结合适当的数据内插技术是必需的。

示波器的采样速率越高，所得到的波形幅度信息就越多，重要信息和事件丢失的概率就越小，信号重建时也就越真实。根据实践经验，数字示波器为了准确地再现原始信号，根据输入信号的不同以及相应采用的数据插入技术的不同，采样速率一般为原始信号最高频率的 2.5～10 倍。

如前所述，采样分为实时采样和等效采样，因而采样速率也对应地分为实时采样速率和等效采样速率。在实时采样速率一定的情况下，通过等效采样可以达到很高的等效采样率。如果不特别注明，平常所说的数字示波器采样速率是指其实时采样速率。

需要说明的是，对于多通道数字示波器，大多数制造商的产品其采样速率指标仅能在其中的一个或两个通道上得到保证，而不是在所有通道上。如一个最高采样速率 5 GS/s 的 4 通道 500 MHz 数字示波器，在 3 通道或 4 通道工作时，每个通道上的最高采样速率实际上只有 1.25 GS/s，不足以在这几个通道上同时支持 500 MHz 带宽的信号。

（2）带宽。数字示波器的带宽通常指其输入通道的模拟带宽，其定义与模拟示波器的带宽定义相同，也是指 3 dB 带宽。

（3）有效存储带宽。一个数字存储示波器的有效存储带宽(Useful Storage Bandwidth, USB)描述的是它捕捉信号的能力，即

$$B = \frac{1}{C} \times 最大采样速率 \tag{7-6}$$

式中，常数 C 依赖于对不同插入法而确定的在每个采样周期中采样点的数目。例如，对于每个采样周期 25 个采样点(避免了视觉误差)的点显示，C 就等于 25。

当采用线性或向量插入法而每个周期取 10 个采样点时，C 就等于 10。对于正弦插入法，每个采样周期取 2.5 个采样点，C 就等于 2.5。对于不同厂家采用的技术不同，C 的取值就不同。然而，对于重复性信号而言，DSO 的带宽就是显示器的模拟带宽。

（4）上升时间。上升时间定义为脉冲幅度从 10% 上升到 90% 的这段时间(如图 7.23 所示)，它反映了数字示波器垂直系统的瞬态特性。数字示波器必须要有足够快的上升时间，才能准确地捕获快速变化的信号细节。

类似于模拟示波器，一般数字示波器的上升时间和带宽满足以下公式：

$$t_r = \frac{k}{BW} \tag{7-7}$$

式中，t_r 为上升时间，BW 为示波器带宽，k 为介于 0.35～0.45 之间的常数，它的值取决于示波器的频率响应特性曲线和脉冲上升时间响应。对带宽小于 1 GHz 的示波器，其常数 k 的典型值为 0.35，而对带宽大于 1 GHz 的示波器，其常数 k 的值通常介于 0.40～0.45 之间。

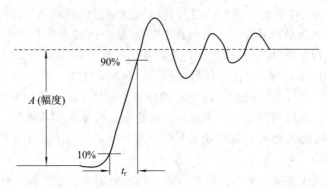

图 7.23　上升时间

应该注意的是，一个 DSO 的带宽和上升时间随时基设置(time/div)而变，然而 DSO 的有用带宽和上升时间参数给用户指明可以被获取的最快信号的信息，包括非重复性和重复性波形。

（5）测量分辨率。测量分辨率通常用 A/D 转换器的 M 进制位数表示，位数越多，其分辨率越高，测量误差和波形失真越小。

（6）存储容量。存储容量又称为存储长度、存储深度，通常定义为所能存储的最大取样点数目，用数据存储器存储容量的字节数表示。

如果需要不间断地捕捉一个脉冲串，则要求数字示波器有足够的内存以便捕捉整个事件。将所要捕捉的信号时间长度除以精确重现信号所需的取样速度，可以计算出所要求的存储深度。

对于一个数字示波器而言，其存储深度是一定的，存储速度(实际使用的采样速率)越快，存储时间就越短。分析一个十分稳定的正弦信号，只需要 500 点的存储深度即可，但如果要解析一个复杂的长数据流，则可能需要有成千上万个点或更多点的存储深度。如果 DSO 的存储深度有限，则只能通过降低采样速率的方式来满足测量时间的需求，但这样势必造成波形质量的下降；如果增大其存储深度，则可以以更高的采样速率(不超过该 DSO 的最高采样速率)来测量，以获取更精细准确的波形。

长的存储深度使得 DSO 具备同时分析高频和低频信号的能力，包括低速信号的高频噪声和高速信号的低频调制。因而高端数字示波器往往具有上兆字节的存储深度，既保证可在高速率下对信号进行采样以便分析重现其细节，又能保证长时间地记录信号以便观察信号的全貌。

DSO 还有以下一些其他的重要性能和特征，在选用时必须注意。

（1）当使用 DSO 进行模拟显示时，应注意它的模拟能力。

（2）各种复杂的触发能力，如延时触发、预触发、毛刺触发、状态触发等。

（3）包络显示能力，指示波形的最大值和最小值等。

（4）闪烁/峰尖捕捉能力。

（5）与打印机、PC、网络的连接口问题。

（6）协助噪声滤波的均值计算等。

（7）波形的数学计算、分析、测量及信号加工能力。

（8）通道数。

7.5.3　模拟/数字示波器

在日常工作中，技术人员常常需要同时使用模拟示波器和数字存储示波器，以便对工作中遇到的信号进行较好地观察。

模拟/数字信号示波器集模拟示波器和数字存储示波器的能力和优点于一身，又称组合示波器。它能从一种工作模式转换到另一种工作模式。当这台仪器设置成 DSO 时，用户可以用它来自动进行参数测量，存储采样的波形进而制作硬拷贝；与此同时，当需要的时候还能具有模拟示波器的无限分辨率以及熟悉而可信的波形显示，并且使用组合示波器时，无论信号重复速率的高低，都可获得最亮的显示。

图 7.24 为一个实际的带有计算机接口的模拟/数字示波器的典型框图。在此仪器中，作为模拟示波器所需要的所有基本单元模块（如同步衰减器、前置放大器、触发电路、延时线、垂直和水平输出放大器、Z 轴电路等）都包括在如下附加电路中：

（1）微处理器及相关电路；

（2）数字时基；

（3）数字获取存储器；

（4）数字显示；

（5）向量发生器；

（6）存储获取电路；

（7）通信接口。

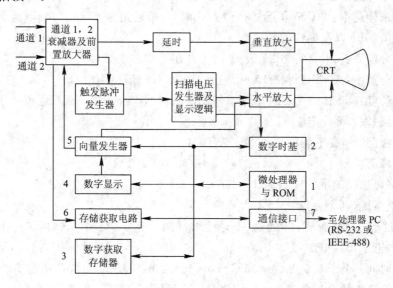

图 7.24　模拟/数字示波器原理框图

垂直信号采样被送到存储获取电路中，存储获取电路执行 A/D 转换。波形采样值存于模块 3 中。在大多数现代模拟/数字存储示波器中，一个用户 IC 卡插在数字显示部分，作为显示器的向量发生器和波形记忆之间的接口。

向量发生器为水平和垂直通道的驱动作用重新建立水平和垂直向量。通信模块接收所存储的波形数据，以便通过 IEEE-488 或 RS-232 接口送往打印机或 PC。

下面以 TEK2232 型模拟/数字存储示波器为例进行简要介绍。

TEK2232 型模拟/数字存储示波器是一台具有代表性、功能齐全及性价比较高的中档组合示波器，它既可作为模拟(实时)示波器用，又可作为数字存储示波器使用。

TEK2232 型示波器具有双踪双扫通用示波器的全部特性和功能。频带宽度为 100 MHz，上升时间为 35 ns、Y 轴最高偏转灵敏度为 2 mV/div。具有 A/B 扫描，其中 A 扫描为主扫描，扫描速度为 0.5 s/div～0.05 μs/div；B 扫描为延迟扫描，扫描速度为 50 ms/div～0.05 μs/div。可延迟加亮所需观测的部分，对观测复杂波形极为有利。

该型示波器指标先进，功能齐全。最高采样速率为 100 MS/s，记录长度为 1 KB 或 4 KB，能观测单次以及低重复频率的信号；具有峰值检测取样功能，能捕捉脉宽为 10 ns 的毛刺干扰，对消除开关电源和时钟脉冲等产生的干扰极为有利；分辨率高，垂直分辨率为 8 bit，水平分辨率为 10 bit，屏幕上能显示 100～4096 个点，从几纳秒到 20 秒的信号都能捕捉到并对其加以分析；可对波形进行存储和分析，也可进行扩展或压缩；它还具有游标测量和数字读出功能，可既快又准地读测 ΔU、ΔT 的值，减少了计算、分析的时间以及测量的误差。

TEK2232 型组合示波器可直接与 GPIB 及 RS-232C 接口相连，并通过接口连于计算机，实现自动测试。还可直接连接打印机或绘图机，将所需的波形记录下来。

TEK2232 型示波器各部分的主要技术指标如下：

(1) 数字存储系统。

① 最高采样速率：100 MS/s(每个通道)。

② 等效采样速率：2 GS/s(重复存储方式时)，单通道：0.5 μs/div 以及更快的扫速，双通道：0.2 μs/div 以及更快的扫速。

③ 垂直分辨率：8 bit(每格 25 级)；12 bit(在平均方式时)。

④ 水平分辨率：10 bit(每格 100 个点)；9 bit(双通道使用时)。

⑤ 记录长度：4 KB 或 1 KB(单通道使用时)；2 KB 或 512 KB(双通道使用时)。

⑥ 前/后触发：可设定 1/8、1/2 或 7/8 触发点。

⑦ 峰值检测：捕捉毛刺的最小宽度为 10 ns。

⑧ 累计峰值检测。

⑨ 平均(可选择的平均次数为 1～256)。

(2) 垂直系统(两个通道)。

① 垂直工作方式：通道 1、通道 2、通道 2 反向、相加、交替、继续(500 kHz)、X-Y。

② 频带宽度：100 MHz，−3 dB(0～35℃)；80 MHz，−3 dB(35～50℃或 2 mV/div 时)。

③ 上升时间：小于 3.5 ns(0～35℃)；小于 4.4 ns(35～50℃或 2 mV/div 时)。

④ Y 轴偏转灵敏度和准确度：2 mV/div～5 V/div，按 1—2—5 进制，分 11 挡；±2%(15～35℃)，±3%(0～50℃)。

⑤ 共模抑制比：大于 10∶1(在 50 MHz 时)。

⑥ 输入阻抗：1 MΩ/20 pF。

⑦ 最大输入电压：400 V(DC＋AC 峰值)；800U_{P-P}(峰值)。

⑧ 通道隔离度：100∶1(在 50 MHz 时)。

（3）水平系统。

① 扫描速度：A 扫描 0.05 μs/div～0.5 s/div，按 1—2—5 进制，分 21 挡，扩展×10(最快扫速为 5 ns/div)；B 扫描 0.05 μs/div～0.05 ms/div，按 1—2—5 进制，分 19 挡；在存储状态时，A 扫描 0.05 μs/div～5 s/div，按 1—2—5 进制，分 24 挡，扩展×10(最快扫速为 5 ns/div)。

② 扫描准确度：非存储状态时，×1 挡±2%(15～35℃)，×10 挡±3%(15～35℃)，×1 挡±3%(0～50℃)，×10 挡±4%(0～50℃)；存储状态时，±0.1%(10 格)。

③ 水平工作方式：非存储状态时，A 扫描、交替扫描(B 加亮 A 和 B)、B 扫描；存储状态时：A 扫描、B 加亮 A、B 扫描、4 K COMPRESS。

④ 延迟晃动：5000∶1。

⑤ 延迟时间准确度：±1%(15～35℃)。

（4）触发系统。

① 触发灵敏度：内触发为 0.35 div(10 MHz)，1.5 div(100 MHz)；外触发为 40 mV (10 MHz)，150 mV(100 MHz)。

② 触发工作方式：A 触发工作方式为峰-峰、自动(TV 行同步)、常态、TV 场同步、单次；B 触发工作方式为延迟启动、延迟触发。

③ 触发源：A 触发为垂直方式、通道 1、通道 2、电源、外；B 触发为垂直方式、通道 1、通道 2。

④ 触发耦合方式：内触发耦合方式为 AC(交流，触发方式为峰-峰、自动、电视行、电视场)；DC(直流，触发方式为常态、单次)；外触发耦合方式为 AC、DC、DC/10。

⑤ 可变释抑：>10∶1。

（5）X-Y 工作方式。

① 偏转灵敏度与垂直系统的偏转灵敏度相同。

② 频带宽度：X 轴为非存储工作方式时，频带宽度为 2.5 MHz，X 轴为存储工作方式时与垂直系统的频带宽度相同；Y 轴与垂直系统的频带宽度相同。

③ 相位差：<±3°(0～150 kHz)。

（6）显示系统。

① 显示屏幕：8 cm×10 cm。

② Z 轴：5 V(DC 至 20 MHz)。

（7）其他。

① 游标功能和准确度：ΔU 为±3%；ΔT 在±1 时显示间隔(5 s/div～1 μs/div)，±2 时显示间隔＋500 ps(0.5 μs/div～0.05 μs/div)。

② X-Y 绘图输出：绘图输出整个显示波形，数字读出以及坐标格。

③ 外时钟输入：滚动方式为 DC～1 kHz；记录方式为 DC～100 kHz。

④ 可连接的接口：GPIB、IEEE-488.1、RS-232C。

7.6 数字荧光示波器

如前所述，同模拟示波器相比，数字存储示波器(DSO)具有强大的输入波形的捕获、存储与回显功能，拥有精确的测量、分析及其结果的数字化显示功能，拥有预触发、后触发、毛刺触发、状态触发、窗口触发、总线触发、N周期触发等多种先进灵活的触发方式，可捕获并显示单次信号和非周期信号，可进行联网通信、远程测量而组成自动测试系统等。但它也存在不足之处，主要体现在以下两个方面。

(1) 只能表征信号的幅度-时间信息，屏幕上显示的波形具有同等的亮度，不能像模拟示波器那样通过不同的显示亮度来表示信号出现的频度。

(2) 实时性不足。如图7.21所示，常规的数字存储示波器信号处理流程是一种串行结构。被观测信号经过输入通道调理进入ADC进行数字化，形成的数据在触发系统的控制下送入采集存储器，采集存储器存满以后这些波形数据被送到由嵌入式处理器、FPGA构成的显示处理单元，根据需要对这些数据进行处理、分析、测量，最后将波形和分析结果显示在显示器上。在这个过程中，信号调理、触发和ADC采样几乎都是实时的，而数据存满采集存储器、显示处理单元对这些数据的处理分析、测量和最终的显示，则对整机实时性带来很大的影响，其耗费时间主要包括以下三点。

① 采样波形数据存储时间。在当前数字时基速率下的采样速率驱动下，波形样点数据被不断地存入采集存储器中。由于样点数据的存储通常遵循"先进先出"的原则，不管波形需不需要被处理与显示，最新的样点数据都不断地被存入采集存储器，同时将最早的样点数据挤出、丢弃。在触发时刻到来时，存储器里的样点数据被取出、处理与显示，同时样点数据的存入操作继续有序进行。这种操作流程使得采样波形数据存储对整机实时性的影响很小。

② 波形数据处理时间。波形数据处理时间与产品的数据处理方案及处理任务有关，它对整机实时性影响最大。由高速处理器CPU控制、采用FPGA逻辑阵列的纯硬件处理方案，在处理任务比较单一的情况下，好的设计方案的4 KB数据只需花费数十微秒至数百微秒的时间，而经CPU软件进行处理的方案则要花费数百微秒至数毫秒的时间。

③ 图像显示时间。图像显示时间是指将按时序采集到的波形数据，按照触发设置的幅度和时间位置转换成波形图像像素点，在显示器上整幅地显示出来所需的时间。通常采用FPGA逻辑芯片的硬件送显方案，FPGA在CPU的管理和高速时序的驱动下，采用类似数字电视逐行扫描的方式将待显像素一段段按字节串行地读出、送显，其送显一屏波形图像一般需要数十微秒至数百微秒的时间。

在目前主流数字存储示波器采样率都达到数GS/s的情况下，显示处理单元中的嵌入式处理器、FPGA对这些高速数据流的处理、送显能力就成了瓶颈，所以其处理、显示方式只能采用分段处理再显示，然后再重复的模式。因此在其进行处理、显示的这一段时间内，输入波形将不被监视，这一段时间就是所谓的"死区时间"。也就是说，数字存储示波器对输入波形的捕获、处理与显示在时间轴上是不连续的，处理/显示与"死区时间"交替出现，在死区时间内发生的事件是不会显示在屏幕上的。模拟示波器同样也存在着"死区时间"，即电子束回扫时间，只是其"死区时间"比数字示波器小很多。

由此诞生了示波器的波形捕获率这一指标。波形捕获率又称波形刷新率，是指示波器单位时间内捕获、显示波形的次数，单位为"次/秒"或"帧/秒（wfm/s）"。模拟示波器的波形捕获率可达每秒几十万次，而普通数字示波器波形捕获率仅每秒几百至上千次。显然，提高波形捕获速率将有效提高捕获毛刺等随机突发信号的概率，同时还可利用人眼的视觉暂留特性在人眼中得到由多屏波形"叠加"在一起形成的波形图，更进一步增加观察到毛刺等随机突发信号的概率。

假设示波器的最大波形捕获率为 40 万次/s，每次捕获的波形长度为 1 μs，那么此时示波器的死区时间为 $1-400\,000\times1\times10^{-6}=0.6$ s，即死区时间占了 60%。但如果波形捕获率为 4 万次/s，那么死区时间为 96%，如果波形捕获率为 4000 次/秒，死区时间为 99.6%。由此可以看出，波形捕获率越大，死区时间越小。

几乎所有的数字存储示波器厂商都试图解决这一问题，但只有用并行结构替代串行结构，彻底解决高速处理、送显这一瓶颈，才能从根本上解决问题。泰克公司基于并行结构的数字荧光示波器（DPO）是这一解决方案的典型代表，国产示波器厂商鼎阳科技的 SPO 技术也是类似的解决方案。

数字荧光示波器（DPO）是一台能将电信号波形进行数字化，并且以三维数据（信号的幅度、时间以及幅度相对于时间的分布）实时地储存、分析、显示的仪器，其结构简图如图 7.25 所示。数字荧光示波器的核心部件是由专用集成电路（ASIC）构成的 DPX 波形成像处理器。与 DSO 一样，输入信号首先经输入通道调理和高速 A/D 变换后得到信号波形的采样值，然后采样值经过 DPX 波形成像处理器的处理后形成一幅包含波形三维信息（幅度、时间、出现频度）的完整波形图。在不中断捕获过程的情况下，DPX 成像处理器在微处理器的控制下，以高波形刷新率直接向显示屏上并行输出此波形图。与此同时，微处理器以并行方式执行自动测量及运算功能。

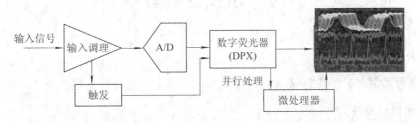

图 7.25　数字荧光示波器（DPO）结构简图

由于 DPO 的数据采集和显示体系分别经纯硬件独立运行，使得示波器能够在处理显示所需数据的同时保持最高波形捕获速率，这意味着示波器能不间断地捕捉波形的所有细节。

在显示上，DPO 具有按色彩深浅划分达 256 个层次的显示能力。与 DSO 不同的是，一个新的显示周期（一幅波形图）并不将上一显示周期的内容刷新掉，而是进行叠加显示。叠加的结果是屏上某个点出现的频度越高，其亮度就越高，偶尔出现的点则显示亮度较低。这样使得其获得了和模拟示波器相当的波形捕获率，拥有比模拟示波器更强大、更直观的三维波形显示能力。

由此，DPO 示波器中有了波形强度的概念。波形强度又称波形密度分布等级，在数字荧光示波器中用于表征波形事件出现的频度，通常用灰度或色彩的等级表示不同波形（或异常信号)出现的频繁程度。该指标是区别于 DSO 的关键指标,DSO 只能提供波形幅度与时间之间的关系显示,而 DPO 却能为波形的幅度、时间与频度之间提供一个三维的观测空间,故有人将数字荧光示波器称为三维数字示波器。

DPO 数字荧光示波器的并行结构从根本上解决了 DSO 数字存储示波器波形捕获率低、死区占比率高、波形漏失严重的缺陷。在测试项目、测试速度以及测试精度上都全面领先于数字存储示波器。总结起来,其主要特点包括以下四点。

(1) 集模拟示波器与数字示波器优点于一身。DPO 不仅具有 ART 示波器的实时明暗度无混叠显示能力,而且具有 DSO 的波形存储、高级触发、自动测量等功能。

(2) 具有超高波形捕获速率。许多 DPO 的波形捕获速率已高达每秒几十万乃至上百万次(是普通 DSO 的上千倍)。这种超高波形捕获速率结合高达数 GHz 的采样率,以及高超的显示能力,使 DPO 具有能够分析信号任何细节的性能。以前 DSO 需要花数十分钟,甚至数小时才能捕获到的毛刺、随机小概率事件引起的系统故障,DPO 在几秒钟内就能被观察到。

(3) 超强的动态波形三维显示能力。DPO 能以不同的灰度或色彩叠加显示信号的多幅图像,实时、直观地呈现复杂动态信号的三维信息(幅度、时间、出现频度),使得 DPO 可以方便地观测到海量信号数据段中感兴趣的信息,可进行更为详细的视窗扩展观察。

(4) 持续的超高速采样。DPO 工作时在保持最大速率连续采样的情况下,利用深度三维数据库保存过往波形图并进行叠加显示,可以观察长时间内信号的细微变化情况。

基于以上特点,DPO 在应对 USB/HDMI 等高速串行数据通信信号、光盘等读出信号、无线通信中复杂数字调制信号等动态复杂信号的观测中具有其他示波器难以企达的优势,成为这些应用领域的首选。

7.7 示波器的应用

7.7.1 示波器的选用

示波器种类繁多,要获得满意的测量结果,应该合理选择和正确使用。

1. 示波器的选择

我们应根据测量任务来选择示波器,具体通过被测信号的特性和示波器的性能来选择合适的示波器。

1) 根据被测信号的特性来选择

(1) 定性观察频率不高的一般周期性信号,可选用普通示波器或简易示波器。

(2) 观察非周期信号、宽度很小的脉冲信号,应选用具有触发扫描或单次扫描的宽带示波器。

(3) 观察快速变化的非周期性信号,应选用高速示波器。

(4) 观察频率很高的周期性信号,可以选用取样示波器。

(5) 观察低频缓慢变化的信号,可选用长余辉、慢扫描示波器或数字荧光示波器。

(6) 需要对两个信号进行比较时,应选用双踪示波器;需要对两个以上信号进行比较时,则选用多踪示波器或多束示波器。

（7）若被测信号为一次性过程或复杂波形，需将被测信号存储起来，以便进一步分析、研究，可选用存储示波器。

（8）当希望既能观测模拟或脉冲信号波形，又能分析数字逻辑或总线信号时，可选用混合示波器（MSO）。

2）根据示波器的性能来选择

（1）频带宽度和上升时间。一般要求示波器的频带宽度 $BW \geqslant 3f_{\max}$（$f_{\max}$ 为被测信号的最高频率）；示波器的上升时间 $t_r \leqslant t_{ry}$（t_{ry} 为被测信号的上升时间）。

如果示波器的频带宽度不够，则输入信号中的高频分量将被极大地衰减。如将一个 50 MHz 的方波加至一个频宽为 150 MHz 的数字示波器上，将得到如图 7.26(a) 所示的波形；若加至一个频宽为 500 MHz 的数字示波器上，得到的波形将如图 7.26(b) 所示。

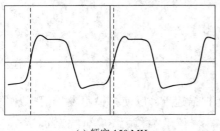

(a) 频宽 150 MHz   (b) 频宽 500 MHz

图 7.26 50 MHz 方波在不同频宽示波器上显示的波形

（2）垂直偏转灵敏度。如需观测微弱信号，应选择具有较高垂直偏转灵敏度（即 V/div 值较小）的示波器；反之，应选择 V/div 值较大的示波器。

（3）输入阻抗。尽量选用高输入阻抗（即输入电阻大而输入电容小）的示波器。这对观测一些负载能力较弱的电路的波形十分重要，否则会造成观测波形与实际情况不符。例如，对于高频振荡器，低阻抗示波器探头的接入很可能造成其停振。

（4）扫描速度。被测信号频率越高，所需示波器扫描速度越高，反之，扫描速度越低。

对于数字存储示波器，还要从采样速率、存储深度、触发能力、对突发脉冲的捕获能力、数据的分析处理能力、数据通信接口等方面进行考虑。

2. 示波器的使用要点

示波器在使用时应注意以下几点：

（1）选择合适的电源，并注意机壳接地。使用前要预热几分钟再调整各旋钮。注意，各旋钮不要马上旋到极限位置，应先大致旋在中间位置，以便找到被测信号波形。

（2）经过探极衰减后的输入信号切不可超过示波器允许的输入电压范围，并应注意防止触电。

（3）根据需要，选择合适的输入耦合方式。

（4）对模拟示波器辉度要选择适中，不宜过亮，且光点不能长时间停留在同一点上，特别是暂时不观测波形时，更应该将辉度调暗，以免缩短示波管的使用寿命。尽量避免在阳光直射或明亮环境下使用示波器。

（5）聚焦要合适，不宜太散或过细。

（6）对于模拟示波器测量前要注意调节"轴线校正（TRACE ROTATION）"旋钮，使显示屏刻度轴线与显示波形的轴线平行。

(7) 尽量在显示屏有效尺寸内进行测量。对于模拟示波器进行定量测量时一定要先校准("垂直偏转灵敏度(V/div)细调""时基因数(t/div)细调"旋钮务必置于"校准(CAL)"位置),并注意读数时的探极衰减倍数。

(8) 探极要与示波器配套使用,不能互换,且使用前要校准。校准方法是,将标准信号源(或示波器自身)产生的标准方波信号通过探极加到示波器,适当调整探极内补偿电容直到正确补偿为止(得到如图 7.11(a)所示的波形)。另外,探极衰减系数为 10∶1 或 100∶1 时,被测信号电压为测量值的 10 倍或 100 倍。

(9) 波形不稳定时,通常按"触发源""触发耦合方式""触发方式""扫描速度""触发电平"的顺序进行选择调节。

7.7.2 示波器测量应用

1. 直流电压的测量

直流电压的测量步骤如下:

(1) 置"扫描方式"开关于"AUTO"位置,选择扫描速度,以使扫描不发生闪烁现象。

(2) 视所测电压的大小,置"V/div"到适当位置,将"微调"旋至"CAL"位置。

(3) 置"交流-地-直流"开关于"GND"位置。此时的扫描垂直位置即为零伏基准线。调节垂直"位移"旋钮,使该扫描线准确地落在水平刻度线上,以便读取信号电压,如图 7.27 (a)所示。

(4) 将被测电压加至输入端后,将"交流-地-直流"开关置于"DC"位置,此时所显示的直线位置即为所测电压值,如图 7.27(b)所示。若直线位于零伏基准线之上,则所测电压为正;若直线位于零伏基准线之下,则所测电压为负。

(5) 若所测电压超出显示范围,应增大"V/div";若所测电压数值过小,应减小"V/div"后重新测量。

(6) 在图 7.27(b)中,"V/div"旋钮的挡位值为 1 V/div,被测直流电压波形与零伏基准线之间为 2.8 个格,由此可算出直流电压为 2.8 V。

注意,读数时还应考虑探极的衰减倍数(如 1∶1 或 10∶1)。

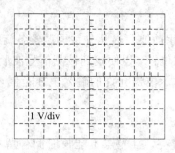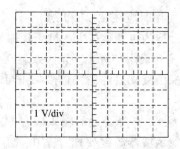

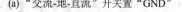

(a) "交流-地-直流"开关置"GND"　　(b) "交流-地-直流"开关置"DC"

图 7.27　直流电压的测量

2. 交流电压的测量

交流电压的测量步骤如下：

(1) 置"交流-地-直流"开关于"GND"位置。调节垂直"位移"旋钮，使该扫描线准确地落在水平刻度线上。

(2) 视被测电压的大小，置"V/div"到适当位置，将"微调"旋至"CAL"位置。

(3) 将被测电压加至输入端后，将"交流-地-直流"开关置于"AC"位置，此时所显示的波形即为所测交流电压，如图7.28所示。

(4) 在图7.28中，"V/div"旋钮的挡位值为50 mV/div，波形的峰值与谷值之间为3.6个格，由此可算出所测交流电压的峰-峰值为180 mV。

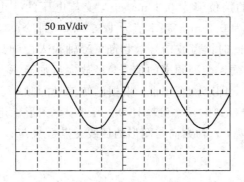

图 7.28　交流电压的测量

当 Y 轴偏转灵敏度不确定时，可以采用比较测量法测量交流电压。具体方法是首先调出合适的波形，并记录下相应的峰-峰点高度 H，单位为"cm"或"div"，然后保持 Y 轴偏转灵敏度及其微调旋钮不变，加入大小(设峰-峰值为 U'_{P-P}，单位为 V)已知的标准信号，记录下标准信号显示波形的峰-峰高度 H'，则被测信号的峰-峰电压为

$$U_{P-P} = \frac{U'_{P-P}}{H'}H \qquad (7-8)$$

利用示波器只能测量交流电压的峰-峰值，对于有效值可通过下式得到：

$$U = \frac{U_{P-P}}{2K_P} \qquad (7-9)$$

式中，K_P 为被测信号的波峰因数。对于正弦波，K_P 为 $\sqrt{2}$；对于三角波，K_P 为 $\sqrt{3}$。

3. 时间、周期与频率的测量

1) 周期的测量

用示波器测量时间与用示波器测量电压的原理相同，只不过测量时间所关注的是 X 轴系统。

将"扫描微调"旋钮置于"校准(CAL)"位置，选用合适的 Y 轴输入耦合方式，调节"V/div""t/div"等相关旋钮，使屏上显示波形的幅度合适、宽度适宜，记录下"时基因数(t/div)"挡位数值(设为 D_x，单位为"s/cm"或"s/div")，以及交流信号一个周期在 X 轴上所占的距离 x，则所测信号的周期为

$$T = xD_x \qquad (7-10)$$

如果使用了×10扩展，则结果还应乘以10。为了减小测量误差，测量周期时，可采用

多个周期测量求平均的方法。

2）时间间隔的测量

时间间隔的测量与周期的测量方法完全相同，只不过 x 为波形某两点（根据被测量的定义来确定具体的两个点）之间的水平距离。基于此方法，利用双踪示波器可测出两输入信号间的时间差。

3）频率的测量

用示波器测量信号频率的方法基本上可分为两大类。一种是利用扫描工作方式（即测周期法）；另一种是用示波器的 X-Y 工作方式（即李沙育图形法），下面分别加以介绍。

（1）测周期法。通过前述方法测出周期，计算其倒数就得到被测信号的频率。如图7.28 所示，"t/div"旋钮的挡位值为 0.1 ms/div，交流电压的一个周期在水平方向共有 5格，由此可得出，其周期为 0.5 ms，频率值为 1/0.5 ms，即 2000 Hz。

（2）李沙育图形法。此时锯齿波信号被切断，X 轴输入已知标准频率的信号，经放大后加至水平偏转板。Y 轴输入待测频率的信号，经放大后加至垂直偏转板，荧光屏上呈现的是 u_x 和 u_y 的合成图形，即李沙育图形。根据已知信号的频率（或相位），从李沙育图形的形状可以判定被测信号（u_y）的频率（或相位）。当李沙育图形稳定后，设荧光屏 X 轴方向与图形的切线交点数为 N_x，Y 轴方向与图形的切线交点数为 N_y，则已知频率 f_x 与待测频率 f_y 有如下关系：

$$\frac{f_x}{f_y} = \frac{N_x}{N_y} \tag{7-11}$$

即

$$f_y = f_x \cdot \frac{N_y}{N_x} \tag{7-12}$$

测量时，将已知的且频率可调的标准频率信号 f_x 加到 X 通道，被测信号加到 Y 通道，在示波器的屏幕上引一条水平线和一条垂直线与李沙育图形相交，即可得到 X、Y 方向上的交点数，调节 f_x，参照图 7.29 所示的李沙育图形及式（7-12）即可测出被测信号的频率。

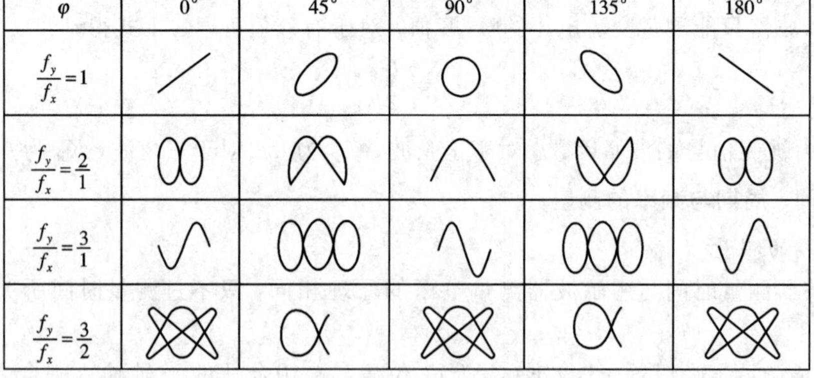

φ	0°	45°	90°	135°	180°
$\dfrac{f_y}{f_x}=1$					
$\dfrac{f_y}{f_x}=\dfrac{2}{1}$					
$\dfrac{f_y}{f_x}=\dfrac{3}{1}$					
$\dfrac{f_y}{f_x}=\dfrac{3}{2}$					

图 7.29 几种常用的李沙育图形

由于这种方法采用的是测量频率比，因而它的测量准确度取决于标准信号发生器的频率准确度和稳定度。这种方法适用于被测信号频率和标准频率十分稳定的低频信号，而且一般要求两频率比最大不超过 10，否则图形过于复杂而难以测量。

4. 相位的测量

同用示波器测量频率一样，用示波器测同频率的两个信号之间的相位差也有两种方法。

1) 双踪示波器测时间间隔法

利用双踪示波器按前述的方法测出两路信号的周期 T 和其时间间隔 Δt，利用下式即可求出其相位差：

$$\Delta\varphi = \frac{\Delta t}{T} \times 360° \qquad (7-13)$$

在图 7.30 中，u_1 与 u_2 的一个周期在水平方向上占 5 格，u_1 与 u_2 之间的相位差为 1.65 格，由此可得，u_2 超前 u_1 为 $1.65/5 \times 2\pi \approx 2\pi/3$，即 u_2 超前 u_1 的相位角为 $120°$。

图 7.30　u_1 与 u_2 的相位差测量

2) 李沙育图形法

测量原理同李沙育图形测频法。测量时，u_1 接示波器 X 轴输入，u_2 接 Y 轴输入，u_1 与 u_2 相位不同，荧光屏上就会出现不同的图形。在图 7.31 中，u_1 比 u_2 滞后 φ 角，李沙育图形为一斜椭圆，其中，a 表示 t_1（u_2 过零）时刻 u_1 的幅值，b 表示在 t_2 时刻 u_1 的峰值，则

$$a = b \sin\varphi \qquad (7-14)$$

可求得

$$\varphi = \arcsin\left(\frac{a}{b}\right) \qquad (7-15)$$

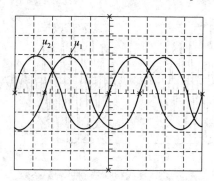

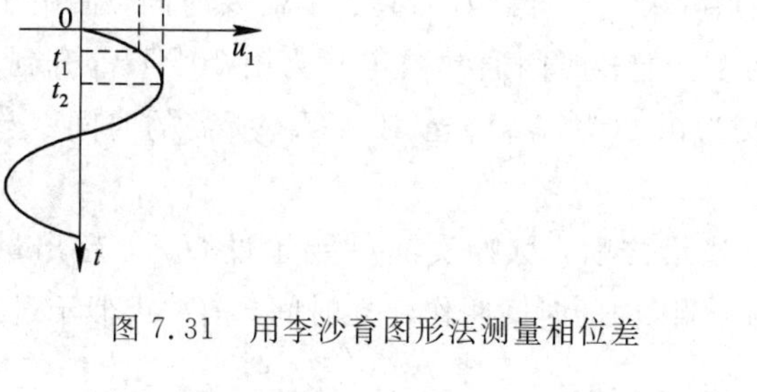

图 7.31　用李沙育图形法测量相位差

5. 调幅系数的测量

示波器还可以用来测量调频系数和调幅系数，在此仅讨论调幅系数的测量。

调幅系数的测量方法有直线扫描法、梯形法和椭圆法等三种。下面仅简要介绍前两种。

1）直线扫描法

直线扫描法测量调幅系数时，将被测信号加到示波器 Y 轴输入端，调整示波器有关的开关旋钮，得到如图 7.32 所示的调幅波波形，测出 A、B 的长度，则调幅系数：

$$m_{a} = \frac{A-B}{A+B} \times 100\% \qquad (7-16)$$

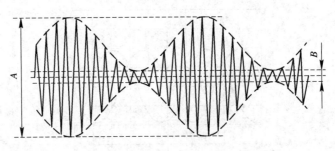

图 7.32　直线扫描法测量调幅系数

2）梯形图法

梯形图法测量调幅系数时，示波器工作于 $X-Y$ 方式，将调幅波、调制信号分别加至示波器 X、Y 轴输入端，在荧光屏上显示出图 7.33 所示的梯形图，测出 A、B 的长度，利用式(7-16)计算即可。

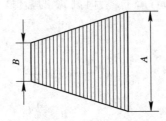

图 7.33　梯形法测量调幅系数

6. 脉冲测量

在脉冲和数字电路中，实际的脉冲(或方波)可能存在各种不完美的情况，如图 7.34 所示。理论上脉冲应是矩形，从 0 V 升到 $U_{0\text{-}P}$ 应当不需要时间，但由于电路不能无限快地响应，因而上升时间不为零。上升时间通常被定义为由 $10\% U_{0\text{-}P}$ 升到 $90\% U_{0\text{-}P}$ 所需的时间，而下降时间通常被定义为由 $90\% U_{0\text{-}P}$ 降至 $10\% U_{0\text{-}P}$ 所需的时间。上升和下降时间也许相等，也许不相等。

在到达脉冲的上升边沿之后，脉冲实际可能超过 $U_{0\text{-}P}$，超出量叫作过冲；波形到达 $U_{0\text{-}P}$ 的百分之几(常为 1%)以内的时间叫作建立时间。前冲类似于过冲，只是它出现在脉冲边沿之前。

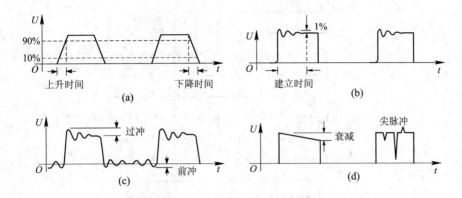

图 7.34　脉冲的不完美情况

脉冲顶端并不完全平坦,有些倾斜,脉冲顶端的倾斜量叫作衰减(或 SAG)。波形中的电压陡变叫作尖脉冲,这在数字电路中尤为普遍。尖脉冲大到足以使数字信号进入未明确规定的区域,严重时甚至使逻辑状态发生变化,破坏电路正常工作。

利用示波器可观察、测量脉冲的上升/下降时间、过冲/前冲大小等。测量脉冲的上升/下降时间的方法与测量时间间隔相同,测量脉冲的过冲/前冲大小则可采用测量电压的方法进行,需注意的是测量所用的示波器的带宽和上升时间必须足够,以免影响测量脉冲。

7. 频率响应的测量

利用示波器与信号发生器配合可以测量电路的频率响应。一种方法是利用示波器测量交流信号电压的方法逐点测出被测电路在不同频率点上的响应电压大小,然后据此绘出被测电路的频率响应曲线。这就是点频测量法,它虽然是有效的,但由于测量频点不可能很多,因而测量结果的细节不会很好,特别是有可能正好漏掉某些关键的转折点,并且测量时间较长,不利于自动测量。另一种方法是利用示波器测量频率响应的方法,即扫频法。如图 7.35 所示,示波器以 X-Y 方式工作,扫频信号发生器输出的扫频正弦波连接到被测电路的输入端,被测电路的输出端被接到示波器的垂直通道。扫频信号发生器的扫描电压驱动示波器的水平轴,当扫频信号发生器进行频率扫描时,该扫频信号发生器的扫描电压与频率成比例地迅速上升,示波器即显示被测电路的输出。用这种方法可将电路的全部频率响应迅速地显示在示波器上,如图 7.36 所示。

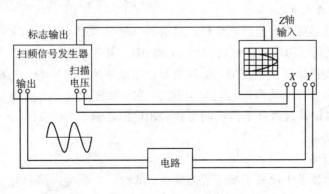

图 7.35　示波器扫频法测频率响应

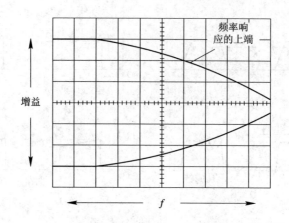

图 7.36　示波器扫频法显示的频率响应

这一方法有赖于在接负载的情况下扫频信号发生器的输出电压在不同频率上应保持恒定，否则将导致测量误差。

示波器显示的是 U_{out}，而不是增益（U_{out}/U_{in}）。如果 U_{in} 被设置为一方便的数值（例如 1 V），那么显示就可直接视为增益，否则还需稍加换算来将显示的 U_{out} 转换为实际的增益。

扫频信号发生器不可扫描太快，这是因为被测电路需要时间来响应。当电路中增益随频率陡峭变化时，这一点尤为重要。根据所需频率轴的形式，扫频信号发生器以线性、或对数方式进行扫描。当然，示波器的垂直轴总是线性的。

有时需要在频率响应曲线频率轴上精确地设置某一特定点，这可利用许多扫频信号发生器提供的频标输出标志脉冲。当频标出现在扫频信号发生器输出端时，输出该标志脉冲。这个标志脉冲可接到示波器的 Z 轴输入，使得在精确标志的频率上，示波器上的辉度发生变化。辉度怎样变化（更明亮或是更暗淡），将取决于标志信号的极性和 Z 轴输出的极性。

8. 数字存储示波器的应用

与模拟示波器相比，数字存储示波器的主要特点是具有良好的信号存储和数据处理能力。因此，使用数字存储示波器进行测量不仅比较方便，而且有许多测量功能是模拟示波器不具备的，例如捕捉尖峰干扰信号，测量被测信号的平均值、频谱，测量和处理高速数字系统的暂态信号等。

1）Δt 和 ΔU 的测量

数字存储示波器可测量信号波形任一局部的时间和电压，即 Δt 和 ΔU。

如前所述，利用通用示波器也可测量 Δt 和 ΔU。但是，通用示波器是通过荧光屏的垂直和水平坐标刻度读取测量数据的，这种测量方法既麻烦又欠准确，一般测量精度只能达到 1%～3%。数字存储示波器则与之完全不同，它可在测量屏幕上对信号要测量的部位加上游标，随即便可记录这两个采样点的位置和相应的数据，并计算出 Δt 和 ΔU，最后以数字自动表示测量结果。

2）捕捉尖峰干扰

在数字存储示波器中设置了峰值检测模式。虽然一个采样区间对应很多采样时钟，但峰值检测模式在一个采样区间内只检测出其中的最大值和最小值作为有效采样点，这样一来，无论尖峰位于何处，宽范围、高速的采样保证了尖峰总能被数字化，而且尖峰上的采样点必然是本区间的最大值或最小值，其中正尖峰对应最大值，负尖峰对应最小值。这样，尖峰脉冲就能可靠地检测、存储并显示。峰值检测模式非常适合在较大时基设定范围内捕捉重复的尖峰干扰或单脉冲干扰。

3）对机电信号进行测试

数字存储示波器只要配上适当的传感器，就能测量振动、加速度、角度、位移、功率以及压力等机电参数。

很多数字存储示波器本身就有一套完整的数据处理系统，无须外接计算机就能处理采集的数据。如许多数字存储示波器可利用乘法和加法将传感器输出的电压标定为工程单位；许多数字存储示波器具有微分和积分等数学功能，微分功能在振动测试中可计算加速度和减速度，积分功能可以用于测量总流量，也可计算面积或功率等，FFT运算功能则可显示被测信号所包含的频谱分量等。

思 考 题 7

1. 示波管主要由哪几部分组成？各部分的作用是什么？

2. 如果被测正弦信号的周期为 T，扫描锯齿波的正程时间为 $T/2$，回程时间可以忽略，被测信号加在 Y 输入端，扫描信号加在 X 输入端，试用作图法说明信号的显示过程。

3. 试比较触发扫描和连续扫描的特点。

4. 通用示波器主要由哪几部分组成？各部分的作用是什么？

5. 对示波器探极有什么要求？为什么要进行探极校准？如何进行校准？

6. 示波器触发方式有哪些？各自的作用分别是什么？

7. 内触发信号可以在延迟线后引出吗？为什么？

8. 试说明触发电平和触发极性调节的意义。

9. 在通用示波器中调节下列开关、旋钮的作用是什么？

（1）辉度；（2）聚焦和辅助聚焦；（3）X 轴位移；（4）触发方式；（5）Y 轴位移；（6）触发电平；（7）触发极性；（8）偏转灵敏度粗调（V/div）；（9）偏转灵敏度细调；（10）时基因数粗调（t/div）；（11）时基因数微调。

10. 示波器观测正弦波时得到如图 7.37 所示的波形，已知信号连接正确、示波器工作正常，试分析产生如下波形的原因，并说明如何调节有关的开关旋钮，才能正常地显示波形。

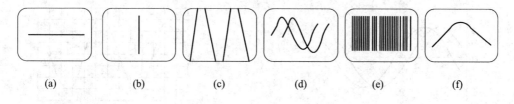

(a)　　　(b)　　　(c)　　　(d)　　　(e)　　　(f)

图 7.37　题 10 波形图

11. 一示波器荧光屏的水平长度为 10 cm，要求显示 10 MHz 的正弦信号两个周期，示波器的扫描速度应为多少？

12. 双踪显示方式有哪几种？交替显示和断续显示各适用于测试哪种信号？为什么？

13. 通用示波器可以测量哪些参数？示波器测量电压和频率时产生误差的主要原因是什么？

14. 什么是实时取样？什么是非实时取样？采用非实时取样示波器能否观察非周期性重复信号？能否观察单次信号？为什么？

15. 数字存储示波器与模拟示波器相比有何特点？

16. 有一正弦信号，使用垂直偏转灵敏度为 10 mV/div 的示波器进行测量，测量时信号经过 10∶1 的衰减探头加到示波器，测得荧光屏上波形的高度为 7.07 div，该信号的峰值、有效值各为多少？

17. 根据李沙育图形法测量相位的原理，试用作图法画出相位差为 0° 和 180° 时的图形，并说明图形为什么是一条直线。

18. 已知示波器最大时基因数为 0.5 s/div，荧光屏水平方向有效尺寸为 10 div，如果要观察两个周期的波形，示波器的最低工作频率是多少？（不考虑扫描逆程、扫描等待时间）

19. 一方波波形显示如图 7.38 所示，试判断示波器触发电平和触发极性各是怎样的。

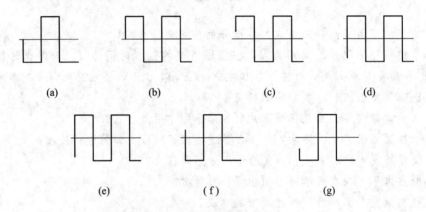

图 7.38　题 19 波形图

20. 用双踪示波器测量相位差，显示波形如图 7.39 所示，测得 $AB=1$ cm，$AC=10$ cm，试求两个波形的相位差。

21. 已知示波器时基因数为 0.1 ms/div，偏转灵敏度为 0.2 V/div，探极衰减系数为 10∶1，显示波形如图 7.40 所示，试求被测正弦波的有效值、周期和频率。

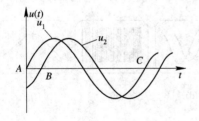

图 7.39　题 20 波形图

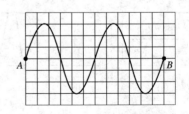

图 7.40　题 21 波形图

22. 已知被测脉冲上升时间约为 6 μs，所选用示波器的频带宽度应至少为多少？（忽略示波器上升时间对测量结果产生的影响）

23. 如何用示波器扫频法测量电路的频率响应？

第 8 章　频域测量技术

在电子测量中，往往需要分析复杂信号所包含的各个频率分量的构成情况，或者考察特定网络在不同频率正弦激励信号作用下所产生的响应特性，这就是频域测量的主要内容。本章首先简要介绍了频域测量的内容和基本方法，包括频率特性、频谱分析和谐波失真，然后对常用扫频仪、频谱分析仪的电路构成和工作原理进行了分析，并介绍了其主要应用和测量方法。

8.1　频域测量的原理与分类

8.1.1　频域测量的原理

对于一个过程或信号，它具有时间—频率—幅度的三维特性，如图 8.1 所示。它既可表示为时间 t 的函数，又可以表示为频率或角频率的函数；既可以在时域对它进行分析，也可以在频域进行分析，以获得其不同的变化特性。

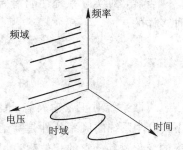

时域分析是研究信号的瞬时幅度 u 与时间 t 的变化关系，如信号通过电路后幅度的放大、衰减或畸变等。通过时域测量可测定电路是否工作在线性区、电路的增益是否符合要求、时间响应特性等。例如，实际工作中常用的示波器就是典型的时域分析仪器，我们常用它来观测信号电压随时间的变化，但用它却无法获得信号中包含哪些频率

图 8.1　信号的三维特性

成分、它们之间的相对幅度如何等信息，也无法得到信号通过某个系统后是否产生了非线性失真、失真的大小等信息，这些都必须借助于频域分析来完成。

频域分析则是研究信号中各频率分量的幅值 A 与频率 f 的关系，包括线性系统频率特性的测量和信号的频谱分析。频率特性测量和频谱分析都是以频率为自变量，以频率分量的信号值为因变量进行分析的，通常由频率特性测试仪(扫频仪)来完成。其中，频率特性测试仪利用扫频测量法，可直接在显示屏上显示被测电路的频率响应特性；频谱分析仪则是对信号本身进行分析和对线性系统非线性失真系数进行测量，从而可以确定信号所含的频率成分，了解信号的频谱占用情况，以及线性系统的非线性失真特性。

时域和频域两种分析方法都能表示同一信号的特性，它们之间必然是可以互相转换的。时域与频域间的关系可以用傅里叶级数和傅里叶变换来表征，因而在测得了一个信号的时域表征后，通过傅里叶变换，可以求得其相应的频域表征；反之亦然。

时域分析与频域分析虽然可以用来反映同一信号的特性，但是它们分析的角度是不同

的，针对不同的实际情况，时域分析和频域分析各有其具体适用的场合，两者是相辅相成、互为补充的。某些测量(如测量脉冲的上升和下降时间，测量过冲和振铃等)都需要用时域测量技术，而且只能在时域里进行测量。频域分析法则多用于测量各种信号的电平、频率响应、频谱纯度及谐波失真等。

8.1.2　频域测量的分类

根据实际应用的需求，频域分析和测量的对象和目的也各不相同，通常有以下几种：

(1) 频率特性测量：主要对网络的频率特性进行测量，包括幅频特性、相频特性、带宽及回路 Q 值等。

(2) 选频测量：利用选频电压表，通过调谐滤波的方法，选出并测量信号中某些频率分量的大小。

(3) 频谱分析：用频谱分析仪分析信号中所含的各个频率分量的幅值、功率、能量和相位关系，以及振荡信号源的相位噪声特性、空间电磁干扰等。

(4) 调制度分析测量：对各种频带的射频信号进行解调，恢复调制信号，测量其调制度，如调幅波的调幅系数、调频波的频偏、调频指数以及它们的寄生调制参量。

(5) 谐波失真度测量：信号通过非线性器件都会产生新的频率分量，俗称非线性失真。这些新的频率分量包括谐波和互调。谐波失真度测量就是对这些谐波和互调失真的大小进行测量，如音频功率放大器、射频功率放大器的失真等。

当然，对实际系统性能指标的测量可能包括以上多种测量，其涉及的仪表也可能是多种多样的。

8.2　线性系统频率特性测量

线性系统对正弦输入信号的稳态响应称为系统的频率响应，也称频率特性。通常情况下，线性系统的频率特性是复函数，它的绝对值称为幅频特性，表示频率特性的幅度随频率的变化规律；它的相位称为相频特性，表示系统产生的相移随频率的变化规律。线性系统频率特性的测量包括幅频特性和相频特性的测量。

8.2.1　基本测量方法

要测量线性网络的幅频特性或相频特性，必须给被测网络施加激励信号。频率特性的基本测量方法取决于加到被测系统的激励信号，激励信号的不同，决定了频率特性测量方法的不同。经典的测量方法是静态的正弦波点频测量法，继而是动态的正弦波扫频测量法，进而是采用伪随机信号作激励信号的广谱快速测量法，20世纪70年代后期又提出了以具有素数关系的多正弦波序列作激励信号的多频快速测量法。

1. 点频测量法

点频测量法属于静态测量法。它是在保证加至被测网络输入端的正弦信号幅值不变的情况下，逐点改变输入信号的频率，测量被测网络输出端的输出电压值，计算不同频率点对应的放大倍数，再绘制出被测网络的幅频特性曲线。

信号发生器与被测电路之间应注意阻抗匹配。当被测电路的输入阻抗很高时，应外接适当的电阻，使之与该输入阻抗并联后，总阻抗等于信号发生器的输出阻抗。

点频测量法方法简单，但由于测试频率点是不连续的，测试过程中有可能漏掉特性曲线中的个别突变点。且实际信号包含的频率分量很多，有的信号频谱甚至是连续变化的，而静态法不能反映信号的这种变化，因而其准确度就有偏差，测量速度也较慢。动态测量法则能较好地反映被测网络的实际特性，图 8.2 中的曲线 2 就是使用动态测量法所获得的曲线。这时，曲线略有右移，最大值也略有降低。

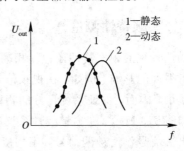

图 8.2　静、动态测量曲线

2. 扫频测量法

所谓扫频，就是利用某种方法，使激励正弦信号的频率随时间变化按一定规律在一定范围内反复扫动。这种频率扫动的正弦信号称为扫频信号。

扫频测量法就是将等幅扫频信号加至被测电路输入端，然后用显示器来显示信号通过被测电路后振幅的变化。由于扫频信号的频率是连续变化的，因此在屏幕上可直接显示出被测电路的幅频特性。

扫频测量法是一种动态测量法，它使我们可以测量被测器件或系统的动态特性。与点频测量法相比，扫频测量法具有以下优点：

（1）可实现网络频率特性的自动或半自动测量，特别是在进行电路测试时，人们可以一面调节电路中的有关元件，一面观察荧光屏上频率特性曲线的变化，随时判明元件变化对幅频特性产生的影响，并迅速调整，以查找电路的故障。

（2）由于扫频信号的频率是连续变化的，因此，所得到的被测网络的频率特性曲线也是连续的，不会出现由于点频法中频率点离散而遗漏细节的问题，且能够观察到电路存在的各种冲激变化（如脉冲干扰等），更符合被测电路的应用特性。

（3）扫频测量法操作简单、速度快，可实现频率特性测量的自动化，已成为一种广泛使用的方法。

3. 多频测量法

多频测量是利用多频信号作为激励信号的一种频域测量技术。所谓多频信号，是指由若干频率离散的正弦波组成的集合。多频测量将这个多频信号作为激励，同时加到被测系统的输入端，并检测被测网络输出信号在这些频率点的频谱，在与输入进行比较之后就可以得到被测网络的频率特性。多频测量无须像点频或扫频测量那样将测量信号的频率按顺序逐点或连续变化，这样就大大提高了测量速度。直接数字频率合成（DDS）技术的发展、微处理机的普及应用和基于快速傅里叶变换（FFT）的多频测量的软件实现，更使频域测量系统的自动化进入了新的发展阶段。

4. 广谱快速测量法

当系统对非线性失真的要求较高时，可采用白噪声作为测量的激励信号。由于白噪声信号可看成是无穷多个不同频率、相位、幅度的正弦波的集合，测量时也就相当于将一系列不同频率、相位、幅度的正弦波同时加到被测电路上，从而给出动态测量的结果。这种方法也称为广谱动态测量法。

8.2.2 相频特性测量

线性系统的频率特性还包括相频特性。在一些实际的应用系统中，相频特性对系统的性能有很大的影响。例如，在视频信号和数字信号的传输中，相位失真将直接影响系统的传输质量，因而，保证系统良好的相频特性也就非常重要。

如图 8.3 所示，在测量线性系统的相频特性时，以被测电路输入端信号作为参考信号，以输出端信号作为被测信号，用相位计测量输出端信号与输入端信号之间的相位差。调节正弦波发生器输出信号的频率，用描点的方法可得到相位差随频率的变化规律，即线性系统的相频特性。

图 8.3　线性系统的相频特性测量

当然，相频特性也可采用扫频测量法和多频测量法进行测量。

8.2.3 扫频仪

频率特性测量最常用的仪器是扫频仪。扫频仪又称频率特性测量仪，是一种根据扫频测量法制成的分析电路频率特性的电子测量仪器。扫频仪能够直接在显示屏上显示放大器、滤波器、鉴频器以及其他有源或无源网络的频率特性，与示波器不同的是，它的横坐标为频率轴，纵坐标为电平值，而且在显示图形上叠加有频率标志，可对电路幅频特性、带宽等进行定量测量。扫频仪大大简化了测量操作，提高了工作效率，达到了快速、直观、准确、方便的目的，在生产、科研、教学上得到了广泛应用，并朝着小型化、宽频带化、数字化、智能化、多用化方向发展。

1. 基本工作原理

扫频仪是将扫频信号源及示波器的 X - Y 显示功能结合为一体，并增加了某些附属电路而构成的一种通用电子仪器，用于测量网络的幅频特性。其原理框图如图 8.4 所示，主要电路包括扫频和频标信号产生、检波放大及显示等几部分。

扫频信号发生器是整个扫频仪的关键，其功能是产生一个频率在较宽范围内随时间按一定规律（线性或对数性）重复、连续变化的等幅、小失真正弦信号，主要包括扫描振荡器、稳幅电路及输出衰减器。它既可以作为独立的测量用信号发生器，也可作为频率特性测试仪、频谱分析仪或网络分析仪的组成部分。对扫频信号发生器的基本要求有以下几点：

（1）中心频率范围大且可以连续调节。不同测试对象对中心频率的要求不同。

（2）扫频宽度要宽且可任意调节，常用频偏进行描述。显然，频偏应能覆盖被测电路的通频带，以便测绘该电路完整的频率特性曲线。

（3）寄生调幅要小。理想的调频波应是等幅波，因为只有在扫频信号幅度保持恒定不变的情况下，被测电路输出信号的包络才能表征该电路的幅频特性曲线。

（4）扫描线性度要好。当扫频信号的频率和调制信号间呈直线关系时，示波管的水平轴则变换成线性的频率轴，这时幅频特性曲线上的频率标尺均匀分布，便于观察。在测试宽带放大器时，若使用对数幅频特性，则要求扫频规律和扫频电压之间是严格的对数关系。

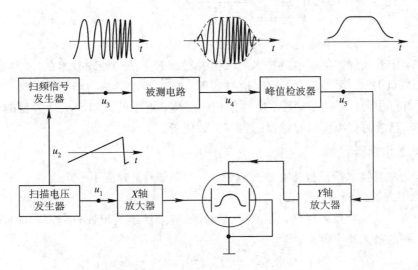

图 8.4　扫频仪的简要原理框图

图 8.4 中，扫频信号发生器的振荡频率受扫描电压 u_2 所调制。通常 u_2 为周期性的锯齿波电压，它与 u_1 的波形相同，同时作用于扫频信号发生器和 X 轴放大器，一方面使扫频信号发生器输出信号 u_3 的瞬时频率随扫描电压线性地由低到高变化，另一方面使屏幕上的光点在水平方向上由左至右匀速移动。这样，光点在水平方向的偏移距离就与扫频信号的频率成正比，也就是屏幕上的 X 轴对应成了频率轴。为保证扫频信号发生器产生的扫频信号具有恒定的幅度，扫频信号发生器还包含了自动增益控制（AGC）稳幅电路。当然，为满足不同被测电路对输入信号幅度的需求，扫频信号发生器的输出一般都接有衰减器。衰减器通常由两组构成：一组为粗调衰减器，每级采用 10 dB 的步进方式；另一组为细调衰减器，每级采用 1 dB 的步进方式。两组总的衰减量在 70 dB 左右。

把在一定范围内扫动的扫频信号 u_3 加到被测电路的输入端，等幅的扫频信号通过被测网络后其输出信号 u_4 的幅值就不再是等幅的了，它将按照被测网络的幅频特性作相应的变化。u_4 经宽带峰值检波器得到其幅度包络 u_5，u_5 的变化规律就是被测网络的幅频特性曲线。u_5 经放大器放大后加至示波管的 Y 轴，这样在屏幕上就绘出了被测电路的实际幅频特性。在显示的幅频特性曲线上，为便于读出各点相应的频率值，往往还要叠加上频率标志。

实现扫频振荡的方法很多，目前广泛采用的是利用变容二极管实现扫频振荡；若要获得较高的扫频频率（几十到几百兆赫兹），可采用磁调电感的扫频方法；若要得到更高的扫频频率（千兆赫兹级），则可采用 YIG（钇铁石榴石）扫频。它们通过改变振荡回路元件（电感或电容）的参数值来改变振荡信号的频率，其扫频宽度和扫描线性受到一定的限制。为保证扫频仪有很宽的工作频率范围，往往将整个工作频段划分成几个分波段，还可以通过混频的方法获得更高的工作频率，如图 8.5 所示。

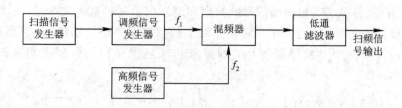

图 8.5 混频法拓展扫频仪至更高的工作频率

近年来，随着大规模集成电路技术的飞速发展和数字信号处理技术的广泛应用，直接数字频率合成（DDS）、微处理器、数字信号处理、LCD 显示已成为新一代扫频仪的主要特征，它们具有更快的扫频测量速度、更高的扫频线性、更小的体积和灵活方便的数据存储与输出接口，已成为传统模拟扫频仪的强有力替代者。

2. 主要技术指标

扫频仪的主要技术指标包括有效扫频带宽、扫频线性、幅度不平坦性等。

1）有效扫频宽度和中心频率

有效扫频宽度也称扫频频偏，是指在扫频线性和幅度不平坦性符合要求的前提下，一次扫频能达到的最大频率范围，即

$$\Delta f = f_{\max} - f_{\min}$$

式中，Δf 为有效扫频宽度；$f_{\max}$、$f_{\min}$ 为一次扫频时能达到的最高和最低瞬时频率。

扫频信号也就是线性调频信号，因而也把 $\Delta f/2$ 称为频偏。

不同的测量任务对扫频宽度的要求不同，如需要分辨精细的频率特性，则希望扫频宽度小一些；如需要测量宽带网络，则希望扫频宽度大一些。有效扫频宽度可通过改变扫描电压的大小来调节。

中心频率定义为

$$f_0 = \frac{f_{\max} + f_{\min}}{2}$$

$\Delta f/f_0$ 称为相对扫频宽度，即

$$\frac{\Delta f}{f_0} = 2 \times \frac{f_{\max} - f_{\min}}{f_{\max} + f_{\min}}$$

通常把 Δf 远小于信号瞬时频率值的扫频信号称为窄带扫频，把 Δf 可以和信号瞬时频率相比拟的扫频信号称为宽带扫频。

2）扫频线性

扫频线性表示扫频信号频率与扫描电压之间线性相关的程度，常用扫频线性系数来表示，定义为

$$k = \frac{(\mathrm{d}f/\mathrm{d}u)_{\max}}{(\mathrm{d}f/\mathrm{d}u)_{\min}}$$

式中，f 为压控振荡器的频率；u 为压控电压。在一定的扫频范围内，k 越接近 1，f-u 曲线越接近于一条直线，说明扫频线性越好。

3）幅度不平坦性

在幅频特性测量中，必须保证扫频信号的幅度保持不变。扫频信号的幅度不平坦性常用它的寄生调幅来表示，定义为

$$m = \frac{A-B}{A+B} \times 100\%$$

式中，A、B 分别表示扫频信号的最大和最小幅度。

除此之外，扫频仪的主要指标还有扫频时间、输出阻抗、输出电平等。

3. 扫频仪的分类

按用途划分，扫频仪可分为通用扫频仪、专用扫频仪、宽带扫频仪、阻抗图示仪、微波综合测量仪等；按频率划分，扫频仪可分为低频扫频仪、高频扫频仪、电视扫频仪等。

4. 扫频仪的应用

扫频仪的应用范围十分广泛，在无线电通信、广播电视、雷达导航、卫星地球站等领域内，为有关电路的频率特性测量、鉴频器的特性测量，以及电路性能等的研究、分析或改善提供了方便的条件。除此之外，扫频仪还能用于传输线特性阻抗的测量。

1）电路幅频特性的测量

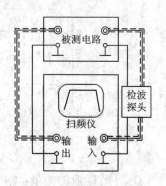

幅频特性测量电路如图 8.6 所示。测量时应保证输入/输出阻抗的匹配。BT－3 型扫频仪的输出阻抗为 75 Ω，如果被测设备的输入阻抗也是 75 Ω，则用空载电缆线连接被测设备。如果被测设备为 50 Ω，则应在 BT－3 和被测设备之间加一个阻抗匹配网络。

被测电路的幅频特性显示后，频标可为测量者随时读出任一点的频率提供依据。显示幅度可由垂直刻度线读出。新一代应用数字技术的扫频仪更可以将测量曲线打印或存储输出。如果显示的图像不符合设计要求，可在测量过程中进一步调整被测设备。这是动态测量的最大优点。

图 8.6 幅频特性的测量

幅频特性的测量为各种电路的调整带来了极大的方便，如滤波器，宽带放大器，调频接收机的中放和高放，雷达接收机，单边带接收机，电视接收机的视频放大、高放和中放通道，以及其他有源和无源四端口网络等，其频率特性都可以用扫频仪进行测量。图 8.7 给出了典型滤波器的频率特性测量曲线。

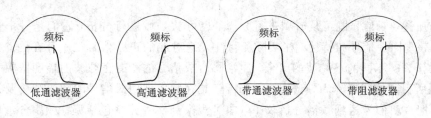

图 8.7 典型滤波器的频率特性测量曲线

2）电路参数的测量

从上面所测得的幅频特性上可以求得各种电路参数。

（1）增益的测量。在调好幅频特性的基础上，用粗、细调衰减器控制扫频信号的电压幅度，使它符合被测电路设计时要求的输入信号幅度。衰减器的总衰减量应不小于放大器设计的总增益。记下此时屏幕上显示的幅频高度 A，输出总衰减 B_1（dB）。将检波探头直接和扫频输出端短接，改变"输出衰减"，使幅频特性的高度仍为 A，此时输出衰减的读数若

为 $B_2(\mathrm{dB})$，则该放大器的增益为

$$A_\mathrm{v} = B_1 - B_2(\mathrm{dB})$$

（2）带宽的测量。被测电路的连接方法同幅频特性的测量一样。对于宽带电路，可以直接使用扫频仪上的频标方便地显示和读出频率特性曲线的带宽。有时为了更精确地测量，可以使用外接频标。对于窄带调谐回路，其谐振频率 f_0 可以直观地读出，为曲线峰顶对应的频率。

测量带宽时，先调节扫频仪输出衰减和调整 Y 增益，使频率特性曲线的顶部与屏幕上某一水平刻度线相切（如图 8.8 中与 AB 线相切）；然后保持 Y 增益不变，将扫频仪输出衰减减小 3 dB，则此时屏幕上的曲线将上移而与 AB 线相交，两交点处的频率即分别为下截止频率 f_L 和上截止频率 f_H。因而被测电路的带宽为

$$\mathrm{BW} = f_\mathrm{H} - f_\mathrm{L}$$

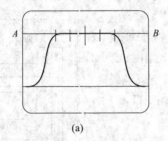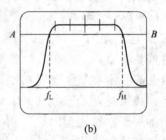

(a)　　　　　　　　　　　(b)

图 8.8　扫频仪测量带宽

（3）回路 Q 值的测量。测量时电路连接和测量方法与回路带宽的测量相同，在用外接频标测出回路的谐振频率 f_0 以及上、下截止频率 f_H 和 f_L 后，按下面的公式即可计算出回路的 Q 值：

$$Q = \frac{f_0}{\mathrm{BW}} = \frac{f_0}{f_\mathrm{H} - f_\mathrm{L}}$$

8.3　频谱分析测量

如前所述，对信号既可从时域进行分析，也可从频域进行分析，它们是一个过程的两个方面，表现同一信号的特性。在实际测量中，绝对纯的正弦信号是不存在的，所有信号都可以看作频率不同的正弦波的组合。通常将合成信号的所有正弦波的幅度按频率的高低次序排列所得到的图形称为频谱。频谱分析就是在频率域内对信号的频谱结构及其特性进行描述。把被测信号送到频谱分析仪中，即可观察到信号究竟包括哪些频率分量以及各分量之间的比例关系。

对不同类型的信号进行频谱分析时，在理论上和工程上可采用不同的分析方法、不同的频谱概念和不同的频谱形式。一般来说，确定性信号存在着傅里叶变换，由它可获得确定的频谱。随机信号只能就某些样本函数的统计特征值（如均值、方差等）做出估算。这类信号不存在傅里叶变换，对它们的频谱分析是对它们的功率谱进行分析。傅里叶变换把时间信号分解成正弦或余弦曲线的叠加，完成信号由时间域转换到频率域的过程，变换的结果即为幅度频谱或相位频谱。一个在时域看来是复杂波形的信号，它的频谱可能很简单。

微型计算机的普及更使得快速傅里叶变换(FFT)技术在信号的频谱分析、相位谱分析中得到了广泛应用,为频域测量提供了广阔的前景。

测量信号所含频率分量的仪器有两类:一类称为谐波分析仪,它利用选频电路逐一选出信号所含的频率成分,每次只能测量一个频率分量的大小,选频电压表就属于这一类;另一类是频谱分析仪,能同时显示出较宽范围的频谱,但只能给出振幅谱或功率谱,不能直接给出相位信息。

8.3.1 选频测量

当只需要测量信号中某些频率分量幅值的大小时,可以选用谐波分析仪进行测量。图8.9所示为外差式谐波分析仪的原理框图。图8.9中,选频放大器的中心频率 f_0 是固定的,本机振荡器的频率 f_w 是可调的。调节 f_w,使被测信号中各种频率分量的频率与 f_w 的关系为 $f_x - f_w = f_0$,这样,只有 f_0 通过放大器, f_x 分量被载在 f_0 信号上传递,用电压表即可测量该频率分量的大小,因而又称为选频电压测量。本机振荡器的度盘不按 f_w 分度,而按 f_x 分度,以便在测量电压的同时显示被测信号中某一成分的频率值。

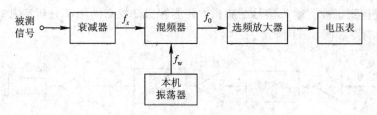

图 8.9　外差式谐波分析仪的原理框图

选频测量不可能对信号中所有的频率组成分量进行测量,且测量时频率分辨率直接取决于选频放大器的带宽(称为分辨带宽),因而频率分辨率不可能很高。同时测得的幅值是选频放大器通带内所有信号的幅度,并非某单一频率点的幅度。窄的分辨带宽可以精确选出所需测量频率点的信号,但信号的建立时间长,对未知频率信号测量时的调谐时间也长,滤波器的实现难度大。因而对于不同的信号,要获得较准确的测量结果,必须选择合适的分辨带宽。常用的谐波分析仪大都能选择分辨带宽,使测量具备灵活性。

8.3.2 频谱分析仪

频谱测量的目的是分辨信号的性质和能量分布。要进行频谱测量,就要用到频谱分析仪。它不但是频谱分析的专用仪器,而且也是一种综合性、多功能的信号特性测试设备。频谱分析仪常用于电子科学的研究,如信号失真度、调制度、频谱纯度、交调失真、频率特性、电磁干扰等的测量,也可经传感器变换用于非电量的频谱测量,如声学的声谱、光学的光谱和机械学的振动频谱等。

1. 频谱分析仪的原理

通常频谱仪无论是对确定信号还是周期信号,所分析的大多是功率谱。分析功率谱的方法有三种:滤波法、相关函数傅里叶变换法和直接傅里叶变换法。后两种都是通过傅里叶变换计算来完成的,故可将它们归为计算法。

1）滤波式频谱分析

图 8.10 示出了滤波式频谱仪的简要原理框图。输入信号经过一组中心频率不同的滤波器或经过一个扫描调谐式滤波器，选出各个频率分量，经检波后进行显示或记录。在这种频谱仪中，随着滤波器频率的改变，完成频谱分析，因此，滤波器和检波器是两个重要的单元电路，它们的构成形式和性能好坏对频谱分析仪起着至关重要的影响。

图 8.10　滤波式频谱仪的简要原理框图

实际应用中，要获得足够高的频率分辨率和足够宽的工作频带，使用大量中心频率不同的带通滤波器是不现实的，实际采用的大都为外差扫频方式。其基本原理是：将选频测量与扫频测量结合，此时本地振荡器受扫频电压控制，这样输入信号实际上与一个本地的扫频信号进行混频，得到一固定的中频信号，然后对这个中频信号进行检波、放大，得到其幅值后送至 Y 轴，而 X 轴表示与扫频电压相对的输入信号的频率，这样通过连续扫描就在屏幕上直接得到了被测输入信号的频谱，并能够保证较高的频率分辨率和较高的测量灵敏度。其原理简图如图 8.11 所示。

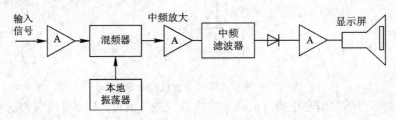

图 8.11　外差扫频方式频谱分析法的原理简图

2）计算法频谱分析

计算法在快速傅里叶变换（FFT）算法问世后，才被广泛应用于频谱分析。通过直接计算有限离散傅里叶变换（DFT），即可获得信号序列的离散频谱。

有限离散序列 x_n 和它的频谱 X_m 之间的 DFT 可表示为

$$X_m = \sum_{n=0}^{N-1} x_n \cdot W_N^{nm}$$

式中：x_n 为有限离散序列，$n=0,1,\cdots,N-1$；X_m 为有限离散序列的频谱，$m=0,1,\cdots,N-1$；$W_N = e^{-j\frac{2\pi}{N}}$。

X_m 有 N 个复数值，由它可获得振幅谱 $|X_m|$ 和相位谱 φ_m，由振幅谱的平方可直接得到功率谱 $|X_m|^2$。

计算法频谱分析仪的构成如图 8.12 所示。它由模/数转换电路、数字信号处理电路、结果显示电路和存储电路等几部分构成。其中，模/数转换电路由抗混叠低通滤波器（LPF）、采样-保持（S/H）电路和 A/D 电路等组成。在采样之前先用抗混叠低通滤波器滤除被采样信号中高于 $f_s/2$（f_s 为采样频率）的频率成分，采样后的数据经存储后由数字信号处理器进行 FFT 处理，得到输入信号的频谱，然后送显示屏显示，并可存储、打印输出。

图 8.12　计算法频谱分析仪框的构成图

2. 频谱分析仪的分类

频谱分析仪的种类繁多,按信号处理方式可分为模拟式、数字式、模拟数字混合式;按工作频带不同可以分为高频频谱仪、低频频谱仪、音频频谱仪;按工作原理不同大致可分为滤波法和计算法两大类;按其分析的实时性又可分为实时和非实时频谱分析仪。

模拟式频谱仪以模拟滤波器为基础,用滤波器来实现信号中各频率成分的分离,使用频率很宽,可以覆盖低频至射频及微波频段,如目前使用最广的外差式频谱分析仪。模拟式频谱仪的工作方式有并行滤波法、时间压缩法、傅里叶变换法、顺序滤波法、扫频滤波法和扫频外差法等,其中前三种为实时频谱分析,后三种为非实时频谱分析。

数字式频谱仪是以数字滤波器或快速傅里叶变换为基础而构成的。高速数字信号处理器和 FFT 算法的应用大大改进了频谱分析技术。数字式频谱仪精度高,使用方便灵活,结果存储与输出方便,但由于模/数转换及数字信号器处理性能的限制,纯数字式频谱分析仪的工作频率还不是很高,可用于中、低频信号及音频信号的实时分析。

1) 并行滤波实时频谱仪

并行滤波实时频谱仪又称为多通道滤波式频谱分析仪,其原理如图 8.13 所示。信号同时加到通带互相衔接的众多带通滤波器上,各个频率分量被同时检波,实现信号的实时测量。在显示时利用阶梯波电压将电子开关依次接通,将各频谱轮流显示。

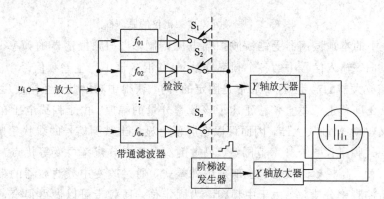

图 8.13　并行滤波实时频谱仪的原理框图

这种频谱仪采用各滤波器对被测信号同时滤波,这样虽然是可行的,但所用滤波器很多,带宽难以做到很窄,所以分辨率和灵敏度均较低,常用在低频频谱分析中,如音响设备上的频谱指示,不宜作窄带分析。

2) 扫频滤波式频谱仪

扫频滤波式频谱仪利用一个中心频率由扫频电压调节的带通滤波器来实现工作频带内的频谱分析,其原理框图如图 8.14 所示。图中电调谐带通滤波器的通带中心频率受锯齿波电压的调制,使滤波器的通带沿频率轴扫描,从而构成扫频滤波式频谱仪。这种方法可以使电路简化,但是电调谐带通滤波器的损耗较大,调谐范围不宽,频率分辨率不高,工作频带内电调谐带通滤波器的频率特性不平坦，所以限制了它的应用，现已很少采用。

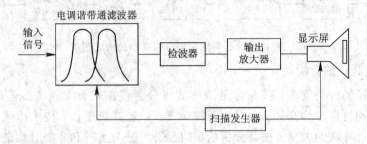

图 8.14　扫频滤波式频谱仪的原理框图

3）扫频外差式频谱仪

借助外差式收音机和扫频的原理，将输入信号与仪器内部的本地振荡信号进行混频，通过线性地调整本地振荡源的频率，使其与被测信号中各频率成分形成固定的差频，用相对频移的方法取代图 8.14 中的电调谐带通滤波器，就构成了扫频外差式频谱仪，其原理框图如图 8.15 所示。

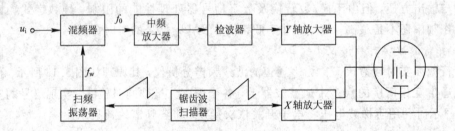

图 8.15　扫频外差式频谱仪的原理框图

图 8.15 中的本地振荡器受锯齿波扫描电压调制，当扫频振荡器的频率 f_w 在一定范围内自动扫动时，输入信号中的各个频率分量 f_s 在混频器中产生差频信号（$f_0 = f_s - f_w$），依次落入中频放大器的通带（这个通带是固定的）内，获得中频增益，经检波后加到 Y 轴放大器，使光点在屏幕上的垂直偏移正比于该频率分量的幅值。由于扫描电压在调制扫频振荡器的同时又驱动 X 轴放大器，因而可以在屏幕上显示出被测信号的线状频谱图。

扫频外差式频谱仪具有频率范围宽、灵敏度高、频率分辨率可变等优点，是频谱仪中数量最多的一种。高频频谱仪几乎全部采用外差式。通过改变中频滤波器的带宽，就可以改变频谱分析的频率分辨率。由于中频频率为固定值，通频带可以做得很窄，因而能得到很高的频率分辨率。但若其通带选得很窄，则中心频率就不能太高，因此往往还要进行第二次、第三次变频，以逐步降低被分析信号的中频频率。为了获得较高的灵敏度和频率分辨率，在实际频谱仪中常采用多次变频的方法，以便在几个中频频率上进行电压放大。另外，为了在有限的屏幕高度范围内获得较大的动态显示范围，通常在 Y 通道的检波器和 Y 轴放大器之间接入对数放大器，使坐标采用对数显示。

目前常用的扫频外差式频谱仪有全景式和扫中频式两种。前者可在一次扫频过程中观察整个信号频率范围的频谱；后者一次扫描分析过程只观察某一较窄频段的频谱，因而可实现较高分辨率的分析。

由于扫频外差式频谱仪进行的是扫描分析，信号中的各频率分量不能同时被测到，因而不能做实时分析，只适用于周期信号或平稳噪声的分析。

4）时基压缩式实时频谱仪

用并行模拟滤波法进行窄带的实时分析，需要大量的滤波器和检波器；采用数字滤波式频谱分析仪时，工作频率受到数字电路工作速度的限制；外差法虽然无须大量的滤波器，但不能进行实时分析，而且随着带宽变窄，需要很长的扫描分析时间。

时基压缩式实时频谱分析仪又称为模拟数字混合式频谱分析仪，其原理框图如图8.16所示。首先通过数字电路进行实时采样，经 A/D 转换后将数字化信息存储起来；然后以比采样高得多的速度将存储的数据读出来，再经 D/A 转换后变成模拟量，得到与被测信号波形相似的信号。由于其时间已被压缩了若干倍，相当于倍频过程，其输出再送入上述的外差式频谱仪，使得扫描速度提高，可对频率极低的信号进行频谱分析。但这种分析方法是在一个时间区段内对信号进行频谱分析，存在信号被截断而带来频谱泄漏的现象，现已不太采用。

图 8.16　时基压缩式频谱仪的原理框图

5）数字式频谱仪

随着数字信号处理技术的成熟与应用，频谱分析仪也走向了数字化。用数字滤波器代替上述模拟频谱分析仪中的模拟滤波器、用数字平方检波和均方算法代替二极管检波，就构成了数字滤波式频谱分析仪。它具有更高的精度、更好的稳定性和一致性，但大量的窄带数字滤波器对数字信号处理的速度提出了很高的要求。根据前面的介绍，分析信号频谱更直接的方法是进行傅里叶变换。对数字采样后的信号通过 FFT 方法计算 DFT，即可同时得到其离散频谱，再经平方就可获得功率谱。这就是 FFT 频谱分析仪的核心，它已成为低频频谱分析的主要方法，如现在广为流行的虚拟仪器（VI）中的频谱分析功能就是基于高速数据采集和计算机快速傅里叶变换（FFT）实现的。采用 FFT 做频谱分析的仪器，其频率分辨率可远小于 1 Hz，幅度精度可达 0.1 dB 以上，并具有众多的功能，远远超出了频谱分析的范围，如现在大多数的数字示波器（DSO）都具备 FFT 频谱分析的功能，并能存储、打印分析结果。

6）采用数字中频的外差式频谱分析仪

数字式频谱分析仪目前由于受到 A/D 采样速率和数字信号处理器处理速度的限制，无法实现对射频及微波信号的频谱实时分析，为解决这一问题，采用数字中频的外差式频谱分析仪诞生了。这种分析仪融合了外差扫描与数字信号处理及实时分析技术，在传统模拟外差式频谱分析仪的基础上，在中频及以后部分采用了全数字技术，通过数字滤波和FFT 的方法，使分辨力和分析速度都大为提高，频谱分析仪的性能得到很大改善。由于射频信号经变频至较低的中频，因而对 A/D 采样速率和数字信号处理器处理速度的要求也就大为降低了，当今 A/D 采样速率已达到数 GSPS/12 bit，单片数字信号处理器的处理速度已达 8000 MIPS，这就使得采用数字中频的外差式频谱分析仪完全能够达到模拟外差式频谱分析仪所能达到的数十吉赫兹的最高工作频带，并带来更高的性能、更快的实时分析速度、更方便灵活的操作、更直观的显示与读数、更齐全的功能和存储输出接口，以及自动化分析测量的能力。因此，采用数字中频的外差式频谱分析仪已成为当今高性能频谱分析仪的主流。

现代频谱分析仪通常采用高速数字信号处理器，由微处理机控制，使其具有更多的先进特性。如都具有数字光标，光标可停留在显示轨迹的任何一点上，并以数字的形式显示这一点的频率与振幅值；可规定一标记参考点或相对位置，这样光标可对应参考点读数；还能使光标成一定形状，以表示不同的物理单位（dBm、dBV 及 V 等）；用户还可以方便地把当前光标点的频率指定为中心频率，并把当前光标点的幅值指定为满刻度值（参考电平）等；还提供额外的轨迹存储器，并有显示当前轨迹与已存储轨迹的能力；有的还具有一些其他特性，如自动杂波测量、自动设置最佳分析带宽及扫描时间、多种仪器联网测试等。

3. 频谱分析仪的主要技术参数

频谱分析仪的参数较多，并且不同种类的频谱仪参数也不完全相同，但以下技术参数是最基本的。

1）频率范围

频率范围是指能达到频谱分析仪规定性能的工作频率区间，如安捷伦公司的 ESA - E 系列频谱分析仪频率范围可达 325 GHz。

2）扫频宽度、分析时间、扫频速度

扫频宽度也称分析宽度，是指频谱分析仪在一次扫描分析过程中所显示的频率范围，也就是本机振荡器的扫频宽度。为了观察被测信号频谱的全貌，要求其扫频宽度较宽。为了适应不同的测试场合，通常频谱仪的扫频宽度是可调的。

扫描一次整个频率量程并完成测量所需要的时间就叫分析时间，也称扫描时间。一般都希望测量越快越好，即分析时间越短越好。但是，频谱分析仪的扫描时间是和扫频宽度、分辨带宽和视频滤波等因素相关联的。为了保证测量的准确性，扫描时间不可能任意缩短，必须兼顾相关因素的影响进行适当设置。

扫频宽度与分析时间之比就是扫频速度。

3）频率分辨率

频率分辨率是指频谱分析仪能把靠得很近的两个频谱分量分辨出来的能力。由于屏幕显示的谱线实际上是窄带滤波器的动态幅频特性，因而频谱分析仪的分辨率主要取决于窄带滤波器的通频带宽度，因此定义窄带滤波器幅频特性的 3 dB 带宽为频谱仪的分辨率。很明显，若窄带滤波器的 3 dB 带宽过宽，可能两条谱线都落入滤波器的通带内，此时频谱分析仪无法分辨这两个频率分量。分辨率带宽的选取取决于被分析信号，过窄的分辨率带宽会带来滤波器响应时间长、扫描测量时间长的问题。对于一已知的扫描频率范围，扫描时间与分辨率带宽的平方成反比。经验表明，当扫速加快时，频谱的动态响应会变化，峰值下降，峰点右移，分辨率会下降。因此当需高分辨率时应选用低的分析速度。

4）动态范围与测量范围

频谱分析仪的动态范围定义为，频谱分析仪能以给定精度测量、分析输入端同时出现的两个信号的最大功率比（用 dB 表示）。它实际上表示频谱分析仪显示大信号和小信号的频谱的能力。其上限受到非线性失真的制约，一般可达 60 dB 以上，有的甚至达 90 dB。

测量范围是指在各种不同设置情形下所能测量的最大信号与最小信号之比。最大信号电平由安全输入电平决定，最小信号电平由频谱分析仪的灵敏度决定，并且和其最小分辨率带宽有关。大多数频谱分析仪的测量范围可达 145~165 dB。

5）灵敏度

灵敏度是指频谱分析仪测量微弱信号的能力，定义为显示幅度为满刻度时，输入信号的最小电平值。灵敏度受分析仪中存在的噪声、杂波、失真以及杂散响应的限制，并且与扫速有关，扫速越快，动态幅频特性峰值就越低，灵敏度也越低。许多频谱分析仪通过开启内置的前置放大器来提高灵敏度，其灵敏度可达 -155~-135 dBm。

4. 频谱分析仪的应用

现代频谱分析仪具有覆盖频带宽（数赫兹至上百吉赫兹）、测量范围宽（-156~$+30$ dBm）、灵敏度极高、频率稳定度高（可达 10^{-8}）、频率分辨率高、具有射频跟踪信号发生器和数字解调能力的优点，因而在微波通信线路、雷达、电信设备、有线电视系统、广播设备、移动通信系统以及电磁干扰的诊断测试、元件测试、光波测量和信号监视等生产、测试领域得到了广泛应用。除电子测量领域外，频谱分析仪在生物学、水声、振动、医学、雷达、导航、电子对抗、通信、核科学等方面都有广泛的用途。

1）对信号参数进行测量

由上述频谱仪的工作原理可知，用频谱仪可以测量信号本身（即基波）及各次谐波的频率、幅度、功率谱，以及各频率分量之间的间隔，具体包括：

（1）直接测量各次谐波的频率、幅值，用以判断失真的性质及大小。

（2）可以用作选频电压表，如测量工频干扰的大小。

（3）根据谱线的抖动情况，可以测量信号频率的稳定度。

（4）测试调幅、调频、脉冲调制等调制信号的功率谱及边带辐射。

（5）测量脉冲噪声，测试瞬变信号。

对于非电信号的测量（如机械振动等）通过转换器均可用频谱仪进行测量。

2）信号仿真测量

对于声音信号来说，通常说的"音色"是对频谱而言的，音色如何是由其谐波成分决定的。各种乐器或歌唱家的音色可用频谱来鉴别。

通过频谱仪可对各种乐器的频谱进行精确的分析测量，由电子电路制作的电子琴是典型的仿真乐器，在电子琴的制作和调试过程中，通过与被仿乐器的频谱做精确的比对，可提高电子琴的仿真效果。同理，可通过频谱分析仪的协助来实现语言的仿真。

3）电子设备生产调测

频谱分析仪可显示信号的各种频率成分及幅度，在生产、检测中常用于调测分频器、倍频器、混频器、频率合成器、放大器及各种电子设备整机等，可测量其增益、谐波失真、相位噪声、杂波辐射等，如频谱分析仪是无线电通信设备整机检测的重要仪器。图 8.17 给出了发射机杂散辐射测量的示意图。

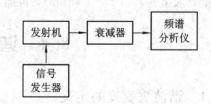

图 8.17　发射机杂波辐射的测量

发射机在未调制状态下工作，频谱仪中心频率调整在发射机载频频率上，选择合适的衰减值和参考电平值，使载波峰值电平在屏幕上显示于 0 dB 线上。调节频谱仪的扫频范围在 4 倍载频的范围内变化，记下各杂波辐射电平；在发射机上加调制信号，重复以上测量过程。减小发射机的杂散辐射有助于减小对其他无线电通信设备的干扰，净化无线电磁环境。一般情况下，当发射机额定载波功率大于 25 W 时，离散频率的杂波辐射功率应比载波功率电平小 70 dB；当载波功率小于或等于25 W 时，离散频率的杂波辐射功率电平应不大于 2.5 μW。

利用许多频谱分析仪内置的跟踪信号发生器，还可构成扫频仪，用于测量器件或网络的频率特性，如无线通信设备中的双工器、收/发滤波器、天线的调整测试等。

4）电磁干扰（EMI）的测量

频谱分析仪是电磁干扰的测试、诊断和故障检修中用途最广的一种工具。频谱分析仪对于电磁兼容（EMC）工程师来说就像数字电路设计工程师手中的逻辑分析仪一样重要，如在诊断电磁干扰源并指出辐射发射区域时，采用便携式频谱分析仪是很方便的。测试人员可在室内对被测产品进行连续观察和测试，还可以用电场或磁场探头探测被测设备的泄漏区域，通常这些区域包括箱体接缝、CRT 前面板、接口线缆、键盘线缆、键盘、电源线和箱体开口部位等，探头也可深入被测设备的箱体内进行探测。

由于频谱分析仪覆盖频带宽，EMC 工程师可以观察到比用一台典型的 EMI 测试接收机观察到的更宽的频谱范围。另外，包括所有校正因子在内的频谱图及测量数值也同时被显示在频谱分析仪的 CRT 上，这样，测试人员可在 CRT 上监测发射电平，一旦超过限值，就会立刻被发现，这在故障检修中极为有用。另外，频谱分析仪的最大保持波形存储以及双重跟踪特性也可用于观察操作前后的 EMI 电平的变化。

频谱分析仪也广泛应用于无线电通信空间电磁环境的监测和军事电子对抗中，对无线电通信电磁环境中的噪声电平、干扰大小与分布、占用带宽等进行监测，或在电子战中对敌方电台发射的信号进行有效的侦察、搜索和监视。

5）相位噪声的测量

频谱分析仪还广泛用于信号源、振荡器、频率合成器输出信号相位噪声的测量。相位噪声常用偏离载频一定频偏处的噪声的功率电平来表示，将被测信号加到相应频带的频谱分析仪的输入端，显示出该信号的频谱，纵轴采用对数刻度，测出信号中心频率的功率幅度 C(dBm)，适当选择扫频宽度和尽量小的分辨带宽，使其能显示出所需宽度的两个或一个噪声边带，利用可移动的光标读出一个边带中指定偏移频率处噪声的平均电平 N(dBm)，求出其差值 $N-C$(dBm)，再加上必要的修正，便可得出相位噪声的测量结果。

8.4 谐波失真度测量

8.4.1 谐波失真度的定义

纯正弦信号通过电路后，如果电路存在非线性，则输出信号除包含原基波分量外，还会含有新产生的其他谐波分量，这就是电路产生的谐波失真（也称非线性失真）。谐波失真是用来描述信号失真程度的参量。例如，音乐中谐波失真度达到 0.7%，话音中谐波失真度达到 3%～5%时，人的听觉就可觉察出来。因此，对传送声音的电子设备，都要提出可允许的谐波失真度要求，并依照要求对产品进行检验。

谐波失真度的定义是全部谐波能量与基波能量之比的平方根值。对于纯电阻负载，则定义为全部谐波电压(或电流)有效值与基波电压(或电流)有效值之比，即

$$D_0 = \frac{\sqrt{U_2^2 + U_3^2 + \cdots + U_n^2}}{U_1} \times 100\%$$

式中，U_1 为基波电压有效值；U_2，U_3，$\cdots$，U_n 为各次谐波电压有效值；D_0 可简称为失真系数或失真度。

8.4.2 谐波失真度的测量方法

谐波失真度的测量方法有多种。利用频谱分析的方法将信号所含的基波和各次谐波分量一一测出，然后按定义计算失真度的方法称为谐波分析法，这是一种间接测量的方法。在产品检验中更常用的是基波抑制法，又称为静态法，它是对被研究的设备输入单一的音频正弦信号，并通过基波抑制网络进行直接测量。由于基波难于单独测量，因此在基波抑制法中，通常实际测量谐波电压的总有效值与被测信号总有效值之比，用字母 D 表示，即

$$D = \frac{\sqrt{U_2^2 + U_3^2 + \cdots + U_n^2}}{\sqrt{U_1^2 + U_2^2 + \cdots + U_n^2}} \times 100\%$$

D 一般称为失真度测量值，而 D_0 称为定义值。D_0 与 D 之间的关系为

$$D_0 = \frac{D}{\sqrt{1 - D^2}}$$

当失真度小于 10% 时，可近似认为 $D_0 \approx D$。

基波抑制法失真度测量的原理如图 8.18 所示。将一纯净的正弦波加到被测电路的输入端，测量过程分两次完成。首先使开关 S 放在"1"的位置，测量的结果是被测信号电压的总有效值。适当调节输入电平，使电表指示为某一规定的基准电平值，该值与失真度 100% 相对应，这一过程称为校准。然后将开关置于"2"的位置，调整基波抑制网络，使电压表指示最小，这时基波分量受到最大的衰减，测量结果是各次谐波电压的总有效值。由于电压表已校准，这时电表的指示值可以直接换算成失真度 D 的刻度。

图 8.18　基波抑制法失真度测量原理图

由于实际信号所含有的频谱是复杂的、多频率分量的，用单音正弦信号来测试电路产生的谐波失真度并不能完全说明由于非线性而使信噪比恶化的程度，因此又提出了其他方法。一是双音法，又称交叉调制法。它是利用两个单音频信号，其振幅按 4∶1 混合作为测量输入信号，而以待测设备输出端两个单音频信号的各次谐波及它们之间的组合波的方根和作为谐波失真度的指标(如发射机的交调失真测量就常用双音法)。二是白噪声法，又称动态法。它利用白噪声信号作为测试信号。由于白噪声在极宽频带内功率谱密度均匀分布，可以把它看成是无穷多个不同频率、相位、幅度的正弦波的集合，测试时相当于将一系列不同频率、相位、幅度的正弦波同时加到被测电路上，从而可以得出被测电路在通频带范围内任何频率分量所产生的谐波及互调结果。

思 考 题 8

1. 什么是频域测量? 常包括哪些应用种类?

2. 频率特性的测试方法有哪几种?

3. 扫频仪主要由哪几部分电路组成? 说明各部分电路的作用, 并举例说明扫频仪的应用。

4. 频谱分析仪主要有哪几种? 简述其工作原理。

5. 数字式频谱分析仪有何特点? 采用数字中频的外差式频谱分析仪有什么特点?

6. 举例说明频谱分析仪的应用。

7. 谐波失真的测量方法主要有哪几种?

8. 某放大器对一纯正弦波信号进行放大, 对其输出信号进行频谱分析, 观察到的频谱如图 8.19 所示, 已知谱线间的间隔恰好为基波频率, 求该信号的失真度。

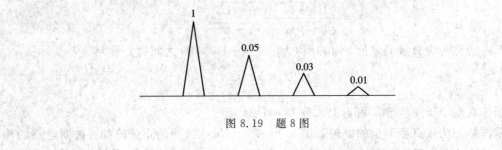

图 8.19 题 8 图

第 9 章　数据域分析测试技术

随着微计算机、微控制器、数字信号处理器和大规模集成电路的普遍应用，数字化、微机化产品的大量研制、生产和使用，数字化产品和系统在电子设备中已占极大比重，数字化已成为当今电子设备、系统的发展趋势，我们的日常生活已完全为数字产品所包围。在通信、控制、仪器仪表、日用电子等各个领域里，绝大多数产品都已逐步数字化，这极大地提高了产品和系统的性能，减少了体积，降低了功耗，增加了功能，提高了智能化及自动化水平。如在通信系统中，应用数字技术的数字通信系统，不仅比模拟通信系统抗干扰能力强、保密性好、容量大、业务种类多，而且还能应用电子计算机进行信息处理和控制，形成以计算机为核心的综合业务自动交换网；在测量仪表中，数字测量仪表不仅比模拟测量仪表精度高、测试功能强，而且还易实现测试的智能化和自动化。对于这些数字系统，采用传统的模拟电路的时域和频域分析方法进行分析已难以奏效。为了解决数字设备、计算机及大规模集成电路在研制、生产和检修中的测试问题，一种新的测试技术便应运而生。由于被测系统的信息载体主要是二进制数据流，为了区别于时域和频域的测量，常把这一类测试技术称为数据域测试技术。

本章介绍了数据域测试的概念和数字系统的故障描述，以及数据域测试的基本方法；对常用的数据域测试仪器逻辑笔、逻辑分析仪的电路构成和工作原理进行了分析，并介绍数据域测试仪器的使用和测试方法。

9.1　数据域分析测试的特点、方法与仪器

9.1.1　数据域分析测试的特点

数据域分析测试的对象是数字系统，而数字系统中的信号表现为一系列随时间变化并按一定的时序关系形成的数据流，其取值和时间都是离散的，因而其分析测试方法与时域及频域都不相同。图 9.1 表示数据域分析与时域分析、频域分析的比较。

图 9.1(a)所示为一个非正弦信号在示波器上显示的波形；图 9.1(b)所示为在频谱分析仪上得到的图 9.1(a)所示信号的频谱；图 9.1(c)所示为在逻辑分析仪上得到的一个十进制计数器输出数据流(4 位二进制码)的定时和状态显示。

数据域分析测试主要研究数字系统中数据流、协议与格式、数字应用芯片与系统结构、数字系统特征的状态空间表征等。与传统测试相比，数据域测试有以下特点：

(1) 数字信号通常是按时序传递的。数字系统的正常工作，要求其各个部分按照预先规定的逻辑程序进行工作，各信号之间有预定的逻辑时序关系。测量检查各数字信号之间逻辑时序关系是否符合设计是数据域分析测试的最主要任务。

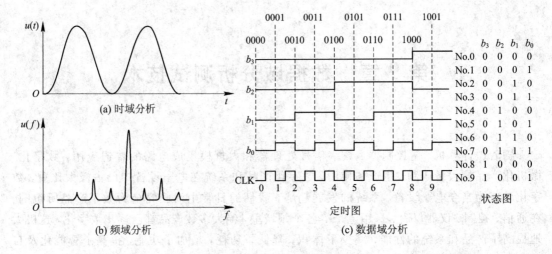

图 9.1　时域、频域与数据域分析的比较

（2）数字系统中信号的传递方式多种多样。从宏观上来讲，数字信号的传递方式分为串行和并行两大类；但从微观上来讲，不同的系统、系统内不同的单元采用的传递方式都可能不同，即便是采用同一类传递方式（串行或并行），也存在着数据宽度（位数）、数据格式、传输速率、接口电平、同步/异步等方面的不同。因此，为适应不同的应用场合，数据分析测试仪器往往具有多通道测试能力，有的甚至高达 500 多个通道。

（3）数字信号往往是单次或非周期性的。数字设备的工作是时序的，在执行一个程序时，许多信号只出现一次，或者仅在关键的时候出现一次（例如中断事件等）；某些信号可能重复出现，但并非时域上的周期信号，例如子程序例程的调用等。分析时经常需要存储、捕获和显示某部分有用的信号，因此若利用诸如示波器一类的测量仪器难以观测，也更难以发现故障。

（4）被测信号的速率变化范围很宽。即使在同一数字系统内，数字信号的速率也可能相差很大，如外部总线速率达几百 Mb/s、内核速率达数 Gb/s 的中央处理器与其外部的低速打印机、电传机、键盘等。

（5）数字信号为脉冲信号。由于被测数字信号的速率可能很高，各通道信号的前沿很陡，其频谱分量十分丰富。因此，数据域测量必须能够分析测量短至 ps 级（10^{-12} s）的信号，如脉冲信号的建立和保持时间等。

（6）被测信号故障定位难。通常数字信号只有"0""1"两种电平，数字系统的故障不只是信号波形、电平的变化，更主要的在于信号之间的逻辑时序关系，电路中偶尔出现的干扰或毛刺等会引起系统故障。同时，由于数字系统内许多器件都挂在同一总线上，因此当某一器件发生故障时，用一般方法进行故障定位比较困难。

9.1.2　数据域分析测试的方法

数据域分析测试的目的一是确定系统中是否存在故障，称为合格/失效测试，或称故障检测；二是确定故障的位置，称为故障定位。为实现这一目标，通常的测试方法是在其输入端加激励信号，观察由此产生的输出响应，并与预期的正确结果进行比较，以判断系统是否有故障。一般有穷举测试法、结构测试法、功能测试法和随机测试法。

穷举测试法是对输入的全部组合进行测试。如果对所有的输入信号，输出的逻辑关系是正确的，则判断数字电路是正常的，否则就是错误的。穷举测试法的优点是能检测出所有故障，缺点是测试时间和测试次数随输入端数 n 的增加呈指数关系增加。对于具有 n 个输入的系统，需加 2^n 组不同的输入才能对系统进行完全测试，显然这种穷举测试法无论从人力还是物力上都是行不通的。

结构测试技术是从系统的逻辑结构出发，考虑可能发生哪些故障，然后针对这些特定故障生成测试码，并通过故障模型计算每个测试码的故障覆盖，直到所考虑的故障都被覆盖为止。结构测试法主要是针对故障的最常用的方法。

功能测试法不检测数字电路内每条信号线的故障，只验证被测电路的功能，因而较易实现。目前，LSI、VLSI 电路的测试大都采用功能测试法，对微处理器、存储器等的测试也可采用功能测试法。

随机测试法采用的是"随机测试矢量产生"电路，随机地产生可能的组合数据流，将所产生的数据流加到被测电路中，然后对输出进行比较，根据比较结果，即可知被测电路是否正常。随机测试法不能完全覆盖故障，只能用于要求不高的场合。

9.1.3　数据域分析测试的仪器

针对数据域分析测试的特点与方法，数据域分析测试必须采用与时域、频域分析迥然不同的分析测试仪器和方法。目前，常用的数据域分析测试仪器有逻辑笔与逻辑夹、逻辑信号发生器、逻辑分析仪、误码分析仪、数字传输测试仪、协议分析仪、规程分析仪、PCB测试系统、微机开发系统和在线仿真器（ICE）等。

在以上各种测试仪器中，逻辑笔是最简单、直观的，其主要用于逻辑电平的简单测试；而对于复杂的数字系统，逻辑分析仪是最常用、最典型的仪器，它既可以分析数字系统和计算机系统的软、硬件时序，又可以和微机开发系统、在线仿真器、数字电压表、示波器等组成自动测试系统，实现对数字系统的快速自动化测试。

9.2　数字电路的简易测试

对于一般的逻辑电路（如分立元件、中小规模集成电路及数字系统的部件）可以利用示波器、逻辑笔、逻辑比较器和逻辑脉冲发生器等简单而廉价的数据域测试仪器进行测试。

常见的简易逻辑电平测试设备有逻辑笔和逻辑夹，它们主要用来判断信号的稳定电平、单个脉冲或低速脉冲序列。其中，逻辑笔用于测试单路信号，逻辑夹用于测试多路信号。

9.2.1　逻辑笔

1. 逻辑笔的原理

逻辑笔主要用于判断某一端点的逻辑状态，其原理框图如图 9.2 所示。被测信号由探针接入，经过输入保护电路后同时加到高、低电平比较器，比较结果分别加到高、低脉冲展宽电路进行展宽，以保证测量单个窄脉冲时也能点亮指示灯足够长时间，这样，即便是频率高达 50 MHz、宽度最小至 10 ns 的窄脉冲也能被检测到。展宽电路的另一个作用是通过高、低电平展宽电路的互控，使电平测试电路在一段时间内指示某一确定的电平，从而只有一种颜色的指示灯亮。保护电路则用来防止输入信号电平过高时损坏检测电路。

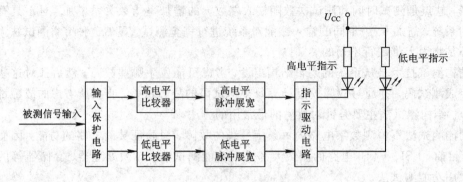

图 9.2　逻辑笔的原理框图

逻辑笔通常设计成兼容两种逻辑电平的形式，即 TTL 逻辑和 CMOS 逻辑，这两种逻辑的高、低电平门限是不一样的，测试时需通过开关在 TTL/CMOS 间进行选择。

2. 逻辑笔的应用

不同的逻辑笔提供不同的逻辑状态指示。通常逻辑笔有两只指示灯，"H"灯指示逻辑"1"（高电平），"L"灯指示逻辑"0"（低电平）。一些逻辑笔还有"脉冲"指示灯，用于指示检测到输入电平跳变或脉冲。逻辑笔具有记忆功能，如测试点为高电平时，"H"灯亮，此时即使将逻辑笔移开测试点，该灯仍继续亮，以便记录被测状态，这对检测偶然出现的数字脉冲是非常有用的。当不需要记录此状态时，可扳动逻辑笔的 MEM/PULSE 开关至 PULSE 位。在 PULSE 状态下，逻辑笔还可用于对正、负脉冲的测试。逻辑笔对输入电平的响应如表 9.1 所示。

表 9.1　逻辑笔对输入电平的响应

序号	被测点逻辑状态	逻辑笔的响应
1	稳定的逻辑"1"	"H"灯稳定地亮
2	稳定的逻辑"0"	"L"灯稳定地亮
3	逻辑"1"和逻辑"0"间的中间态	"H""L"灯均不亮
4	单次正脉冲	"L"→"H"→"L""PULSE"灯闪
5	单次负脉冲	"H"→"L"→"H""PULSE"灯闪
6	低频序列脉冲	"H""L""PULSE"灯闪
7	高频序列脉冲	"H""L"灯亮，"PULSE"灯闪

通过用逻辑笔对被测点的测量，可以得出以下四种之一的逻辑状态：
（1）逻辑"高"：输入电平高于高逻辑电平阈值，说明这是有效的高逻辑信号。

（2）逻辑"低"：输入电平低于低逻辑电平阈值，说明这是有效的低逻辑信号。

（3）高阻抗状态：输入电平既不是逻辑低，也不是逻辑高。一般来说，这表示数字门是在高阻状态或者逻辑探头没有连接到门的输出端（开路），此时"H""L"两个指示灯都不亮。

（4）脉冲：输入电平从有效的低逻辑电平变到有效的高逻辑电平（或者相反）。通常当脉冲出现时，"L"和"H"指示灯会闪亮，而通过逻辑笔内部的脉冲展宽电路，即使是很窄的脉冲，也能使"PULSE"指示灯亮足够长的时间，以便观察。

9.2.2 逻辑夹

逻辑笔在同一时刻只能显示一个被测点的逻辑状态，而逻辑夹则可以同时显示多个被测点的逻辑状态。在逻辑夹中，每一路信号都先经过一个门判电路，门判电路的输出通过一个非门驱动一个发光二极管。当输入信号为高电平时，发光二极管亮；否则，发光二极管暗。

逻辑笔和逻辑夹最大的优点是价格低廉，使用简单方便。同示波器、数字电压表相比，它不但能简便迅速地判断出输入电平的高或低，更能检测电平的跳变及脉冲信号的存在，即便是 ns 级的单个脉冲。这对于数字电压表及模拟示波器来说是难以实现的，即使是数字存储示波器，也必须调整触发和扫描控制在适当的位置。因此，逻辑笔和逻辑夹仍是检测数字逻辑电平的最常用工具。

9.3 逻 辑 分 析 仪

逻辑笔的局限在于它无法对多路数字信号进行时序状态分析。随着数字系统复杂程度的增加，尤其是微处理器的高速发展，采用简单的逻辑电平测试设备已经不能满足测试要求。逻辑分析仪是数据域测试中最典型、最重要的工具，它将仿真功能、软件分析、模拟测量、时序和状态分析以及图形发生功能集于一体，为数字电路硬件和软件的设计、调测提供了完整的分析和测试工具，自 1973 年问世以来，它便得到了迅速的发展和广泛的应用。正如示波器是调试模拟电路的重要工具一样，逻辑分析仪是研究、分析、测试数字电路的重要工具，由于它仍然以荧光屏显示的方式给出测试结果，因此也称为逻辑示波器。

逻辑分析仪能够对逻辑电路，甚至包括对软件的逻辑状态进行记录和显示，通过各种存储控制功能实现对逻辑系统的分析。逻辑分析仪能够用表格形式、波形形式或图形形式显示具有多个变量的数字系统的状态，也能用汇编形式显示数字系统的软件，从而实现对数字系统硬件和软件的测试。先进的逻辑分析仪可以同时检测几百路的信号，有灵活多样的触发方式，可以方便地在数据流中选择感兴趣的观测窗口。逻辑分析仪还能观测触发前和触发后的数据流，具有多种便于分析的显示方式。目前，逻辑分析仪已成为设计、调试和检测维修复杂数字系统、计算机和微机化产品最有力的工具。这种先进的测试仪器对数字系统来说，就像示波器对模拟系统一样不可或缺。

9.3.1 逻辑分析仪的特点

逻辑分析仪具有以下特点：

（1）具有足够多的输入通道。这是逻辑分析仪的重要特点。为适应以微处理机为核心的数字系统的检测，就必须要有较多输入通道，以方便对微机系统的地址、数据、控制总线进行分析。一般的逻辑分析仪至少具备 8 个输入通道，现在多数为 34 个通道，而 Agilent公司的 167900 系列、Tektronix 公司的 TLA7Axx 模块化逻辑分析系统可提供多达 8160 个通道。这么多的并行输入通道，可以同时观察不规则、单次、不重复的并行数据。通道数越多，就越能充分地发挥逻辑分析仪的功能。

（2）存储记忆功能。所有的逻辑分析仪都内置有高速随机存储器(RAM)，因此它能快速地记录采集的数据。这种存储记忆功能使它能够观察单次脉冲和诊断随机故障。利用存储功能，可以捕获、显示触发前或触发后的数据，这样有利于分析故障产生的原因。较大的存储容量有利于观测分析长的数据流，现今逻辑分析仪的存储容量多为数 MB，而有的高达 64 MB/128 MB，如上述的 167900 系列等。

（3）极高的定时、状态速率。为了对高速数字系统中的数据流进行分析，逻辑分析仪必须以高于被测系统时钟频率 5～10 倍的速率对输入电平进行采集，以便进行定时分析。进行状态分析时，逻辑分析仪的采样速率也必须与高速数字系统的时钟同步。当今逻辑分析仪的最大定时时钟可达数十吉赫兹，做状态分析时状态速率可达 1.5 Gb/s，如上述的 167900 系列。

（4）丰富的触发功能。触发能力是评价逻辑分析仪的重要指标。由于逻辑分析仪具有灵活的触发能力，它可以在很长的数据流中对要观察分析的那部分信息做出准确定位，从而捕获出对分析感兴趣的信息。现今逻辑分析仪的触发方式很多，如可与内、外时钟同步，也可利用输入数据的组合进行触发，触发条件可编程，触发点可任意设置。对于软件分析来说，逻辑分析仪的触发能力使它可以跟踪系统运行中的任意一段程序，可以解决检测与显示系统中存在的干扰及毛刺等问题。

（5）灵活而直观的显示方式。采用不同的显示方式，更有利于快速地观察和分析问题。逻辑分析仪具有多种显示方式。例如，对系统功能进行分析时，可以使用字符、助记符或用汇编语言显示程序。为适应不同制式的系统，可用二进制、八进制、十进制、十六进制，以及 ASCII 码显示；为便于了解系统工作的全貌，可用图形显示；对时间关系进行分析时，可用高、低电平表示逻辑状态的时间图显示等。

（6）驱动时域仪器的功能。数据流状态值发生的差错常常来源于时间域的某些失常，其原因往往是毛刺、噪声干扰或时序的差错。当使用逻辑分析仪观察这些现象的时候，有时需要借助于示波器来复现信号的真实波形。但是在数据流中出现的窄脉冲，普通示波器很难捕捉到。逻辑分析仪能够对数据错误进行定位，找到窄脉冲出现的时刻，同时输出一个触发同步信号去触发示波器，便可在示波器上观察到失常信号的真实波形。

（7）限定功能。所谓限定功能，就是对所获取的数据进行鉴别、挑选的能力。限定功能解决了对单方向数据传输情况的观察，以及对复用总线的分析问题。由于限定可以剔除与分析无关的数据，这样就有效地提高了分析仪内存的利用率。现行的分析仪不仅都有这种能力，而且有的分析仪限定通道数多达几十个。

模拟示波器和逻辑分析仪都是常用的时域测试工具，但它们的测试对象、测试方法、显示方式、触发方式等都是不同的，表 9.2 对逻辑分析仪与模拟示波器进行了简要比较。

表 9.2　逻辑分析仪与模拟示波器的简要比较

比较内容	逻辑分析仪	模拟示波器
主要应用领域	数字系统的硬件、软件测试	模拟、数字信号的波形显示
检测方法和范围	① 利用时钟脉冲进行采样； ② 显示范围等于时钟脉冲周期乘存储器容量； ③ 可显示触发前、后的逻辑状态	只能显示触发后扫描时间设定范围内的波形
记忆	有高速存取存储器，具有记忆能力	不能记忆
输入通道	容易实现多通道(16 或更多)	多为 2 通道
触发方式	① 数字方式触发； ② 多通道逻辑组合触发，容易实现与系统动作同步触发，触发条件可编程； ③ 可以用随机的窄脉冲进行触发； ④ 可以进行多级按顺序触发； ⑤ 具有驱动时域仪器的能力	模拟方式触发，根据特定的输入信号进行触发，很难实现与系统动作同步触发
显示方式	① 数据高速存入存储器后，低速读出进行显示； ② 把输入信号变换成逻辑电平后加以显示； ③ 能用与被测系统同样的方法处理和显示数据； ④ 显示方式多样，有状态、波形、图形和助记符等	原封不动地实时显示输入波形

尽管逻辑分析仪与模拟示波器有着以上方面的不同特性，但它们在很多应用场合又是相辅相成、互为补充的(如逻辑分析仪的驱动时域仪器的功能)。正基于此，一种新的测试仪器诞生了，如安捷伦(Agilent)的 54600、54800 系列混合信号示波器就是 2/4 通道示波器与 16 通道逻辑分析仪的无缝集成。

9.3.2　逻辑分析仪的分类与组成

1. 逻辑分析仪的分类

根据显示方式和定时方式的不同，逻辑分析仪可分为逻辑状态分析仪、逻辑定时分析仪和两者的综合，其基本结构是相同的。

1) 逻辑状态分析仪

逻辑状态分析仪主要用于检测数字系统的工作程序，并用字符"0"和"1"、助记符或映射图等来显示被测信号的逻辑状态，能有效地解决系统的动态调试问题。

逻辑状态分析仪以"0""1"字符或助记符显示被测系统的逻辑状态，以便对系统进行状态分析。其状态数据的采集是在被测系统的时钟(对逻辑分析仪来说，称为外时钟)控制下实现的，即逻辑状态分析仪与被测系统是同步工作的。它的特点是显示直观，显示的每一位与各通道输入数据一一对应。状态分析仪对系统进行实时状态分析，即检测在系统时钟作用下总线上的信息状态，从而有效地进行程序的动态调试。因此，逻辑状态分析仪主要用于系统的软件测试。

2) 逻辑定时分析仪

逻辑定时分析仪用定时图方式来显示被测信号。与示波器显示方式类似，水平轴代表时间，垂直轴显示的是一连串只有"0""1"两种电平的伪波形。其最大特点是能显示各通道的逻辑波形，特别是各通道之间波形的时序关系。

为了能显示出这种时序关系，在逻辑定时分析仪中提供取样时钟，即所谓的内时钟。逻辑分析仪在内部时钟控制下采集、记录数据，与被测系统异步工作，这是其主要特点之一。为了提高测量准确度和分辨率，要求内部时钟频率远高于被测系统的时钟频率，通常内时钟频率应为被测系统时钟频率的5～10倍。

通过对输入信号的高速采样、大容量存储，从而为捕捉各种不正常的"毛刺"脉冲提供新的手段，可较方便地对微处理器和计算机等数字系统进行调试和维修。因此，逻辑定时分析仪主要用于数字系统的硬件调测。

上述两类分析仪的显示如图9.1(c)所示，虽然在显示方式、功能侧重上有所不同，但其基本用途是一致的，即可对一个数据流进行快速的测试分析。随着微机系统的广泛应用，在其调试和故障诊断过程中，往往既有软件故障也有硬件故障，因此近年来出现了把"状态"和"定时"分析组合在一起的分析仪——智能逻辑分析仪，这给使用者带来了更大的便利，已成为逻辑分析仪的主流。

2. 逻辑分析仪的基本组成

不同厂家的逻辑分析仪，尽管在通道数量、取样频率、内存容量、显示方式及触发方式等方面有较大区别，但其基本组成结构是相同的。逻辑分析仪的基本组成如图9.3所示，包括数据采集、数据存储、触发产生、数据显示等部分。

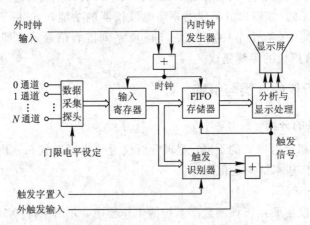

图9.3　逻辑分析仪的基本组成框图

被测数字系统的并行输入经过多通道逻辑测试探针送至内部比较器，输入信号在比较器中与外部设定的门限电平进行比较，变成高/低逻辑电平后在被测系统时钟（外部时钟）或逻辑分析仪内部时钟的控制下按"先进先出（FIFO）"的原则存入内部高速存储器中。数据存入的起止由触发信号控制。触发信号由触发产生电路产生，触发产生电路根据设定的触发条件在数据流中搜索特定的数据字或触发事件，当搜索到时，就产生触发信号以控制数据存储器开始存储有效数据或停止存储数据。数据显示部分则将存储器里的有效数据以多种显示方式显示出来，以便对采集捕获的数据进行分析。

9.3.3 逻辑分析仪的工作原理

1. 数据采集

被测信号首先由逻辑分析仪的多通道探头输入，探头是将若干个探极集中起来构成的，其触针细小，以便于探测高密度集成电路。为了不影响被测点的电位，每个通道探针的输入阻抗都很高；为了减小输入电容，在高速逻辑分析仪中多采用有源探针。每个通道的输入信号经过内部比较器与门限电平相比较之后，判为逻辑"1"或者逻辑"0"。输入的门限电平可由使用者选择，以便与被测系统的阈值电平配合，一般可在 ±10 V 范围内调节。通常门限电平取被测系统逻辑高、低电平的平均值。例如，对于 TTL 器件，其门限电平取为 +1.4 V。

为了把被测逻辑状态存入存储器，逻辑分析仪通过时钟脉冲周期地对比较器输出的数据进行取样。根据时钟脉冲的来源，这种取样可分为同步取样和异步取样，分别用于状态分析和定时分析。

1）同步取样

如果时钟脉冲来自被测系统，则是同步取样方式，只当被测系统时钟到来时，逻辑分析才储存输入数据。

2）异步取样

如取样时钟由逻辑分析仪内部产生或由外部的脉冲发生器提供，与被测系统的时钟无关，这种取样方式称为异步取样。内部时钟频率可以比被测系统时钟频率高得多，这样使每单位时间内获取的数据更多，显示的数据更精确。

同步取样和异步取样的示意图如图 9.4 所示。

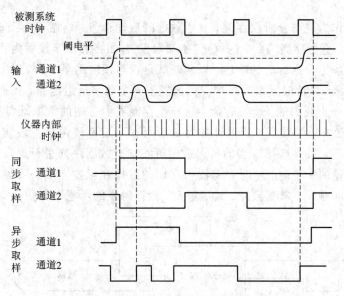

图 9.4 同步取样和异步取样示意图

同步取样对于相邻两系统时钟边沿之间产生的毛刺干扰是无法检测的，如图 9.4 中输入通道 2 的情况。异步取样时，用逻辑分析仪的内部时钟采集数据，只要此时钟频率足够高，就能获得比同步取样更高的分辨力。由图 9.4 可以看出，异步取样不仅能采集输入数据的逻辑状态，还能反映各通道输入数据间的时间关系，如图中异步取样示出了通道 2 数据的最后一次跳变发生在通道 1 数据最后一次跳变之前；同时，又将通道 2 被测信号中的毛刺干扰记录下来。毛刺宽度往往很窄，如果在相邻两时钟之间，就无法检出。但是，逻辑分析仪内部时钟可高达数百兆赫兹甚至几吉赫兹，通过锁定功能，它可以检测出最小宽度仅几纳秒的毛刺。

根据以上特点可知，同步取样用于状态分析，而异步取样则用于定时分析。

2. 触发产生

正常运行的数字系统中的数据流是很长的，各数据流的逻辑状态也各不相同，而逻辑分析仪存储数据的存储容量和显示数据的屏幕尺寸是有限的，因此，要全部一个不漏地存储或显示这些数据是不可能的，为此，逻辑分析仪设置了触发，以便对人们感兴趣的部分关键信息进行准确定位、捕获和分析。在普通示波器中，触发用于启动扫描，以观测触发后的波形。而在逻辑分析仪中，触发是指停止捕获和存储数据而选择数据流中对分析有意义的数据块，即在数据流中开一个观察窗口，逻辑分析仪可记录和显示触发前的数据。

目前，逻辑分析仪具有丰富的触发方式，可以显示触发前、后或以触发为中心的输入数据，其中最基本的触发方式有以下几种：

(1) 组合触发。将逻辑分析仪各通道的输入信号与各通道预置的触发字(0、1 或 x：任意)进行比较，当全部吻合时，即产生触发信号。几乎所有的逻辑分析仪都采用这种触发产生方式，因此也称基本触发方式。

如果触发脉冲产生后，立即停止数据采集，那么存储器中存入的数据是产生触发字之前各通道的状态变化情况，对触发字而言是已经"过去了"的数据，因而这种触发方式也称为基本的"末端触发"。如果选择的触发字是一个出错的数据，从显示的数据流中就可分析出错的原因。

将触发信号作为逻辑分析仪存储、显示数据的启动信号，将触发字及其后面的数据连续存入存储器中，直至存满为此，这就是"始端触发"。如将触发字设置为程序的某条指令，这样就可分析这条指令执行后的响应，以判断其是否与预定结果一致。

(2) 延迟触发。在延迟触发方式中专门设置了一个数字延迟电路，当捕获到触发字后，延迟一段时间再停止数据的采集、存储，这样在存储器中存储的数据既包括了触发点前的数据，又包括了触发后的数据。延迟计数器的值可在一定范围内任意设定，因此，在不改变触发字的情况下，只要选择适当的延迟数便可实现对数据序列进行逐段观察。当延迟量恰好为存储器容量的一半时，这时存储器中存储的数据在触发点前、后各占一半，这种触发方式又称为中间触发。末端触发、始端触发、延迟触发的示意图如图 9.5 所示。

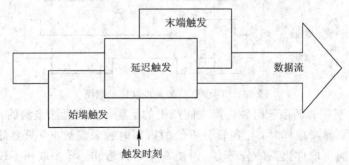

图 9.5 末端触发、始端触发、延迟触发示意图

（3）毛刺触发。毛刺触发是利用滤波器从输入信号中取出一定宽度的干扰脉冲作为触发信号，然后存储毛刺出现前后的数据流，以利于观察和寻找由于外界干扰而引起的数字电路误动作的现象和原因。

（4）手动触发与外触发。在测量时，利用人工方式可以在任何时候加以触发或强制显示测量数据，也可以由外部输入脉冲充当触发信号。

在微机应用程序中，往往包含了许多分支和循环，为了检测、分析这些分支和循环中可能存在的错误，提高分析测试效率，逻辑分析仪还提供了一些由多个条件组合而成的高级触发方式，如序列触发、限定触发、计数触发等。

（1）序列触发。序列触发是为了检测复杂分支程序而设计的一种重要触发方式。它由多个触发字按预先确定的顺序排列，只有当被测试的程序按触发字的先后次序出现时，才能产生一次触发。

（2）限定触发。限定触发是对设置的触发字加限定条件的触发方式。如有时选定的触发字在数据流中出现较为频繁，为了有选择地捕捉、存储和显示特定的数据流，可以附加一些约束条件。这样，只要数据流中未出现这些条件，即使触发字频繁出现，也不能进行有效地触发。

（3）计数触发。在较复杂的软件系统中常有嵌套循环，为此可用计数触发对循环进行跟踪。当触发字出现的次数达到预置值时才产生触发。

现代逻辑分析仪还有其他一些触发方式，随着数字系统及微机系统的发展，对逻辑分析仪的触发方式也提出了越来越高的要求，新的触发方式也会出现。在使用时，应注意正确地选择触发方式。

3. 数据存储

为了将多个测试点多个时刻的信息变化记录下来，逻辑分析仪设置有一定容量的存储器，以便显示分析重复性的数据和单次出现的随机数据流。

逻辑分析仪状态分析采用同步取样时，存储器容量较小，一般每个通道为 16～64 位。逻辑分析仪定时分析采用高速时钟对输入信号进行异步取样，其需要的存储器容量较大，一般每个通道为 256 位至几千位。虽然存储器容量增大了，但对于实测系统的长数据流来说仍是有限的，不可能将数据流中的所有数据都存储下来。为此，逻辑分析仪采用先进先出（FIFO）的存储原则，存满数据后继续写入数据时，先存入的数据产生溢出而被冲掉，这个过程一直延续到触发的产生为止。在末端触发、始端触发或延迟触发方式下，对触发点以前、以后或前后的数据进行存储。

为了扩大存储显示范围，弥补单通道容量有限的缺点，目前，不少逻辑分析仪在总内存容量为一定值时，可通过改变显示的通道数来提高一次可记录的字数。不同应用场合应采用不同的存储格式，也就是存储容量按通道数分配。例如，256 KB 存储器既能构成 16 通道×16 KB/通道，又能构成 8 通道×32 KB/通道。

现在的逻辑分析仪除具有高速 RAM 外，有的还增加了一个参考存储器，在进行状态显示时，可以并排地显示两个存储器中的内容，以便进行比较。

4. 数据显示

在触发信号到来之前，逻辑分析仪不断地采集和存储数据，一旦触发信号到来，逻辑分析仪立即转入显示阶段。根据逻辑分析仪用途的不同，显示的方式也是多种多样的，除前述的状态表显示和定时图显示外，还有矢量图显示、映射图显示、分解模块显示等几种形式。

1）状态表显示

所谓状态表显示，就是将数据信息用"1""0"组合的逻辑状态表的形式显示在屏幕上。状态表的每一行表示一个时钟脉冲对多通道数据采集的结果，并代表一个数据字，并可将存储的内容以二进制、八进制、十进制、十六进制的形式显示在屏幕上，如常用十六进制数显示地址和数据总线上的信息，用二进制数显示控制总线和其他电路节点上的信息，或者将总线上出现的数据翻译成各种微处理器的汇编语言源程序，实现反汇编显示，特别适用于软件调试。

有些逻辑分析仪中有两组存储器，一组存储标准数据或正常操作数，另一组存储被测数据。这样，可在屏幕上同时显示两个状态表，并把两个表中的不同状态用高亮字符显示出来，以便于比较。

2）定时图显示

定时图显示好像多通道示波器显示多个波形一样，将存入存储器的数据流按逻辑电平及其时间关系显示在屏幕上，即显示各通道波形的时序关系。为了再现波形，定时图显示要求用尽可能高的时钟频率来对输入信号进行取样，但由于受时钟频率的限制，取样点不可能无限密。因此，定时图显示在屏幕上的波形不是实际波形，也不是实时波形，而是该通道在等间隔采样时间点上采样的信号的逻辑电平值，是一串已被重新构造、类似方波的波形，称为伪波形。

定时图显示多用于硬件的时序分析，以及检查被测波形中各种不正常的毛刺脉冲等，例如分析集成电路各输入/输出端的逻辑关系，计算机外部设备的中断请求与 CPU 的应答信号的定时关系。

3）矢量图显示

矢量图又称点图，是把要显示的数字量用逻辑分析仪内部的数/模转换（D/A）电路转化成模拟量，然后显示在屏幕上。它类似于示波器的 $X-Y$ 模式显示，X 轴表示数据出现的实际顺序，Y 轴表示被显示数据的模拟数值，刻度可由用户设定，每个数字量在屏幕上形成一点，称为"状态点"。系统的每个状态在屏幕上各有一个对应的点，这些点分布在屏幕上组成一幅图，称之为"矢量图"。这种显示模式多用于检查一个带有大量子程序的程序的执行情况。图 9.6 显示程序的执行情况，被监测的是微机系统的地址总线，X 轴是程序的执行顺序，Y 轴是呈现在地址线上的地址。

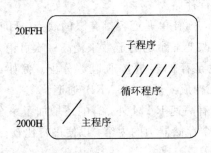

图 9.6　程序执行的矢量图显示

4）映射图显示

映射图显示可以观察系统运行全貌的动态情况，它是用一系列光点表示一个数据流。如果用逻辑分析仪观察微机的地址总线，则每个光点是程序运行中一个地址的映射。图9.7表示的是某程序运行时的映射图。

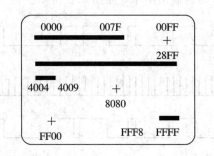

图 9.7　程序执行的映射图

5）分解模块显示

高层次的逻辑分析仪可设置多个显示模式。如将一个屏幕分成两个窗口显示，上窗口显示该处理器在同一时刻的定时图；下窗口显示经反汇编后的微处理器的汇编语言源程序。由于上、下两个窗口的图形在时间上是相关的，因而对电路的定时和程序的执行可同时进行观察，软、硬件可同时调试。

逻辑分析仪的这种多方式显示功能，在复杂的数字系统中能较快地对错误数据进行定位。例如，对于一个有故障的系统，首先用映射图对系统全貌进行观察，根据图形变化，确定问题的大致范围；然后用矢量显示对问题进行深入检查，根据图形的不连续特点缩小故障范围；再用状态表找出错误的字或位。

9.3.4　逻辑分析仪的主要技术指标

衡量逻辑分析仪的技术指标有许多，但主要有如下几项。

1. 输入通道数

输入通道数是逻辑分析仪的重要指标之一。例如，最常用的带外部总线的8位单片机，通常都具有8位数据线、16位地址线以及若干根控制线，如果要同时观察其数据总线及地址总线上的数据和地址信息，就必须用24个以上的输入通道。目前，一般的逻辑分析仪的输入通道数为34～68个。

输入通道除了用作数据输入外，还有时钟输入通道及限定输入通道。由于逻辑分析仪不能观察信号的真实波形，因而不少分析仪中还装有模拟输入通道，可以与定时和状态部分进行交互触发，如前述的安捷伦（Agilent）公司的54600/54800混合示波器系列、飞利浦（Philips）公司的PM3540系列等。显然，这对于分析数字与模拟混合电路是很方便的。

输入阻抗、输入电容是输入通道的另一项指标，其大小将直接影响被测电路的电性能，对被测电路的上升时间和临界电平有很大影响。所以输入探针与被测电路连接时，探针负载对电路产生的影响必须最小。常用的高阻探针其指标为 1 MΩ/8 pF、10 MΩ/15 pF，低阻探针为 40 kΩ/14 pF，并且多为具有高阻抗的有源探针。

2. 时钟频率

对于定时分析来说，时钟频率的高低是一个非常重要的指标，通常以此频率对输入信号进行采样。取样速率的高低对数据采集的结果有着十分重要的影响，同一输入信号在不同的取样速率下可能有着不同的输出结果，如图9.8所示。

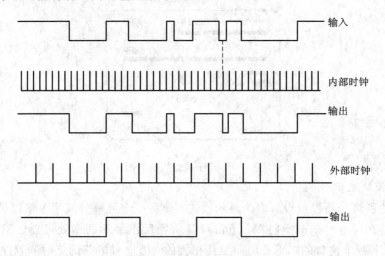

图 9.8　不同取样速率下的不同输出

为了能得到更高的时间分辨率，通常用高于被测系统时钟频率几倍的速率进行取样。否则，如图9.8所示，在较低的取样频率下就难以检出窄的干扰脉冲。如果使用 100 MHz 的取样脉冲，则取样脉冲的周期为 10 ns；如果被测信号中存在着比 100 MHz 更窄的脉冲，则检出的概率很小。

为此，目前许多逻辑分析仪的时钟频率都很高，如前述的 Agilent 公司的 167900 系列，其最大定时时钟可达 4 GHz，做状态分析时状态速率可达 1.5 Gb/s。

3. 存储容量

为存储、显示所采集的输入数据，逻辑分析仪都具有高速随机存储器(RAM)，其总的内存容量可以表示为 $N \times M$，其中 N 为通道数，M 为每个通道的容量。

由于在分析数据信息时，只对感兴趣的数据进行分析，因而没有必要无限制地增加容量。目前逻辑分析仪由于通道数很多，因而其总存储容量也设计得较大，通常为 256 KB 到几 MB，也有的达到 64 MB，如 Agilent 公司的 167900 系列。即便如此，在进行高速定时分析时，由于取样时钟很高，因而存储的数据也很有限。通常，在内存容量一定时，可以通过减少显示的数据通道数，增大单通道的存储容量的方法来提高一次可记录的字节数，从而扩展逻辑分析仪的功能，这样对不用的通道所占据的存储容量也可以充分利用起来。

4. 触发功能

触发功能是评价逻辑分析仪性能的重要指标，只有具有灵活、方便、准确的触发功能，它才能在很长的数据流中，对人们感兴趣的那部分信息进行准确定位、捕获和分析。当今的逻辑分析仪大都具有前述的组合触发、末端触发、始端触发、延迟触发、毛刺触发、手动触发、外部触发、锁定功能、限定触发、序列触发、计数触发等多种触发方式，选择恰当的触发方式对系统的分析可以起到事半功倍的效果。

5. 显示方式

随着微处理器成为现代逻辑分析仪的核心,逻辑分析仪的显示方式越来越多。如今,逻辑分析仪大都具有各种进制的显示、ASCII 码显示、各种光标显示、助记符显示、菜单显示、反汇编、状态比较表显示、矢量图显示、时序波形显示以及以上多种方式的组合显示等功能。如此多的显示方式与手段为系统的运行情况提供了很好的分析手段,给使用者带来了极大的方便。

9.3.5 逻辑分析仪的应用

逻辑分析仪的工作过程就是数据采集、存储、触发、显示的过程,因而逻辑分析仪的应用首先应选择合适的方式进行数据采样。既可以使用同步采样方式,也可以使用异步采样方式对被测系统的输入数据进行采样。同步采样无法检测两相邻时钟间的干扰波形,需要的存储空间小,适宜进行状态分析;高速的异步采样可以检测出波形中的"毛刺"干扰,并将它存储到存储器中记录下来,以反映各输入通道间的时序关系,该方式占用的存储空间大。

为了将感兴趣的数据存入存储器中,必须选择恰当的触发方式,完成对待观察对象的捕获。逻辑分析仪也可以不采用触发方式工作,使被测系统数据不断存入存储器,待存储器存满之后,自动进入显示过程。

显示过程中,应针对不同的测试对象,选择合适的显示方式。由于逻辑分析仪采用了数字存储技术,因此可将数据采集工作和显示工作分开进行,也可同时进行,必要时还可对存储的数据反复进行显示,以利于对问题的分析和研究。

作为数据域测试中最典型、最重要的工具,逻辑分析仪的应用可涉及数字系统测试的各个领域,如微机系统软、硬件调试,数字集成电路测试,时序关系及干扰信号测试,协议分析,数字系统自动测试等。

1. 微机系统软、硬件调试

逻辑分析仪最普遍的用途之一是监视微处理机中的程序运行,监视微处理机的地址、数据、状态和控制线,对微处理机正在执行什么操作保持跟踪。有时可用逻辑分析仪排除微处理机软件中的问题,有时还可用它检测硬件中的问题,或者排查软、硬件共同作用引起的故障。

调试微处理机系统时,常用排序和触发功能来跟踪软件程序的运行。例如,欲跟踪一子程序的执行情况,但要求只在子程序被其主程序的特定部分调用时才进行。我们可将微处理机系统的多路并行地址信号和数据信号分别接到逻辑分析仪的输入探头,这样,正在运行的微处理机系统的地址线和数据线上的内容就可通过逻辑分析仪显示出来。然后将逻辑分析仪触发条件设置成主程序中某一子程序的入口地址,运行后逻辑分析仪就只存储微处理机从入口开始至子程序完成所做的工作,从中分析、查找故障。

微机系统软、硬件调试时,与微机有关的地址、数据、状态、程序指令和控制信号等可能难于直观地反映。为此,逻辑分析仪大都提供反汇编功能帮助用户完成这项任务。反汇编程序由软件构成,在逻辑分析仪中运行,并解释分析仪获取的指令和数据。程序流程以微处理机的汇编源程序的格式显示,这样为用户提供了直观而强有力的分析能力。当然,不同型号的微处理机需要不同的反汇编程序。图 9.9 展示了一标准反汇编程序表，其中从左至右依次是存储器的存取地址、正在执行的指令、与指令有关的操作数、数据总线上的十六进制数以及存储器的读/写状态。

M68332EVS	STATE LISTING	INVASM			
MARKERS	OFF				

LABEL >	ADDR	68010/332 MNEMONIC		DATA _	R/W
BASE >	HEX		HEX	HEX	SYMBOL
+0058	6DA4C	MOVE .L	D0, −[A7]	2F00	RD
+0059	6DA4E	MOVEQ.L	#00000001, D0	7001	RD
+0060	6DA50	ST.B	D0	50C0	RD
+0061	02FF4	0000	DATA WRITE	0000	WR
+0062	02FF6	0180	DATA WRITE	0180	WR
+0063	6DA52	LEA.L	000000, A0	41F8	RD
+0064	6DA54		PGM READ	0000	RD
+0065	6DA56	LEA.L	4000 [A0], A1	43E8	RD
+0066	6DA58	4000	PGM READ	4000	RD
+0067	6DA5A	LEA.L	0400 [A0], A5	4BE8	RD
+0068	6DA5C	0400	PGM READ	0400	RD
+0069	6DA5E	MOVEQ.L	#00000000, D0	7000	RD
+0070	6DA60	MOVE.L	[A7] +, D0	201F	RD
+0071	6DA62	RTS		4E75	RD
+0072	02FF4	0000	DATA READ	0000	RD
+0073	02FF6	0180	DATA READ	0180	RD

图 9.9　Motorola 68332 微处理机的反汇编显示

除了故障检测外，逻辑分析仪还可以监视微处理机的加电、监视中断、监视数据传送等。

2. 数字集成电路测试

将数字集成电路芯片接入逻辑分析仪中，选择适当的显示方式，将得到具有一定规律的图像。如果显示不正常，可以通过显示过程中不正确的图形，找出逻辑错误的位置。

图 9.10 为 ROM 工作频率的测试实例。用数据发生器（或者能产生 ROM 地址的地址计数器）产生被测试 ROM 的地址，用逻辑分析仪监视 ROM 的输出数据，用数字频率计测量数据发生器的时钟频率。首先使数据发生器低速工作，其输出地址供 ROM 使用，分析仪把采集到的 ROM 输出数据作为正确数据，通过键盘将其存入参考存储器内；然后逐渐提高数据发生器的时钟频率，使用逻辑分析仪的比较功能对每次获取的新数据与先前存入的正确数据进行比较，当发现两者的内容不一致时，数字频率计所测得的时钟频率就是 ROM 的最高工作频率。

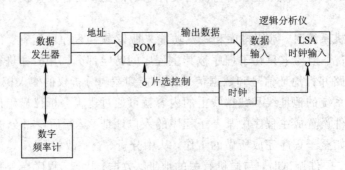

图 9.10　ROM 工作频率的测试

3. 时序关系及干扰信号测试

利用逻辑分析仪，可以检测数字系统中各种信号间的时序关系、信号的延迟时间以及各种干扰脉冲等。

例如，测定计算机通道电路之间的延迟时间时，可将通道电路的输入信号接至逻辑分析仪的一组输入端，而将通道电路的输出信号接至逻辑分析仪的另一组输入端，然后调整逻辑分析仪的取样时钟，在屏幕上将显示出输出与输入波形间的延迟时间。

数字电路也经常因受到干扰的影响或器件本身的时延而产生"毛刺"，对于这种偶发的窄脉冲信号，用示波器难以捕捉到，而逻辑分析仪却可以采用"毛刺"触发工作方式迅速而准确地捕捉并显示出来，以便于分析。

图 9.11 示出了一个译码器的波形图，D_0、D_1、D_2 是译码器的三个输入端的波形，D_3、D_4、D_5、D_6 是四个输出端的波形，每个输出波形上都有毛刺脉冲。

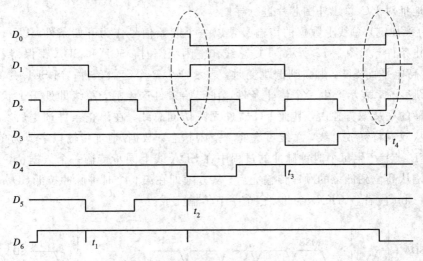

图 9.11　寻找毛刺产生的原因

由图 9.11 可见，所有毛刺都出现在输入信号的跳变沿上（见图中虚线圈）。由于译码器中采用的触发器其性能及级数不同，会造成不同的内部传输时延，因此在翻转过程中会产生毛刺。跳变的输入信号多，产生毛刺的可能性就大。解决的主要办法是采用高速集成触发器芯片，减小器件本身的时延。

利用逻辑分析仪的触发输出来触发示波器也可以观测、分析毛刺脉冲。例如，有一个计数周期为 64 的计数器，应该在 63 时复位，结果总在 52 复位。为查找原因，将逻辑分析仪的触发方式设置为起始显示方式，触发字设置为 51，用触发输出来触发示波器，则可发现在复位线上的状态 53 处有一个毛刺，导致计数器提前复位。

4. 协议分析

许多电子设备内部含有 CPU/微处理器、存储器、显示模组、接口控制器等芯片。CPU/微处理器通过内部总线与显示模组、接口控制器等外围芯片交换数据和命令，通过外部接口与其他电子设备进行通信。无论是内部总线还是外部接口，数据和指令的正确有序交换需要遵循严格的时序、电平、格式、内容等方面的规则和约定，这种规则和约定就是协议。电子技术的快速发展和大规模普及应用，促进了各种各样的协议的诞生。这些协议（如 UART、HDLC、I^2C、SPI、PCI、PCIe、ATA 、SATA 、CAN、LIN、USB、TYPE-C、TCP/IP 等）在不同电子产品中广泛应用。

在产品研发、测试、维修过程中，基于协议的复杂多样性、时序约束性、非直观性等特性，如何快速、高效、便捷地检查/验证产品是否严格遵循了设计协议，是及时发现问题、找出根本原因并解决问题，提高工作效率，加快工作进度的关键之一。协议分析成为控制和加速产品开发、测试、维修的强大工具。通过逻辑分析仪等测试工具中专门设计的协议分析功能可以很好地达到这一目标。下面以 I^2C 协议分析为例来说明逻辑分析仪协议分析功能的使用。

I^2C 总线是一种由 Philips 公司开发的双向两线制串行总线，用于连接微控制器及其外围设备，具有简单、有效的优点。I^2C 总线由数据线 SDA 和时钟线 SCL 构成，CPU 与 I^2C 总线外围芯片均并联在这条总线上，可发送和接收数据，最高传送速率可达 400 kb/s，通过唯一的地址对 I^2C 总线外围芯片进行寻址。

I^2C 协议规定，总线上数据的传输必须以一个起始信号作为开始条件，以一个结束信号作为停止条件。如图 9.12 所示，I^2C 总线在空闲状态时，SCL 和 SDA 都保持着高电平，当 SCL 为高电平而 SDA 由高到低跳变时，表示产生一个起始条件；当 SCL 为高而 SDA 由低到高跳变时，表示产生一个停止条件。在起始条件产生后，总线即处于忙状态，被本次数据传输的主从双方独占，其他 I^2C 器件无法访问总线；在停止条件产生后，本次数据传输的主从双方将释放总线，总线再次处于空闲状态。数据/地址传输以字节为单位进行：主方在 SCL 线上产生每个时钟脉冲的过程中在 SDA 线上同步传输一个数据位，当一个字节按数据位从高位到低位的顺序传输完后，从方随即在第 9 个时钟脉冲拉低 SDA 线，作为给主方的一 bit 应答（ACK）。至此，一个字节传输完成。

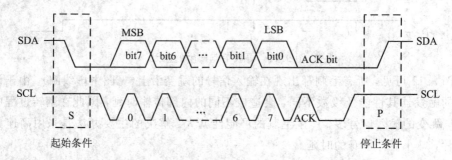

图 9.12　I^2C 协议的数据/地址传输时序

I^2C 总线上的每一个设备都对应一个唯一的设备地址，主设备在传输有效数据之前要先指定从设备的地址。地址字节由 7 bit 的从设备地址和位于 bit0 的读/写控制位组成，读/写控制位表示接下来数据传输的方向：0 表示主设备向从设备写数据，1 表示主设备向从设备读数据。地址字节传输的过程和上面数据传输的过程一样。

I^2C 协议完整的多字节读/写传输时序如图 9.13 所示。

很显然，对于以上传输时序、格式、内容等方面的约定，仅仅通过波形或逻辑电平等是难以判断其与协议约定相比是否有错误、传输序列的内容是否正确、错误发生在何处等问题的。逻辑分析仪具有多通道高速、实时的采集/数据捕获能力，灵活、强大的触发功能，以及专门的协议分析功能，可高效地解决这一问题。

我们可以设定逻辑分析仪工作于 I^2C 协议分析模式下，对所有采集的 I^2C 总线上的数据进行解码，并以不同颜色对起/止、读/写信号进行显示，对地址/数据按十六/十进制等

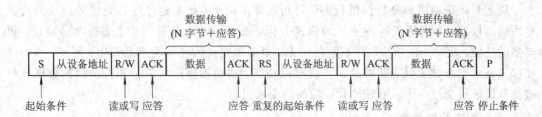

图 9.13　I²C 协议多字节读/写传输时序

格式进行显示。我们也可以在捕获到开始位时触发，或在捕获到某个特定的地址或数据时触发，以筛选、捕获特定条件出现时的数据内容，提高发现问题的针对性和效率。

　　图 9.14、图 9.15 给出了某逻辑分析仪对 I²C 协议分析的结果示例。在图 9.14 中的 I²C 行、图 9.15 中的 SDA_data 行中分别用红色、洋红、蓝色、黄色表示起始位、停止位、读/写位、应答位，用青色表示地址字节，用绿色表示数据字节。

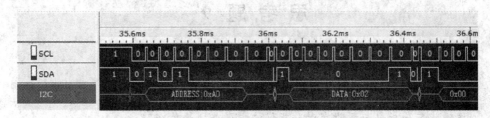

图 9.14　以颜色、十六进制显示的 I²C 协议分析示例

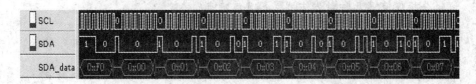

图 9.15　I²C 协议数据传输序列解析示例

　　一个好的协议分析并非只是简单地把捕获、解码的数据显示出来，而是分析后的数据可以用于高层协议的分析。图 9.16 为 ModBus 协议分析结果按国际标准化组织的 OSI(开放系统互联)模型进行分层显示的示例，它为用户提供一种更详细、更直观的信息描述方法。

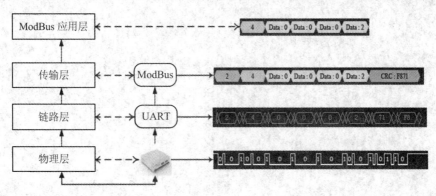

图 9.16　ModBus 协议分析结果按 OSI 模型分层显示示例

以上只是采用逻辑分析仪进行协议分析的简单例子,目前业界还有大量的协议分析类专用测试仪器,专门用于各种协议的快速分析,以更强大的分析能力、支持众多协议、更丰富的功能、更快速的响应、更直观的结果、更简单便捷的使用为产品研发、测试、维护维修提供强大的测试工具,还可提供协议模拟功能,主动编辑产生符合相关协议的数据包与被测系统进行交互,从而更好地验证数据的交互过程。

5. 数字系统自动测试

由具有 GPIB 总线控制功能的微型计算机、逻辑分析仪和数字信号发生器以及相应的软件可以组成数字系统的自动测试系统。数字信号发生器根据测试矢量或数据故障模型产生测试数据并加到被测电路中,由逻辑分析仪测量、分析其响应,可以完成中小规模数字集成芯片的功能测试、某些大规模集成电路逻辑功能的测试、程序自动跟踪、在线仿真以及数字系统的自动分析等功能。

思 考 题 9

1. 什么是数据域测试?数据域测试有什么特点?
2. 逻辑笔的结构如何?有什么用途?
3. 逻辑分析仪的功能与示波器有什么不同?
4. 逻辑状态分析仪与逻辑定时分析仪的主要差别是什么?
5. 简述逻辑分析仪的基本组成及工作过程。
6. 逻辑分析仪有哪几种触发方式?各有何特点?
7. 逻辑分析仪有哪几种显示方式?
8. 逻辑分析仪的主要指标与功能有哪些?
9. 逻辑分析仪主要应用在哪些方面?
10. 什么是数据交换中的协议?协议分析有什么作用?

第 10 章　非电量的测量

在科学研究和工农业生产实践过程中,存在着很多非电量的测量需求。非电量无论在种类上还是在数量上都比电量和磁量多,如机械量(距离、位移、风速)、热工量(温/湿度、压力)、化工量(浓度、成分、pH 值)等。针对这些非电量存在非电和电测两类测量方法。非电量的电测法就是用传感器将非电量转换成电量(电流、电压或频率),再通过测量电量(电流或电压)的方法和措施呈现出非电量的数值。

本章中非电量的测量主要讨论电测法,并且只讨论距离与位移、速度、转速与加速度、温/湿度、压力、流量等几种常见非电量的电测法。非电量的电测量技术关键在于如何将非电量转换成电压、电流或频率等电信号量。传感器解决了从非电量到电量的信息形态的转换,在非电量测量系统中发挥着十分重要的作用。

一个完整的非电量测量系统一般包括信息的获取、转换、显示处理等几个部分,其组成如图 10.1 所示。首先是获得被测量的非电量信息,它是通过传感器来实现的;基本转换电路的功能是将传感器的参数变化转换为电量输出;测量电路的作用是对传感器输出的电量进行阻抗变换、放大、滤波,方便后续的模拟和数字的传输和处理;显示和处理电路完成测量数据的显示、存储等。

图 10.1　非电量电测系统的组成

非电量检测的方法依据传感器转换原理的不同而有不同的分类。归纳起来,主要划分为以下几类:

(1) 电磁检测:包括电阻式、电感式、电容式、磁电式、热电式、压电式、谐振式等。

(2) 光学检测:包括光电式、激光式、红外式、光栅式、光纤维式、光学编码器等。

(3) 超声波检测。

(4) 同位素检测。

(5) 微波检测。

(6) 电化学检测。

应用传感器进行非电量的电测量有很多优点,如测量范围宽,速度快,便于实现远距离测量和集中控制,便于实现静态和动态测量,方便利用计算机进行信号的处理和记录等。随着传感技术的发展,应用电测技术手段去测量非电物理和化学量被人们普遍采用。

10.1　距离与位移的测量

距离是指(两物体)在空间或时间上相隔的长度。本章所讲的距离测量主要针对空间上的间隔测量。位移测量是线位移和角位移测量的统称,实际上就是长度或距离以及角度的测量。距离与位移测量在工程中应用很广，这不仅因为机械工程中常要求精确地测量零部件的位移、位置和尺寸，而且许多机械量的测量往往可以先通过适当地转换变成位移的测试，然后再换算成相应的被测量物理量。

由于位移是与物体在运动过程中的移动有关的量，所以位移的测量方法所涉及的范围是相当广泛的。微小位移通常用应变式、电感式等传感器来检测，大的位移常用感应同步器、光栅等传感技术来测量。

10.1.1 距离与位移的测量方法

位移是矢量，它表示物体上某一点在一定方向上的位置变化。对位移的度量，应使测量方向与位移方向重合，这样才能真实地测量出位移量的大小。位移测量的方法多种多样，常用的方法有以下几种：

（1）积分法：测量运动体的速度或加速度，经过积分或二次积分求得运动体的位移。例如在惯性导航中，就是通过测量载体的加速度，经过二次积分而求得载体的位移。

（2）相关测距法：利用相关函数的时延性质，向某被测物发射信号，将发射信号与经被测物反射的返回信号做相关处理，求得时延 τ，若发射信号的速度已知，则可求得发射点与被测物之间的距离。例如红外测距就是应用这一原理。

（3）回波法：从测量起始点到被测面是一种介质，被测面以后是另一种介质，利用介质分界面对波的反射原理测位移。例如，激光测距仪、超声波液位计都是利用分界面对激光、超声波的反射测量位移的。在回波法中常用相位差法，用于大位移量的测量，相位差法测量的载体是光波或电磁波。

（4）线位移和角位移相互转换测量法：被测量是线位移，若检测角位移更方便，则可用间接方法，先测角位移再换算成线位移。同样，被测量是角位移时，也可先测线位移再进行转换。例如，汽车的里程表是通过测量车轮转数再乘以周长而得到汽车的里程的。

（5）位移传感器法：通过位移传感器，将被测位移量的变化转换成电量（电压、电流、阻抗等）、流量、光通量、磁通量等的变化，间接测位移。根据传感器的转换结果，可分为两类：一类是将位移量转换为模拟量，如电感式位移传感器、电容式位移传感器；另一类是将位移量转换为数字量，如光栅位移传感器等。

10.1.2 常见的位移传感器

在很多情况下，位移可以通过位移传感器直接测得。能够测量位移的传感器有很多，如因位移引起传感器电感量变化的电感式位移传感器、将位移量变化转化为电容量变化的电容式位移传感器、利用莫尔条纹原理制成的光栅线位移和角位移的光栅传感器等。其中光栅传感器因具有易实现数字化、精度高、抗干扰能力强、无人为读数误差、安装方便、使用可靠等优点，在机床加工、精密检测仪表等行业得到日益广泛的应用。

近年来，各种新型传感器，如光导纤维传感器、电荷耦合器（CCD）传感器等均发展十分迅速，给位移的测量提供了不少新的方法。根据传感器的变换原理，常用的位移测量传感器类型有电阻式、电感式、电容式、霍尔元件、光栅和角度编码器及电动千分表等。随着数字技术的发展，出现了各式各样的数字式位移传感器。常用的数字式位移传感器有计量光栅、磁尺、编码器和感应同步器等。表 10.1 给出了常见位移传感器的主要特点和性能。

表 10.1 常用位移传感器

类型			测量范围	精确度	直线性	特点
电阻式	滑线式	线位移	1~300 mm	±0.1%	±0.1%	分辨率较好,可用于静态或动态测量。机械结构不牢固
		角位移	0°~360°	±0.1%	±0.1%	
	变阻器	线位移	1~1000 mm	±0.5%	±0.5%	结构牢固,寿命长,但分辨率差,电噪声大
		角位移	0~60 rad	±0.5%	±0.5%	
电阻应变式	非粘贴式的		±0.5%应变	±0.1%	±1%	不牢固
	粘贴的		±0.3%应变	±(2%~3%)	±1%	牢固,使用方便,需温度补偿和高绝缘电阻
	半导体的		±0.25%应变	±(2%~3%)	满刻度±20%	输出幅值大,温度灵敏性高
电感式	自感式	变气隙型	±0.2 mm	±1%	±3%	只宜用于微小位移测量
		螺管型	1.5~2 mm		0.15%~0.1%	测量范围较前者宽,使用方便可靠,动态性能较差
		特大型	300~2000 mm			
	差动变压器		±0.08~±75 mm	±0.5%	±0.5%	分辨率好,受到磁场干扰时需屏蔽
	涡电流式		±2.5~±250 mm	±(1%~3%)	<3%	分辨率好,受被测物体材料、形状、加工质量影响
	同步机		360°	±0.1°~±0.7°	±0.5%	可在 1200 r/min 的转速下工作,坚固、对温度和湿度不敏感
	微动同步器		±10°	±1%	±0.05%	非线性误差与变压比和测量范围有关
	旋转变压器		±60°	±1%	±0.1%	
电容式	变面积		10^{-3}~100 mm	±0.005%	±1%	介电常数受环境温度、湿度变化的影响
	变间距		10^{-3}~10 mm	±0.1%		分辨率很好,但测量范围很小,只能在小范围内近似地保持线性
	霍尔元件		±1.5 mm	0.5%		结构简单,动态特性好
感应同步器	直线式		10^{-3}~10^4 mm	2.5 μm/250 mm		模拟和数字混合测量系统,数字显示(直线式感应同步器的分辨率可达 1 μm)
	旋转式		0°~360°	±0.5″		
计量光栅式	长光栅		10^{-3}~10^3 mm	3 μm/1 mm		模拟和数字混合测量系统,数字显示(长光栅分辨率 0.1~1 μm)
	圆光栅		0°~360°	±0.5″		
磁栅式	长磁栅		10^{-3}~10^4 mm	5 μm/1 mm		测量时工作速度可达 12 m/min
	圆磁栅		0°~360°	±1″		
角度编码器	接触式		0°~360°	10^{-6} rad		分辨率好,可靠性高
	光电式		0°~360°	10^{-8} rad		

10.1.3 超声波测距仪简介

超声波测距是一种非接触式的测量方式。超声波的指向性强，能量消耗缓慢，在介质中传播的距离较远。与电磁或光学方法相比，超声波测距技术不受光线、被测对象颜色等的影响，具有在黑暗、灰尘、电磁干扰等恶劣环境下正常工作的能力，因此在液位、机械控制、导航、物体识别等方面有着广泛应用。

1. 超声波测距原理

超声波是指振动频率大于 20 kHz 的机械波。通过超声波发射装置发出超声波，根据接收器接到超声波时的收-发时间差就可以知道超声波发射端到被测物之间的距离，这与雷达测距原理相似。超声波测距的原理如图 10.2 所示。超声波发射器向某一方向发射超声波，在发射时刻的同时开始计时，超声波在空气中传播，在途中碰到障碍物就立刻反射，超声波接收器收到反射波就立即停止计时。

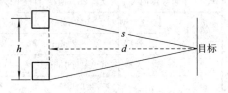

图 10.2 超声波测距原理

已知声速为 v，若能测出第一个回波到达时刻与发射时刻间的时间差 Δt，利用公式

$$s = \frac{1}{2} \times \Delta t \times v$$

即可算得传感器与反射点间的距离 s，测量距离为

$$d = \sqrt{s^2 - \left(\frac{h}{2}\right)^2}$$

当超声波发射器与接收器距离很近，即 $s \gg h$ 时，则 $d \approx s$。当收发传感器同体时，$h=0$，则

$$d = s = \frac{1}{2} \times v \times \Delta t$$

常温常压下，空气近似为理想气体。超声波在理想气体中的传播速度为

$$v = \sqrt{\frac{rRT}{\mu}}$$

式中：μ 为气体摩尔质量；r 为气体的比热比；R 为气体常数；T 为热力学温度。对于一定的气体，其 r、μ 为定值。从而我们可以推导出 25℃ 时超声波在空气中传播速度的理论值为 344 m/s。当然实际应用时，还应考虑大气吸收、温度、湿度和大气压等因素，根据需要对理论传播速度进行修正。

超声波测距的误差为

$$\sigma_d = v\sigma_{\Delta t} + \Delta t \sigma_v$$

式中：σ_d 为测量误差；$\sigma_{\Delta t}$ 为时间测量误差；σ_v 为声速误差。若要求测距误差小于 0.01 m，假设 $v=344$ m/s(25℃)，可忽略声速误差，而测量时间误差应 $\sigma_{\Delta t} \leqslant \frac{\sigma_v}{v} \left(= \frac{0.01}{344} = 0.00003 \text{ s}\right)$。

因此在实际应用超声波时间差测量法时，往往避开直接测量时间的方法，而将超声波往返时间测量转换为对计数脉冲个数 N 的测量，即 $d = Nv/(2f)$，式中 f 为计数脉冲的频率。

2. 超声波测距仪结构

超声波测距仪由超声波发射传感器、发射驱动电路、超声波接收传感器、接收处理电路、回波信号处理电路和单片机控制电路等部分组成，系统框图如图 10.3 所示。

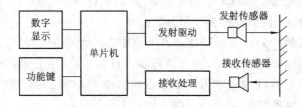

图 10.3　超声波测距系统框图

基于单片机的超声波测距仪系统利用单片机编程产生 40 kHz 的方波，经过发射驱动电路放大，驱动超声波发射头发射；超声波经反射物反射回来后，由超声波接收头接收，再经过接收电路放大、整形，单片机编程处理、计数、换算，从而得到测距仪与被测物之间的距离。

10.1.4　激光雷达

基于回波法的测量原理，超声波可用于距离测量。基于同样的原理，无线电波（以毫米波为主）、激光也被广泛应用于雷达探测中，实现对目标距离、方位、高度、速度、姿态、形状等参数的测量，其测量距离更远、分辨率和精度更高。

激光雷达（Light Detection and Ranging，LiDAR）是激光探测及测距系统的简称，也称 Laser Radar、LADAR（Laser Detection and Ranging）。激光雷达的工作原理与毫米波雷达基本相同，只不过使用激光替代了毫米波段的无线电波。系统由激光发射机、光学接收机、转台和信息处理系统等部分组成。它以激光器作为发射信号源，由激光器发射出窄束的脉冲激光，投射到地面的树木、道路、桥梁、建筑物等物体上，在物体表面引起反/散射，其中一部分反/散射的激光光线会被激光雷达光学接收机中的光学汇聚系统汇聚在激光雷达的接收器上，接收器进行光电转换、放大滤波、数模转换后送给信息处理单元进行处理。根据回波法测距原理，比较接收信号与发射信号之间的飞行时间（Time of Flight，ToF），再进行计算，就得到从激光雷达到目标点的距离。转动转台的角度和俯仰，脉冲激光不断地扫描目标物，就可以得到目标物上全部目标点的数据，用此数据进行成像处理后，就可得到测量点与目标物体之间精确的空间立体位置关系图，并进行显示。同时，利用多普勒测速原理，还可以获得激光雷达与被测物体间的相对运动速度等信息。

激光雷达采用了频率更高、波束很窄的激光束作发射信号源，因此带来了很多优点，主要有：

（1）分辨率高。

激光雷达可以获得极高的角度、距离和速度分辨率。通常角度分辨率不低于 0.1 毫弧度（约 0.00573 度，相当于在 1 km 距离上可以分辨左右相距 0.1 m 的两个目标）；距离分辨率可达厘米级；速度分辨率能达到 1 m/s 以内。

（2）隐蔽性好、抗有源干扰能力强。

激光光束非常窄、方向性好、直线传播，只有在其传播路径上才能接收到，因此被干扰、被截获的概率低,适宜用于日益复杂和激烈的信息战环境中。

(3) 低空探测性能好。

对于激光雷达来说,只有被照射的目标才会产生反射,完全不存在困扰毫米波雷达的地物回波问题,因此非常适合探测无人机等低空/超低空目标。

(4) 探测进度快、可同时跟踪多个目标。

激光雷达的激光脉冲频率可达每秒几万个脉冲,一台雷达还可以同时发出多束激光进行同时探测,因而其探测速度快、可同时跟踪多个目标。例如,自动驾驶车辆搭载的 64 线激光雷达每秒能完成对视场中 220 万个数据点的扫描,同时还能完成对 120 米范围内物体的定位,其精度可达厘米级。

(5) 体积小、质量轻。

激光雷达综合采用现代光电技术,无须庞大的天线系统,因而轻便、灵巧,整机重量可轻至千克数量级。新一代采用光学相控阵技术的固态激光雷达更是取代了传统的机械扫描机构,体积和重量进一步降低。

当然,激光雷达也存在着一定的不足,主要是工作时受天气和大气影响较大。

目前,激光雷达在军事和民用领域都得到了广泛应用,主要应用于遥感、勘探、跟踪、成像制导、三维视觉系统、气象、大气环境监测、自动驾驶等方向。特别是近年来汽车自动驾驶领域的强烈需求极大地推动了激光雷达的快速发展,使用它,汽车就可以快速、清晰地感知周围环境的三维轮廓以及相对位置,从而进行障碍规避。新一代激光雷达已成为智能汽车实现自动驾驶不可或缺的感知传感器。

10.2　速度、转速与加速度测量

速度检测分为线速度检测和角速度检测。线速度的单位为 m/s;角速度检测又分为转速检测和角速率检测。转速的单位常用 r/min,而角速率的单位常用°/s 或°/h。位移、速度和加速度之间存在内在联系,因此物体的瞬时速度也可以通过位移的微分或加速度的积分方法获得。物体运动可分为匀速运动和非匀速运动。非匀速运动的运动规律通常比较复杂,进行速度检测时只能测定其在某段时间内的平均速度。

10.2.1　常用的速度测量方法

(1) 加速度积分法和位移微分法:对运动体的加速度信号进行积分运算,即可得到运动体的运动速度,或者对运动体的位移信号进行微分也可以得到其速度。

(2) 线速度和角速率相互转换测速法:与线位移和角位移在同一运动体上有固定关系一样,线速度和角速率在同一个运动体上也有固定关系,可采取互换的方法测量。例如测量汽车行驶速度时,直接测线速度不方便,可先测量车轮的转速,然后转换为汽车的行驶速度。

(3) 速度传感器法:利用各种速度传感器,将速度信号转换为电信号、光信号等易测信号进行测量。速度传感器法是最常用的一种方法。

(4) 时间、位移计算测速法:这种方法是根据速度的定义测量速度,即通过测量距离和走过距离的时间,然后求得平均速度。测量时间越短,测得的平均速度越接近瞬时速度。

根据这种测量原理，在固定的距离内利用数学方法和相应器件又延伸出很多测速方法，如相关法测量线速度，是利用随机过程互相关函数的方法进行的，其原理如图 10.4 所示。被测物体以速度 v 行进，在靠近行进物体处安装两个相距 L 的相同的传感器(如光电传感器、超声波传感器等)。传感器检测易于从被测物体上检测到的参量(如表面粗糙度、表面缺陷等)，例如对被测物体发射光，由于被测物表面的差异及传感器等受随机因素的影响，传感器得到的反射光信号是经随机噪声调制过的。图 10.4 中传感器 2 得到的信号 $x(t)$ 是由于物体 A 点进入传感器 2 的检测区得到的。当物体从 A 点运动到传感器 1 的检测区时，传感器 1 输出信号 $y(t)$。当随机过程是平稳随机过程时，$y(t)$ 的波形和 $x(t)$ 是相似的，只是时间上推迟了 $t_0 = L/v$，即

$$y(t) = x(t - t_0)$$

因此

$$R_{xy}(\tau) = \lim_{T \to \infty} \frac{1}{T} \int_0^T x(t - \tau) y(t) \mathrm{d}t = \lim_{T \to \infty} \frac{1}{T} \int_0^T x(t - t_0) x(t - \tau) \, \mathrm{d}t = R_x(\tau - t_0)$$

$$(10 - 1)$$

其物理含义是 $x(t)$ 延迟 t_0 后成 $x(t - t_0)$，其波形将和 $y(t)$ 几乎重叠，因此互相关函数有最大值，从而得到 t_0。因此求得 $v = L/t_0$。

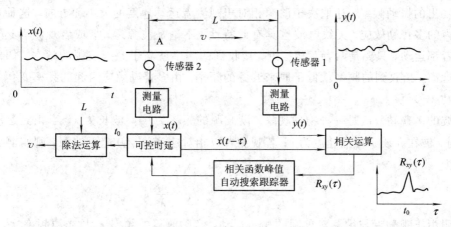

图 10.4　相关测速原理图

利用激光、雷达或卫星导航测量运动物体速度的方法也广泛使用。

10.2.2　常用的速度测量装置

1. 离心式转速计

离心式转速计是利用旋转质量的离心力与旋转角度速度成比例的原理来测量被测转轴的转速，并用转速单位连续指示在刻度盘上。其结构原理为一圆锥形离心式转速计，借离心力使重块外甩并带动滑块移动，同时带动杠杆齿轮，通过指针可直接读出所测转速。测量时要求转速计的小轴与被测轴保持在同一直线上，也不宜压得过紧，以免损坏转速计。这种转速计属于接触式测量仪器，其结构简单，使用方便，在各工业领域中有广泛应用。

2. 磁电式转速传感器

磁电式转速传感器是以磁感应为基本原理来实现转速测量的。磁电式转速传感器由

铁芯、磁钢、感应线圈等部件组成。磁电式转速传感器的线圈内产生有磁力线，测量对象转动时，齿轮转动会切割磁力线，磁路由于磁阻变化，在感应线圈内产生电动势。感应电势产生的电压大小和被测对象转速有关，被测物体的转速越快，输出的电压也就越大，也就是说输出电压和转速成正比，通过换算可测出被测对象的转速。但是在被测物体的转速超过磁电式转速传感器的测量范围时，磁路损耗会过大，会使得输出电势饱和甚至锐减。

3. 光电式转速传感器

光电式测速属于计数式测量方法，传感器可以采用霍尔元件，也可以采用各种光电传感器。光电式转速传感器分为投射式和反射式两类。投射式光电转速传感器的读数盘和测量盘有间隔相同的缝隙。测量盘随被测物体转动，每转过一条缝隙，从光源投射到光敏元件上的光线产生一次明暗变化，光敏元件即输出电流脉冲信号。反射式光电转速传感器在被测转轴上设有反射记号，由光源发出的光线通过透镜和半透膜入射到被测转轴上。转轴转动时，反射记号对投射光点的反射率发生变化。反射率大小的变化使得反射光线经透镜投射到光敏元件上（即输出一个脉冲信号）。在一定时间内对脉冲信号计数便可测出转轴的转速值。

4. 激光多普勒测速仪

当波源或接收波的观测者相对于传播质子运动时，观测者所测得的波的频率不仅取决于波源发出的振动频率，还取决于波源相对于观测者运动速度的大小和方向，这种现象称为光或声的多普勒效应，无线电波也具有此特性。不论是波源运动，或者观测者运动，或者是两者都运动，只要是两者互相接近，接收到的频率就高于原来波源的频率；如果作两者相互远离，接收到的频率就低于原来波源的频率。由多普勒效应引起的频率变化数值称做多普勒频移值。

光波的多普勒效应是一种物理现象。设波源的频率为 f_1，波长为 λ，当相对运动速度 $v_1 = 0$ 时，波在介质中传播速度为 c；若观测者以相对速度 $v_2 \neq 0$ 趋近波源，则观测者测得的频率为

$$f_2 = f_1 + \Delta f = f_1 + \frac{v_2}{\lambda}$$

上式表明由于观测者与被测对象间的相对运动，实际测得的频率 f_2 与光源频率 f_1 之间有一个频差 Δf。当波源频率一定时，频差与相对运动速度成正比。

典型的光学多普勒测速系统原理框图如图 10.5 所示，其测速精度高，测量范围宽，可以测出 1 cm/h 的超低速度，且属于非接触测量。非接触测量可以克服由于机械磨损和打滑造成的测量误差。

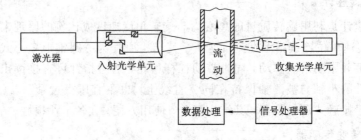

图 10.5　典型的光学多普勒测速系统

同理，利用无线电波的多普勒效应制成的测速雷达被广泛应用于车辆超速监测应用。

10.2.3　数字三轴加速度传感器应用

陀螺仪的基本功能是测量角位移和角速度，在航空、航海、航天、兵器以及其他一些领域中有着十分广泛和重要的应用。在航空领域，陀螺仪用来测量飞机的姿态角(俯仰角、横滚角、航向角)和角速度，成为飞行驾驶的重要仪表。传统的惯性陀螺仪主要是机械式的，它对工业结构的要求比较高，其结构复杂，同时精度受到很多方面的制约。近来随着半导体制作技术的发展，出现了微机电系统(Micro-Electro-Mechanic System，MEMS)，它是微电路和微机械按功能要求在芯片上的集成，从而出现了很多集成微机电的三轴加速度计和陀螺仪。例如 ADI 公司的 ADXRS450 数字陀螺仪、ADXL345 数字三轴加速度传感器等。

1. 加速度传感器 ADXL345

ADXL345 是 ADI 公司的一款三轴、数字输出的加速度传感器。ADXL345 具有 $+/-2\ g$、$+/-4\ g$、$+/-8\ g$、$+/-16\ g$ 可变的测量范围，最高 13 bit 分辨率，固定的 4 mg/LSB 灵敏度，3 mm×5 mm×1 mm 超小封装，40~145 μA 超低功耗，标准的 I^2C 或 SPI 数字接口，32 级 FIFO 存储，以及内部多种运动状态检测和灵活的中断方式等特性。ADXL345 系统框图与管脚定义如图 10.6 所示。

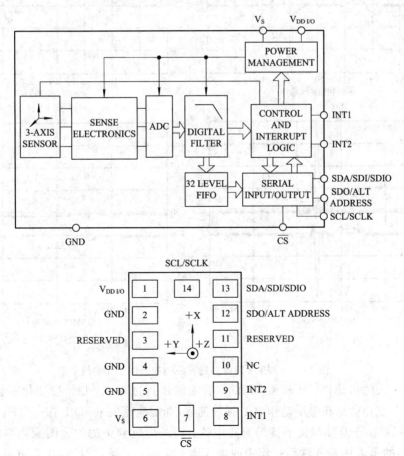

图 10.6　ADXL345 系统框图与管脚定义

2. ADXL345 在跌倒检测中的应用

ADXL345 具有两个可编程的中断管脚 INT1 和 INT2，以及 Data_Ready、Single_Tap、Double_Tap、Activity、Inactivity、Free_Fall、Watermark 和 Overrun 共计 8 个中断源。每个中断源可以独立地使能或禁用，还可以灵活地选择是否映射到 INT1 或 INT2 中断管脚。对跌倒检测原理的研究主要是找到人体在跌倒过程中的加速度变化特征。

假设跌倒检测器被固定在被测的人体上。图 10.7 给出了人在不同运动过程中加速度的变化曲线，包括(a)步行上楼、(b)步行下楼、(c)坐下、(d)起立。图 10.7 中给出了 X 轴、Y 轴、Z 轴加速度变化曲线以及三轴加速度矢量和的变化曲线。其中 Y 轴（垂直方向）加速度曲线正常静止状态下应该为 $-1g$；X 轴（前后方向）和 Z 轴（左右方向）加速度曲线正常静止状态下应该为 0g；三轴加速度的矢量和在正常静止状态下应该为 $+1g$。

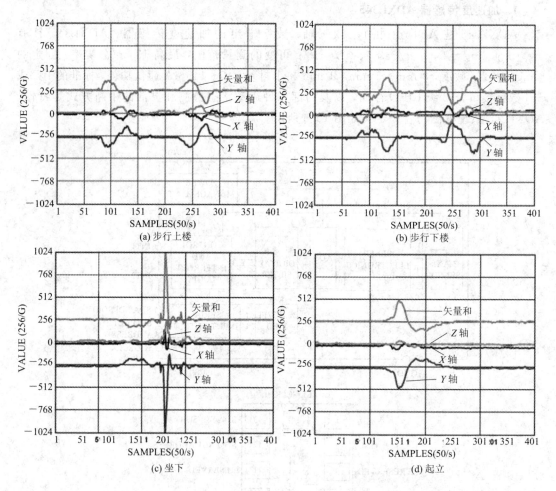

图 10.7　人在不同运动过程中的加速度变化曲线

由于老年人的运动相对比较慢，因此在普通的步行过程中，加速度变化不会很大。最明显的加速度变化就是在坐下动作中 Y 轴加速度（和加速度矢量和）上有一个超过 3 g 的尖峰，这个尖峰是由于身体与椅子接触而产生的。而跌倒过程中的加速度变化则完全不同。图 10.8 给出的是人体意外跌倒过程中的加速度变化曲线。通过对图 10.7 和图 10.8 的比较，可以发现跌倒过程中的加速度变化有 4 个主要状态特征（图中用 1～4 表示），这可以作为跌倒检测的准则。

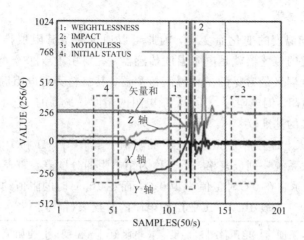

图 10.8　人跌倒过程中的加速度变化曲线

通过 ADXL345 的不同状态的特征对比可形成整个的跌倒检测算法，可以对跌倒状态给出报警。ADXL345 和微控制器之间的电路连接非常简单，可工作于 I²C 或 SPI 模式下，如图 10.9 所示。

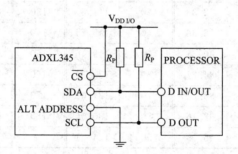

图 10.9　ADXL345 和微控制器连接框图

10.3　温、湿度测量

在工农业生产、气象、环保、国防、科研、航天等领域，经常需要对环境温、湿度进行测量及控制。

温度测量按测量方式可分为接触式和非接触式两大类。

接触式温度传感器又称温度计。常用的温度计有双金属温度计、玻璃液体温度计、压力式温度计、电阻温度计、热敏电阻和温差电偶等。

非接触式温度传感器用来测量运动物体、小目标和热容量小或温度变化迅速（瞬变）对象的表面温度，也可用于测量温度场的温度分布。

在常规的环境参数中，湿度是最难准确测量的一个参数。这是因为温度是个独立的被测量，而湿度却受其他因素（如大气压、温度等）的影响。

10.3.1 常见温、湿度传感器

1. 热电阻温度传感器

导体的电阻值随温度的变化而变化，因此可以通过测量其阻值推算出被测物体的温度，利用此原理构成的传感器就是电阻温度传感器，主要用于 $-200\sim500℃$ 范围内的温度测量。热电阻是中低温区最常见的一种温度检测器，其材料具有电阻温度系数大且稳定的特点，常见的有铂电阻、铜电阻等。其中，铂电阻的精度是最高的，它不仅广泛应用于产业测温，还被制成标准的基准仪。

目前国内统一设计的工业用标准铂电阻的阻值一般有 $100\ \Omega$ 和 $10\ \Omega$ 两种。将电阻值 R_t 与温度 t 的相应关系统一列成表格，该表称为铂电阻的分度表，如表 10.2 所示。铂电阻 PT100 中的"100"表示它在 0℃时阻值为 $100\ \Omega$，而在 100℃时的阻值约为 $138.51\ \Omega$。

表 10.2 工业用铂电阻的分度表（部分）

温度 /℃	电阻值 /Ω	温度 /℃	电阻值 /Ω	温度 /℃	电阻值 /Ω	温度 /℃	电阻值 /Ω	温度 /℃	电阻值 /Ω
−200	18.52	−100	60.26	0	100.00	100	138.51	200	175.86
−190	22.83	−90	64.30	10	103.90	110	142.29	210	179.53
−180	27.10	−80	68.33	20	107.79	120	146.07	220	183.19
−170	31.34	−70	72.33	30	111.67	130	149.83	230	186.84
−160	35.54	−60	76.33	40	115.54	140	153.58	240	190.47
−150	39.72	−50	80.31	50	119.40	150	157.33	250	194.10
−140	43.88	−40	84.27	60	123.24	160	161.05	260	197.71
−130	48.00	−30	88.22	70	127.08	170	164.77	270	201.31
−120	52.11	−20	92.16	80	130.90	180	168.48	280	204.90
−110	56.19	−10	96.09	90	134.71	190	172.17	290	208.48

PT100 铂电阻桥式测温典型应用电路如图 10.10 所示。输出端电压为

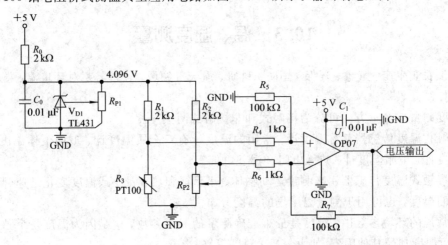

图 10.10 铂电阻桥式测温典型应用电路

$$U = 4.096 \times \left(\frac{R_3}{R_1 + R_3} - \frac{R_{P2}}{R_1 + R_{P2}} \right) \qquad (10-2)$$

电桥电路有着很高的灵敏度和精度，且结构形式灵活多样，适合于不同的电阻类传感器检测应用。但桥式电路也易受各种不同外界因素的影响。桥式测温电路要求基准电压（图中的 4.096 V）稳定，若电压波动，则将导致输出信号发生变化。因此，在实际应用中还可采用恒流测温电路。

2. 热电偶温度传感器

热电偶是根据热电效应测量温度的传感器，是温度测量仪表中常用的测温元件。两种不同导体或半导体的组合称为热电偶。利用热电偶的热电势与温度差的相关特性可做成温度传感器。各种热电偶的外形通常极不相同，但是它们的基本结构大致相同，通常由热电极、绝缘套保护管和接线盒等主要部分组成，常和显示仪表、记录仪表及电子调节器配套使用。常用热电偶可分为标准热电偶和非标准热电偶两大类。常见的标准化热电偶有 8 种，即 T 型、E 型、J 型、K 型、N 型、B 型、R 型和 S 型。热电偶传感器通常与被测对象直接接触，不受中间介质的影响，具有较高的精度，可在 $-50 \sim 1600\,℃$ 范围内进行连续测量。

3. 热敏电阻温度传感器

热敏电阻是开发早、种类多、发展较成熟的温度敏感器件。热敏电阻由半导体陶瓷材料制成，其工作原理是温度会引起半导体热电阻变化。半导体热电阻温度系数要比金属大 $10 \sim 100$ 倍以上，能检测出 $10^{-6}\,℃$ 的温度变化，而且电阻值可在 $0.1 \sim 100$ kΩ 间任意选择。热敏电阻阻值随温度变化的曲线呈非线性，而且相同型号热敏电阻的温度特性曲线的线性度也不一样，测温范围比较小。热敏电阻有正温度系数型(PTC)、负温度系数型(NTC)和临界温度系数型(CTR)三种，它们的温度特性曲线如图 10.11 所示。

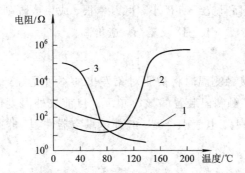

1—负温度系数型(NTC)；2—正温度系数型(PTC)；3—临界温度系数型(CRT)

图 10.11　各种热敏电阻的温度特性曲线

热敏电阻可作为电子线路元件用于仪表线路温度补偿和温差电偶冷端温度补偿等。利用 NTC 热敏电阻的自热特性可实现自动增益控制，构成 RC 振荡器稳幅电路、延迟电路和保护电路。在自热温度远大于环境温度时阻值还与环境的散热条件有关，因此在流速测量、流量测量、气体分析、热导分析中常利用热敏电阻这一特性，制成专用的检测元件。PTC 热敏电阻主要用于电气设备的过热保护、自动增益控制、电机启动、时间延迟、彩色电视自动消磁、火灾报警和温度补偿等方面。

4. PN 结温度传感器

半导体 PN 结温度传感器利用半导体材料和器件的某些性能参数对温度的依赖性,实现对温度的检测、控制和补偿等功能。

在正向恒流供电条件下,PN 结的正向电压与温度之间具有很好的线性关系。理想半导体 PN 结的正向电流和压降存在如下近似关系:

$$I_F = I_S \exp\left(\frac{qU_F}{kT}\right)$$

则

$$U_F = \frac{kT}{q} \ln\left(\frac{I_F}{I_S}\right)$$

只要通过 PN 结的正向电流保持恒定,PN 结上的正向压降 U_F 与温度 T 的线性关系就只受方向饱和电流的影响,而 I_S 是温度的缓变函数,可近似认为在一定温度范围内 I_S 为近似常数,因此

$$\frac{\Delta U}{\Delta T} = \frac{k}{q} \ln\left(\frac{I_F}{I_S}\right) \approx 常数$$

式中:q 为电子电荷;k 为玻尔兹曼常数;T 为绝对温度;I_S 为反向饱和电流。

半导体 PN 结的测温范围为 $-50 \sim 150 ℃$,可广泛用于气体、液体及固体的温度测量与控制,也可用作可变温度系数的温度补偿器件等,其不足之处是离散性大。

5. 光纤传感器

光纤传感器的测温方法有全辐射测温法、单辐射测温法、双波长测温法、多波长测温法等。光纤传感器测温的特点是光纤挠性好,透光谱段宽,传输损耗低,无论是就地使用还是远距离传输均十分方便,而且光纤直径小,可以单根、成束或阵列方式使用,结构布置简单;缺点是难以实现较高精度,工艺比较复杂,造价高。

6. 红外温度传感器

红外温度传感器用于非接触测温时将被测对象发出的不可见红外辐射转换为电信号,供后续电路进行处理,是非接触测温装置的核心单元。目前红外温度传感器有光子型、热释电型、热电堆型、热敏电阻型、电荷耦合型、红外电真空器件型、非制冷红外焦平面探测器等类型。

1)热电堆型红外传感器

热电堆型传感器是一种能把温差转换成电能的半导体器件,它由两个或多个热电偶串联组成。当热电堆的两边出现温差时就会产生电势,相互串联的热电偶输出的热电势串联叠加,这样在使用热电堆测量温度时,可以克服因单个热电偶产生的电势差太小而难以测量的缺点,从而避免使用昂贵的高精度运算放大器。

热电堆结构示意图如图 10.12 所示,其辐射接收面分为若干块,每块接一个热电偶,然后串联起来形成热电堆。

为防止外部环境对传感器产生干扰,热电堆型红外传感器被真空封装在一个金属腔壳内,腔壳顶部开有透光窗。为滤除其他波长光线的干扰,透光窗由仅可透过特定波段的红外线的红外滤光片构成。传感器腔内还集成有参考温度传感器,可用于测量传感器所处环

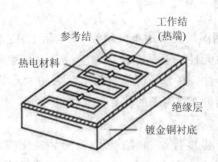

图 10.12 热电堆结构示意图

境的温度，校准热电堆型红外传感器的测量结果。

热电堆型红外传感器有模拟输出和数字输出两种类型。模拟输出型输出与被测对象表面温度相对应的模拟电压信号；数字输出型则将传感单元、放大电路、ADC、数字处理单元、数字输出接口等单元集成于一体，直接输出经过编码的温度测量值。目前，热电堆型红外传感器在智能家电、食品温度监测等领域得到了广泛应用。

2）非制冷红外焦平面探测器

非制冷红外焦平面探测器是一种工作在室温附近、可将被测对象的入射红外辐射转换为视频图像信号的阵列传感器，是非制冷红外热成像仪的核心。类似于数码相机中的CCD/CMOS 图像传感器，这种探测器的焦平面上排列着感光元件阵列，被测对象辐射的红外线经过光学系统成像在系统焦平面的这些感光元件上，这些感光元件将其转换为电信号并进行积分放大、采样与数据处理、缓冲输出，形成被测对象表面温度分布的视频图像。根据工作原理的不同，这种探测器可分为热释电型、热电堆型、热敏二极管型以及热敏电阻型等类型。热敏电阻型非制冷红外焦平面探测器内部的感光元件是由氧化钒或非晶硅制成的热敏薄膜，它在被红外光照射后温度升高，阻值发生改变，从而将被测对象的表面温度转换成电信号。热敏电阻型非制冷红外焦平面探测器是目前技术最成熟、市场占有率最高的主流非制冷红外焦平面探测器。

非制冷红外焦平面探测器的关键技术参数包括阵列规模、像元中心距、噪声等效温差（NETD）、工作帧频、热响应时间和空间噪声等。其中，阵列规模可表征为图像分辨率，焦平面探测器的阵列规模越大，图像分辨率就越高，图像也就越清晰。目前的产品其图像分辨率已达 1920×1080。像元中心距是感光像元间的距离。在传感器面积一定的情况下，像元中心距越小，图像的空间分辨率就越高。目前的产品的像元中心距在 $10\mu m$ 以下。NETD也被称为探测器灵敏度，其值越小，探测器的灵敏度越高。典型军用探测器的 NETD 需小于 50 mK。工作帧频与热响应时间决定了运动目标图像的延迟。对于导引头等快速目标成像应用来说，工作帧频通常需要不低于 50 Hz，探测器像元的热响应时间应小于 10 ms。

目前，非制冷红外焦平面探测器技术得到了快速发展，焦平面探测器的阵列规模越来越大，像元中心距越来越小，灵敏度显著提升。非制冷红外成像技术以其低成本、小尺寸、低功耗以及长寿命等优点迅速在军事/国防装备和商用领域得到了广泛应用，被广泛用于武器制导、武器热瞄具、红外侦察、边境警戒、海防监控、反恐救援等军事领域，以及安防监控、汽车夜间辅助驾驶、工业监测、疾病防控、医疗诊断、环保气象等民用领域。

7. 湿敏电阻传感器

湿敏电阻传感器是利用湿敏元件的电气特性(如电阻值)随湿度的变化而变化的原理进行湿度测量的传感器。湿敏元件一般是在绝缘物上浸渍吸湿性物质,或者通过蒸发、涂覆等工艺制成一层金属、半导体、高分子薄膜或粉末状颗粒而形成的。在湿敏元件的吸湿和脱湿过程中,水分子分解出的 H^+ 离子的传导状态发生变化,从而使元件的电阻值随湿度而变化。

湿敏电阻传感器适用于湿度控制领域,其代表产品氯化锂湿度传感器具有稳定性强、耐温性好和使用寿命长等优点,已有 50 年以上的生产和研究历史,有着多种多样的产品形式和制作方法。

8. 半导体陶瓷湿敏传感器

半导体陶瓷湿敏传感器通常是用两种以上金属氧化物半导体材料混合烧结而成的多孔陶瓷。电阻率随湿度增加而下降的称为负特性湿敏半导体陶瓷;电阻率随湿度增加而增大的称为正特性湿敏半导体陶瓷。

表 10.3 给出了常见湿度测量方法的比较。

表 10.3   常见湿度测量方法的比较

测湿方法	温度范围/℃	湿度范围	精度	响应时间/s
阿斯曼	5~50	5%~95%	2%~5%	很长
氯化锂电阻式	5~50	15%~95%	2%~5%	10, 50
高分子电容式	5~50	15%~95%	2%~5%	<10
金属陶瓷电阻式	0~60	5%~90%	2%~5%	≤3
露点计	−40~100	0%~100%	1%	较短

9. 集成温/湿度传感器

集成温度传感器是将测温器件与放大电路等集成在同一芯片上所构成的温度传感器。它利用晶体管的 b-e 结压降的不饱和值 U_{BE}、热力学温度 T 和发射极电流 I 之间的确定关系实现对温度的检测。

集成温度传感器由于具有线性好、精度适中、灵敏度高、体积小、使用方便等优点,因此得到了广泛应用。集成温度传感器的输出形式分为电压输出和电流输出两种。电压输出型的灵敏度一般为 10 mV/K,在 0℃时输出为 0 V,在 25℃时输出 2.982 V。电流输出型的灵敏度一般为 1 μA/K。常见的集成温度传感器有 AD590、LM35、DS18B20 等。

1) AD590 单片集成两端感温电流源

AD590 是美国模拟器件公司生产的单片集成两端感温电流源,它的主要特性如下:

(1) 流过器件的电流(μA)等于器件所处环境的热力学温度(开尔文)度数,即

$$\frac{I_r}{T} = 1\ \mu A/K \tag{10-3}$$

式中: I_r 是流过器件(AD590)的电流,单位为 μA; T 是热力学温度,单位为 K。

(2) AD590 的测温范围为 −55~+150℃。

(3) AD590 的电源电压范围为 4~30 V。电源电压在 4~6 V 范围内变化时,电流 I_r 变

化1 μA，相当于温度变化 1 K。AD590 可以承受 44 V 正向电压和 20 V 反向电压，因而器件反接也不会被损坏。

（4）精度高。AD590 共有 I、J、K、L、M 五挡，其中 M 挡精度最高，在 $-55 \sim +150℃$ 范围内，非线性误差为 $\pm 0.3℃$。

AD590 的封装及基本应用电路如图 10.13 所示。流过 AD590 的电流与热力学温度成正比。当电阻 R 和电位器 R_P 的电阻之和为 1 kΩ 时，输出电压 U_o 随温度的变化为 1 mV/K。但由于 AD590 的增益有偏差，电阻也有误差，因此应对电路进行调整。调整的方法为：把 AD590 放于冰水混合物中，调整电位器 R_P，使 $U_o = 273.2$ mV；或在室温（25℃）条件下调整电位器，使 $U_o = 298.2$ mV，但这样调整只可保证在 0℃ 或 25℃ 附近有较高精度。

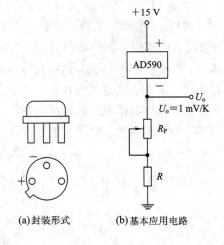

(a)封装形式　　(b)基本应用电路

图 10.13　AD590 的封装及基本应用电路

2）DS18B20 数字温度传感器

在温度测量系统中，采用抗干扰能力强的新型数字温度传感器是减小引线误差、测量转换误差、模拟放大器零点漂移误差等的有效方法。

DS18B20 是一种具有独特的单线接口的数字化温度传感器，它的测量范围是 $-55 \sim +125℃$。DS18B20 具有以下特性：

（1）单线接口，只需一根线与单片机进行连接。

（2）不需要外部元件，可直接由数据线供电。

（3）支持多点组网，多个 DS18B20 可以并联在相同的三线连接（+5 V、地、数据线）上。

（4）通过编程可实现 $1/2, 1/4, 1/8, 1/16$ 的四级精度转换。

（5）测量结果以 $9 \sim 12$ 位数字量串行输出。

（6）芯片本身带有命令集和存储器。

DS18B20 的功能结构图如图 10.14 所示。

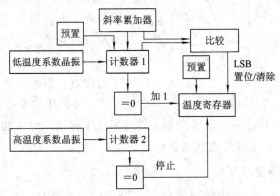

图 10.14　DS18B20 的功能结构图

3) SHT1x/SHT7x 系列集成温、湿度传感器

SHTxx 系列集成温、湿度传感器是一款含有已校准数字信号输出的温、湿度复合传感器，其内部组成框图如图 10.15 所示。该传感器包括一个电容式聚合体测湿元件（湿度传感器）和一个能隙式测温元件（温度传感器），并与一个 14 位的 A/D 转换器以及 I^2C 总线接口在同一芯片上实现无缝连接。每个 SHTxx 传感器都在极为精确的湿度校验室中进行校准。校准系数以程序的形式存储在 OTP 内存中，传感器内部在检测信号的处理过程中要调用这些校准系数。两线制串行接口和内部基准电压使系统的集成变得简易快捷。

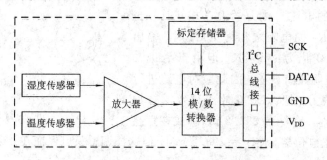

图 10.15　SHT1x/SHT7x 内部组成框图

SHT1x/SHT7x 集成温、湿度传感器与微处理器连接的方式非常简单，典型应用电路如图 10.16 所示。

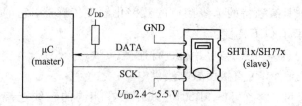

图 10.16　SHT1x / SHT7x 典型应用电路

10.3.2　非接触式温度测量

采用热电阻、热电偶、热敏电阻、PN 结、集成温度传感器等各种温度传感器进行的温度测量均为传统的接触式温度测量，它需要通过传感器与被测对象的密切接触（与被测对象进行充分的热交换），经过一定的时间达到热平衡后才能获得准确的测量结果。接触式温度测量的原理较为简单，本节对之不作展开，而重点讨论另一类温度测量方法——非接触式温度测量。

接触式温度测量具有简单、可靠、测量精度高的优点，但也存在着需要与被测对象紧密接触、有测温延迟、传感器不能耐很高温度等不足，因此其在卫生医疗等需避免传染/污染的场合或高温等危险环境下的温度测量，或对不确定移动的对象的温度测量等应用受到了极大的限制。为此，非接触式温度测量应运而生。

1. 非接触式温度测量原理

在自然界中，一切温度高于绝对零度（−273.15℃）的物体，其内部存在分子/原子热运动，都会不断地向四周辐射电磁波（也称热辐射、热射线）。物体的辐射特性、辐射能量

大小、波长分布等都与物体表面温度密切相关，物体的温度越高，其向四周辐射的能量就越强。这些辐射中包含了波段位于 $0.75\sim1000\ \mu m$ 的红外线，其辐射热效应最大。红外线属于电磁波的一部分，位于电磁波连续频谱中可见光与微波之间，是波长比红光更长的非可见光。红外辐射在大气中传播时，大气中的二氧化碳、水汽等气体会对其产生选择性吸收和尘埃等其他微粒的散射，使红外辐射发生不同程度的衰减。研究发现，波长 $1\sim2.5\ \mu m$、$3\sim5\ \mu m$、$8\sim14\ \mu m$ 的红外线几乎能够不被大气吸收，向远处传输（这三个波段被称作大气窗口）。利用以上特性，通过对被测对象自身辐射的红外能量（主要是大气窗口波段的红外线）的测量，便能准确、非接触地测定被测对象的表面温度，这就是红外测温的理论基础。通过测量被测物辐射的红外线来进行温度测量的仪器，称为辐射温度计或红外测温仪。

由于被测对象、测量范围和使用场合不同，因此红外测温装置的外观和内部结构不尽相同，但其基本结构大体相似。红外测温装置的简要原理框图如图 10.17 所示。首先，红外测温装置通过光学汇聚系统将视场内被测对象发出的部分红外辐射汇聚到内部的红外光电探测器（传感器）上；接着，红外光电探测器将反映被测对象温度及其分布的红外辐射转换为相应的电信号；然后，这些微弱的电信号被送给后级的高精度低噪声放大器进行放大、滤波；之后，高分辨率模/数转换器将这些模拟电信号转换成数字信号，送给信号处理单元进行处理、运算、校准，获得被测对象的表面温度或温度分布；最后，送至显示单元以数字方式进行温度显示或以彩色热成像图的方式进行温度分布显示。信号处理单元还可通过 AI 算法对被测对象的温度异常情况进行判别、记录和及时告警等进一步处理。通过设计控制机构调节光学汇聚系统的焦距还可扩展测量范围，灵活满足不同测量场合的需求。

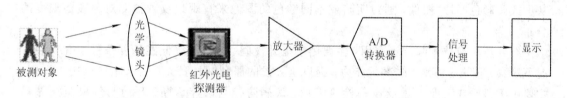

图 10.17　红外测温装置的简要原理框图

2. 非接触式温度测量的特点

非接触式温度测量具有如下优点：

（1）不需要接触到被测对象的内部或表面，因而可以对难以接触到或运动着的对象进行温度测量；可以对很小的被测物体进行测温，避免接触式测量时由于传感器与被测物体间的热传导而造成的很大测量误差。

（2）无须经过热传导达到传感器与被测物体间的热平衡，因而测量速度快，支持快速连续测量。

（3）测温范围广，测量设备寿命长。可以测量 3000℃ 的高温被测对象，而不用担心传感器的耐高温问题，特别适用于具有腐蚀性的化学物或敏感物的表面温度测量。

（4）测量人员可与处于危险、传染或污染区域的被测对象在空间上隔离，使用安全。

（5）可以同时对多个被测对象进行快速温度测量，用图表示出被测对象表面的温度分布，与相应的算法配合，可以快速筛查异常情况，如车站、机场出入口的热成像式红外筛检仪。

红外测温属于非接触式温度测量，自然具有以上优点。

红外测温的测量精度与很多因素有关，如目标特性、仪器本身的特性、测量距离、环境温度与清晰度等，测量中需避开水汽、烟尘环境，选择合适的测量距离（视场），并采用现场比对校准的方法来尽量消除上述因素对测量精度的影响。

目前，红外测温技术在现代科技、军事/国防、医疗、工农业等领域获得了广泛的应用，在产品质量控制和监测、设备在线故障诊断、安防、医疗防疫以及节能减排等方面发挥着重要作用，如安防领域的被动式热释电红外人体探测器，军事/国防领域的红外热像系统、红外搜索跟踪系统、导弹红外导引头、红外告警装置等，工业领域的红外测温控温、红外探伤，救援领域的红外线生命探测仪等，医疗领域的红外额温枪、红外耳温计、红外筛检仪等。

3. 红外测温装置的分类

基于测量需求、测量对象、测量环境等因素的不同，红外测温装置有不同的产品类型。

1）按产品形态分

按产品形态，红外测温装置可分为便携式和固定式。便携式如红外额温枪、红外耳温计、手持式热成像仪、红外线生命探测仪等，固定式如门闸形红外筛检仪、红外搜索跟踪系统等。

2）按输出信息形式分

按输出信息的形式，红外测温装置可分为点源型和成像型。点源型设备视被测对象为点辐射源，测量其表面的平均温度，最终输出结果是数字形式的被测对象的温度值。而红外成像型设备将被测对象视为具有一定面积的实体，需要将其表面的红外辐射转换成二维灰度或假彩色照片/图像，通过明暗或不同颜色的图像来直观地反映被测对象表面温度的分布。

红外热成像技术起源于军用，主要用于提升夜间、烟、雾等低能见度条件下和伪装情况下观察、搜索、识别、瞄准的能力，提供全天候的犀利"眼睛"。其后来拓展应用于民用，主要用于科研或工业测量及设备检测维护、疾病防控与医疗诊断、环境与气象监测等领域，在消防、夜视以及安防中也得到广泛应用。

红外热成像技术具有以下特点：

（1）被动式非接触检测与识别，隐蔽性好，安全、有效。

（2）探测能力强，作用距离远。利用红外热成像技术，可在敌方防卫武器射程之外实施观察/侦测。单兵热成像仪可识别 800m 以外的人体，且瞄准射击的作用距离为 2～3 km，在舰艇、直升机、侦察机上对车辆、人群等目标的探测识别距离超过了 10 km。相关设备还可安装于卫星上，构建星载红外导弹预警探测系统、红外遥感系统等。

（3）能真正实现 24 小时全天候监测。通过对 3～5 μm 和 8～14 μm "大气窗口"波段红外辐射的监测，可以在完全无光的夜晚，或是在雨、雪、烟等恶劣环境，清晰地观察到所需监测的目标，真正实现 24 小时全天候监测。

（4）可直观地显示物体表面的温度场，不受树木、草丛、伪装物等遮挡物影响，不受强光影响地进行监测、识别，如图 10.18 所示。

基于以上特性，红外热成像技术被广泛应用于军事/国防领域，实现全天候的远距离侦察、监视、武器制导、目标状态感知、伪装目标识别、隐身目标探测等。

图 10.18　红外热成像仪识别出隐藏于树林中的人员

3）按工作方式分

按工作方式，红外测温装置可分为扫描和非扫描型。仅进行温度测量的点源型设备通常无须进行扫描，属非扫描型；热成像设备有扫描型和非扫描型之分。扫描型采用单个或多个红外探测器单元，通过对被测对象表面进行扫描来获得其表面温度分布的图像。其按扫描方式具体又可分为光机扫描和电子扫描。扫描型热成像设备的显著不足是成像响应时间长。非扫描型热成像系统采用红外焦平面阵列（IRFPA）探测器凝视成像。红外焦平面阵列（IRFPA）探测器是包含了众多微小成像像素的二维阵列传感器，测量时被测对象的整个视野都被光学系统聚焦在其上面，因而无须扫描就可得到视场内的热像图，其分辨率由阵列传感器的分辨率所决定。目前，IRFPA 探测器的分辨率比数码相机低 1～2 个数量级。这种焦平面热像仪成像迅速，图像更清晰，小巧轻便，特别适合便携使用。

4）按是否需要制冷分

按是否需要制冷，红外测温装置可分为制冷型和非制冷型。制冷型是指设备内置制冷部件，通过该部件将红外探测器元件冷却至低温或深低温状态。这样做的目的主要有两点：一是通过制冷形成一个合适的低温恒温环境，以提高探测器的灵敏度，增加探测距离，并保证需要在低温下工作的电子器件或系统其功能正常；二是屏蔽或减小来自热成像系统的滤光片、挡板及光学系统等带来的内部热噪声干扰，提升对远距离、微弱辐射探测的信噪比。

显然，增加制冷部件势必增加红外测温装置的复杂性、体积、重量、制造成本，降低系统的可靠性和寿命，限制了其在便携场景下的应用。解决这一问题的关键是发展非制冷红外焦平面阵列（IRFPA）探测器。

5）按测量波长分

按测量波长分，红外测温装置可分为长波型和短波型。物体的温度与其辐射的红外线波长成反比，因而长波型设计用于对低温对象的测量，短波型设计用于对高温对象的测量。

10.4　压力测量

在生产过程中，压力是工质状态的一项重要参数。例如，在火力发电厂中，压力是热力过程中的一个重要参数，若要使锅炉、汽轮机以及辅机等设备安全、经济地运行，就必须对生产过程中的水、汽、油、空气等工质的压力进行检测，以便于对火电生产过程进行监视和控制。

10.4.1　压力测量

垂直作用于单位面积上的力，就是物理学上的压强，在工程上常称之为压力。在国际单位制单位和我国法定计量单位中，压力的单位是"帕斯卡"，简称"帕"，符号为"Pa"。1 N（牛顿）的力垂直均匀作用于 1 m² 的面积上所形成的压力为 1 Pa。帕的单位值太小，通常采用的是 kPa、MPa。由于参照点不同，在工程上压力有几种不同的表示方法，如绝对压力、大气压力、表压力（相对压力）、真空度、压差等，各种压力间的关系如图 10.19 所示。

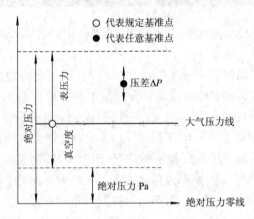

图 10.19　各种压力间的关系

通常用来测量压力的传感器有电阻应变式传感器、压阻式传感器、压电式传感器和电容式传感器等，这些传感器广泛地用于测量力、力矩、质量等物理量。

电阻应变式传感器是以电阻应变计为转换元件的电阻式传感器。电阻应变式传感器由弹性敏感元件、电阻应变计、补偿电阻和外壳组成，可根据具体测量要求设计成多种结构形式。弹性敏感元件受到所测量的力而产生变形，并使附着其上的电阻应变计一起变形，从而将压力的变化转变成电阻阻值的变化。

压阻式传感器是利用单晶硅材料的压阻效应和集成电路技术制成的传感器。单晶硅材料在受到力的作用后，电阻率发生变化，通过测量电路就可得到正比于力变化的电信号输出。

压电式传感器是基于压电效应的传感器，是一种自发电式和机电转换式传感器。它的敏感元件由压电材料制成，压电材料受力后表面产生电荷，此电荷经电荷放大器、测量电路放大和阻抗变换后就成为正比于所受外力的电量输出。压电式传感器常用于测量力和能变换为力的非电物理量。

10.4.2　常见压力计

在生产过程中和实验室里使用的压力仪表种类很多，可以从不同的角度进行分类。按被测压力可分为压力表、真空表、绝对压力表、真空压力表等；按压力表使用的条件可分为普通型、耐震型、耐热型、耐酸型、禁油型、防爆型等；按压力表的功能可分为指示式压力表、压力变送器等；按压力表的工作原理可分为液柱式压力计、弹性式压力计、物性式压力计、活塞式压力计等。

1. 液柱式压力计

液柱式压力计是利用一定高度的液柱所产生的压力平衡被测压力，而用相应的液柱高度去显示被测压力的压力计。这类压力计结构简单，显示直观，使用方便，精确度较高，价格便宜。由于结构和显示上的原因，液柱式压力计的测压上限不高，一般显示的液柱高度上限为 1～2 m。液柱是水银时，其测压上限可达 2000 mmHg(注：1 mmHg＝133.3224 Pa)。液柱式压力计适用于小压力、真空及压差的测量，其种类有 U 形管压力计、单管压力计、多管压力计、斜管微压计、补偿式微压计、差动式微压计、钟罩式压力计、水银气压计等。

2. 弹性式压力计

弹性式压力计是生产过程中使用最为广泛的一类压力计。它的结构简单，使用操作方便，性能可靠，价格便宜，可以直接测量气体、油、水、蒸汽等介质的压力；其测量范围很宽，可以从几十帕到数吉帕；可以测量正压、负压和压差，可分为机械弹性式压力计和弹性式压力变送器两类。不论哪一类压力计，在结构上都有一个弹性元件。弹性元件是弹性或压力计的核心器件，它把被测量的压力转换成弹性元件的弹性位移输出。当结构、材料一定时，在弹性限度内弹性元件发生弹性形变而产生的弹性位移与被测量的压力值有确定的对应关系。

10.4.3 血压测量及血压计

血压是指血管内的血液在单位面积上的侧压力，即压强，习惯以毫米汞柱为单位。测量血压的仪器称为血压计。血压测量传统上采用水银柱式血压计，目前绝大多数血压监护仪和自动电子血压计均采用示波法间接测量血压。

示波法测量血压的原理是：绕扎在手臂上的袖带中的压力由高到低的变化过程中，手臂肱动脉由阻断到导通，使得袖带中的压力叠加上一系列压力小脉冲。血压计感应这些信号，经过一定的运算，求出人体肱动脉的收缩压和舒张压。

随着科技水平的发展，血压测量正在告别传统的水银血压计，而采用电子血压计。电子血压计一般由袖带、压力采集系统、充放气系统、微处理器、键盘显示和电源几大部分组成，其原理框图如图 10.20 所示。

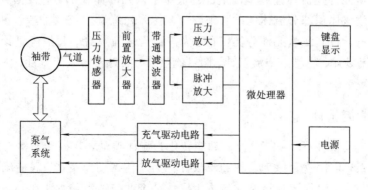

图 10.20 电子血压计原理框图

充放气系统首先用电机(或手动)给袖带加压，到达一定压力时阻断动脉血流，然后在放气过程中检测袖带内的气体压力振荡波。放气方式包括多阀连续放气、阶梯式放气、线性放气等袖带内充、放气功能。由泵气系统实现充、放气时都要与压力传感器配合。当气体压力充到一定阈值时停止充气；放气动作则会在以下两种状态启动：一种是在紧急情况下(如压力过大等)；另一种是测量结束时，放气可将袖带压降至大气压。

10.5 流量测量

在工农业生产、科研试验、日常生活以及贸易结算中，流量都是很重要的参数。流量的定义为单位时间内流经某截面的流体体积或质量，前者称为体积流量(q_v)，单位为 m^3/s，后者称为质量流量(q_m)，单位为 kg/s。测量流体流量的仪表通常称为流量计，而测量流体总量的仪表常称为计量表。流量的测量关系到发展生产、节约能源、提高经济效益和管理水平等各个方面，越来越受到人们的重视。为满足不同种类流体特性、不同流动状态下的流量计量的需要，人们先后研制并投入使用的流量计有压差流量计、容积流量计、电磁流量计、超声波流量计等几十种不同测量原理的新型流量计。

10.5.1 压差流量计

压差流量计是根据安装于管道中流量检测件产生的压差、已知的流体条件和检测件与管道的几何尺寸来测量流量的仪表。压差流量计是历史悠久、技术成熟、使用广泛的一类流量计。当充满管道的流体流经管道内的检测件时，流速将在节流件处形成局部收缩，因而流速增加，静压力降低，于是在检测件前后便产生了压差。流体流量愈大，产生的压差愈大，这样可依据压差来衡量流量的大小。这种测量方法是以流动连续性方程(质量守恒定律)和伯努利方程(能量守恒定律)为基础的。压差的大小不仅与流量有关，还与许多其他因素有关。例如，当节流装置形状或管道内流体的物理性质(密度、黏度)不同时，在同样大小的流量下产生的压差也是不同的。

10.5.2 容积式流量计

容积式流量计又称定排量流量计，简称 PD 流量计，在流量仪表中是精度最高的一类。它利用机械测量元件把流体连续不断地分割成单个已知的体积部分，根据测量室逐次、重复地充满和排放该体积部分流体的次数来测量流体体积总量。

容积式流量计按其测量元件分类，可分为椭圆齿轮流量计、刮板流量计、双转子流量计、旋转活塞流量计、往复活塞流量计、圆盘流量计、液封转筒式流量计、湿式气量计及膜式气量计等。

10.5.3 涡街流量计

在特定的流动条件下，一部分流体动能转化为流体振动，其振动频率与流速(流量)有确定的比例关系，依据这种原理工作的流量计称为流体振动流量计。涡街流量计就是流体振动流量计的一类。涡街流量计是在流体中安放一个非流线型旋涡发生体，使流体在发生体两侧交替地分离，释放出两串规则的交错排列的旋涡，且在一定范围内旋涡分离频率与流量成正比。

10.5.4　电磁流量计

电磁流量计是利用法拉第电磁感应定律制成的一种测量导电液体体积流量的仪表。作为导体的液体在流动时切割磁力线，从而产生感应电动势。在磁感应强度为 B 的均匀磁场中，垂直于磁场方向放置一个内径为 D 的不导磁管道，当导电液体在管道内以流速 v 流动时，导电液体切割磁力线。如果在管道截面上垂直于磁场的直径两端安装一对电极，只要管道内导电液体的流速分布为轴对称分布，则两电极之间将产生的感应电动势为

$$e = BDv \qquad\qquad (10-4)$$

式中：e 为感应电动势，B 为磁感应强度，D 为管道内径，v 为流速。

体积流量 Q 为

$$Q = \frac{\pi D^2}{4} v = \frac{\pi D}{4B} e$$

由式（10-4）可见，体积流量 Q 与感应电动势 e 和测量管道内径 D 呈线性关系，与磁场的磁感应强度 B 成反比，与其他物理参数无关。

10.5.5　超声流量计

超声流量计利用声学原理来测定流过管道的流体的流速。常用的测量方法有传播速度差法、多普勒法等。传播速度差法又包括直接时差法、相差法和频差法，其基本原理都是从测量超声波脉冲顺水流和逆水流时速度之差来反映流体的流速，从而得出流量。多普勒法的基本原理则是应用声波的多普勒效应测得顺水流和逆水流的频差来反映流体的流速，从而得出流量。

1. 时差法测量原理

超声波时差法测量流体流量的原理如图 10.21 所示。它利用声波在流体中传播时因流体流动方向不同而传播速度不同的特点，测量它的顺流传播时间 t_1 和逆流传播时间 t_2 的差值，从而计算流体流动的速度和流量。

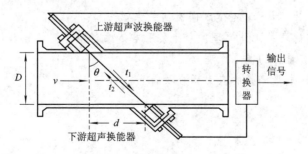

图 10.21　超声波流量计测量原理图

图 10.21 中有两个超声波换能器，分别放置在流动媒体的上、下游，并且与管渠轴线夹角为 θ，换能器间的距离为 L。设静止流体中声速为 c，流体流动速度为 v，超声波顺流传播时间 t_1 为

$$t_1 = \frac{L}{c + v\sin\theta} \tag{10-5}$$

超声波逆流传播时间 t_2 为

$$t_2 = \frac{L}{c - v\sin\theta} \tag{10-6}$$

通常 $c \gg v$，则时差 Δt 为

$$\Delta t = t_1 - t_2 = \frac{2Lv\sin\theta}{c^2} \tag{10-7}$$

根据式(10-7)可求出速度为 $(d = L\sin\theta)$

$$v = \frac{c^2 \Delta t}{2d} \tag{10-8}$$

2. 多普勒法测量原理

多普勒法测量原理是依据声波的多普勒效应，检测其多普勒频率差来进行流量的测量。超声波发生器为一固定声源，随流体以同速度运动的固体颗粒与声源有相对运动，该固体颗粒可把入射的超声波反射回接收器。入射声波与反射声波之间的频率差就是由于流体中固体颗粒运动而产生的声波多普勒频移。由于这个频率差正比于流体流速，因此通过测量频率差就可以求得流速，进而可以得到流体流量。

思 考 题 10

1. 说明非电量的电检测的分类与主要优点。
2. 对比接触式测量与非接触式测量的特点。
3. 简述回波法测距的基本原理。利用这一原理的测距应用系统主要有哪些？
4. 简述多普勒测速的基本原理。
5. 比较热电阻、热敏电阻及热电偶三种传感器的特点以及对测量电路的要求。
6. 集成温、湿度传感器有何优点？
7. 非接触式温度测量有哪些特点？
8. 表压力、绝对压力、真空度之间有何关系？
9. 简述压电传感器的工作原理。为什么压电传感器不能测量静态物理量？
10. 简述电磁流量计的基本原理。
11. 举例分析非电量测量的应用场合及特点。

第 11 章　智能仪器与自动测量技术

随着科技技术的进步、工业化大规模生产的加速，电子测量技术面临着新的、革命性的挑战。现代测试范围越来越广，内容越来越复杂，测试工作量急剧增加，对测试设备在功能、性能、测试速度、测试准确度等方面的要求也越来越高。在某些场合需要进行长期定时测量或不间断测试，或进行危险环境下的测试，或在人员难以进入的区域进行测试。面对这种情况，传统的单机单参数人工测试已不再适用，迫切要求测量技术不断改进与完善，于是自动测量技术应运而生。自动测量技术以计算机或嵌入式微处理器为核心，将检测技术、数字信号处理技术、自动控制技术、通信技术、网络技术和电子信息等技术完美地结合起来，为电子测量技术注入了新的活力。以微处理器、计算机为核心，在程控指令的控制下，能自动完成某种测试任务而组合起来的测量仪器和其他设备的有机整体通常被称为自动测试系统（Automation Test System，ATS）。

本章简述了基于嵌入式微机系统和计算机的自动测量技术，涉及智能仪器、自动测试系统和虚拟仪器的基本组成、特点及主要的总线技术，重点对智能仪器、自动测试系统中的 GPIB 总线和 VXI 仪器用总线系统的基本概念、架构进行了介绍，并详述了虚拟仪器的构建技术、开发工具及其简要设计方法。

11.1　智能仪器与自动测量技术的发展历史

智能仪器与自动测量技术的历史可以追溯到 50 年前，但是真正完善并得到迅猛发展还是近 30 年的事情，其发展大致可分为以下三个阶段。

1. 单机及专用系统阶段

20 世纪 70 年代，随着微电子技术的发展和微处理器的普及，以及计算机技术与电子测量技术的结合，出现了以微处理器为基础的智能仪器。它具有键盘操作、数字显示、数据存储与简单运算等功能，可实现自动测量，如智能化 DVM、智能化 RLC 测量仪、智能化电子计数器、智能化半导体测试仪等。在此基础上，为满足重复工作量大、可靠性要求高、测试速度要求快以及测试人员难于停留的场合的测试，诞生了早期的自动测量系统，也称为第一代自动测试系统。这类系统往往是针对某项具体测试任务而设计的。由于缺乏仪器间的接口标准，因此仪器与仪器、仪器与计算机之间的接口问题是系统组建者为满足测试目标而自行努力解决的，如数据自动采集系统、产品自动检验系统、自动分析及自动检测系统等。同人工测量相比，这种自动测试系统有很大的优越性，至今仍然在使用，但其最大的不足是适应性差，即缺乏通用性，当系统比较复杂、需要程控的器件较多时，研制工作量大，费用高。

2. 以标准接口和总线为主要特征的阶段

进入20世纪70年代末期，标准化的通用接口总线出现了，因而可利用GPIB、VXI等仪器系统总线将一台计算机和若干台电子测量仪器连接在一起，组成自动测试系统。在这种自动测试系统中，各设备都用标准化的接口和统一的无源总线以搭积木的形式连接起来。

在这些仪器总线中，最具代表性的是GPIB总线和VXI总线。GPIB总线于1972年由美国惠普公司(HP，Agilent公司的前身)推出，后为美国电气与电子工程师学会(IEEE)及国际电工委员会(IEC)接受，又称IEEE-488总线。GPIB因它的灵活和适用性好得到了广泛使用，成为测量仪器的基本配置，这些仪器既可以单独使用，也可以通过GPIB总线灵活方便地组合成自动测量系统。1987年，惠普(HP)、泰克(Tektronix)和Wavetek等5家仪器制造商联合推出了新的通用接口总线VXI，它是VME总线标准在仪器领域的扩展。VXI总线系统像GPIB系统一样，可以把不同类型、不同厂商生产的插件式仪器和其他插件式器件组成测试系统。VXI系统广泛采用图形用户接口与开发环境，支持"即插即用"，具有小型便携、高速工作、灵活适用和性能先进等突出优点。经过十余年的发展，VXI产品的生产厂商已达百余家，其产品超过千余种，应用系统上万套，广泛应用于通信、航空、电子、汽车、医疗等设备的测试。

3. 基于PC的仪器阶段

进入20世纪80年代，计算机特别是个人计算机得到了广泛的普及与应用。在电子测量领域，计算机与仪器之间的相互关系也在发生改变。在早期的自动测量系统中，仪器占据主要位置，而计算机系统起辅助作用；到了GPIB仪器和VXI仪器阶段，计算机系统的地位越来越重要。基于这种趋势，出现了"计算机即仪器"的测试仪器新概念，诞生了个人仪器和虚拟仪器。

个人仪器以个人计算机为核心，辅以仪器电路板和扩展箱，与个人计算机内部总线相连，在应用软件的控制下共同完成测试测量任务。强有力的计算机软件代替了传统仪器的某些硬件，计算机直接参与测试信号的产生和测量特性的分析，这样仪器中的一些硬件从系统中消失了，从而大幅降低了仪器的成本，缩短了研制周期，方便了升级更新，在组成测试系统和网络方面展现出了很大潜力。1986年，美国国家仪器公司(NI)提出了一种新型的仪器概念——虚拟仪器。虚拟仪器的出现和兴起是电子测量仪器领域的一场重大变革，它是一种与传统电子测量仪器完全不同的概念，改变了传统仪器的概念、模式和结构。在虚拟仪器中，计算机处于核心地位，计算机软件技术和测试系统更紧密地结合成了一个有机整体，利用计算机强大的图形环境，建立界面友好的虚拟仪器面板(也即软面板)，操作人员通过友好的图形界面及图形化编程语言控制仪器运行，完成对被测试量的采集、分析、判断、显示、存储及数据生成。

虚拟仪器技术的实质是充分利用最新的计算机技术来实现和扩展传统仪器的功能。虚拟仪器的基本构成包括计算机、虚拟仪器软件、硬件接口模块等。在这里，硬件仅仅是为了解决信号的输入/输出，软件才是整个系统的关键。当基本硬件确定以后，就可以通过不同的软件实现不同的仪器测试测量功能。虚拟仪器的应用软件集成了仪器所有的采集、控制、数据分析、结果输出和用户界面等功能，使传统仪器的某些硬件乃至整个仪器都被计算机软件所代替，从某种意义上体现了"计算机即仪器"。

互联网技术在电子测量领域的应用，进一步改变了测量技术的以往面貌，打破了在同一地点进行采集、分析和显示的传统模式，实现了分布式测量及资源共享，标志着自动测试与电子测量仪器领域技术发展的一个崭新方向。

11.2　智能仪器与个人仪器

11.2.1　智能仪器

智能仪器是计算机技术与电子测量仪器紧密结合的产物，是内含微型计算机或微处理器，能够按照预定的程序进行一系列测量测试的测量仪器，具有对测量数据进行存储、运算、分析判断、接口输出及自动化操作等功能。

微处理器在测量仪器中的使用可以说是测量技术上的一大飞跃，是赋予仪器智能化的核心，增强了仪器的功能和灵活性，使原来用许多硬件逻辑难以解决或根本无法解决的问题可以用软件来解决。这使得电子测量在测量原理与方法、仪器设计、仪器性能与功能、仪器使用与故障检修等方面都发生了巨大变化，高性能、高精度、多功能的测量仪器已离不开计算机技术。

为了实现智能化功能，智能仪器中都广泛使用了嵌入式微处理器或数字信号处理器(DSP)及专用电路(ASIC)，并且以微处理器的软、硬件为核心，将传统仪器的测量部分与微处理器有机地融合起来，使得其功能大大丰富，性能大大改善，自动化及智能化程度大大提高，大都具有自动量程转换、自动校准、自动程序化测量、故障自动诊断等能力，并且大都内置通用接口，便于与计算机及不同种类、不同厂商的仪器构成自动测试系统。

1.　智能仪器的特点

仪器与微处理器相结合，使得软件替代了许多传统的硬件逻辑，带来更小的体积、更高的集成度、更直观方便和智能的显示与操作、更有效的数据存储处理与通信。同传统仪器相比，智能仪器具有以下几个突出特点：

（1）以软件为核心，具有强大的控制能力。智能仪器的全部操作都是在其内部微处理器软件的控制下进行的。传统仪器的传感器和变送器仅仅充当信息采集的前端，其余工作全部由微处理器系统在软件的控制下完成。这样软件和微处理器系统就代替了许多传统仪器中的硬件，如指针式显示电路、旋钮与按键开关、硬件判断逻辑电路、运算电路、计数器、寄存器、译码显示电路等。智能仪器使用智能接口进行人机对话，使用者借助面板上的键盘和显示屏，用对话方式选择测量功能，设置参数，并通过显示器等直观地获得测量结果。这样不但降低了成本，减小了体积，提高了性能，而且降低了功耗，提高了可靠性，同时通过软件更新还可提供新的功能，改善性能，实现仪器的升级。

智能仪器这种以微处理器及其软件为核心的结构，还可以把许多传统仪器的功能集合成一个多功能、高性能、多用途的综合性仪器，解决了一些应用场合对多种测量仪器的需求，减小了体积，降低了测量成本，简化了连接与操作，受到了测试人员的欢迎。典型的如无线通信测试领域广泛使用的 Agilent 公司的 892x 系列、IFR 公司的 296x 系列无线通信综合测试仪，它们集音频/射频/调制/扫频信号源、频谱分析仪、频率计、失真度仪、功率计、数字电压表/毫伏表、示波器、调制度分析仪、GSM/CDMA 协议分析仪、基站/手机测试仪等于一身,成为无线通信测试测量领域的首选仪器。

(2)具有强大的数据存储处理功能。智能仪器的另一突出特点是它具有数据存储处理功能。智能仪器的存储器既用来存储测量程序、相关的数学模型以及操作人员输入的信息,又用来存储以前测得的和现在测得的各种数据、处理结果等。而其强大的数据处理功能则主要表现在改善测量的精确度及对测量结果的处理两方面。

在提高测量精度方面,智能仪器采用软件对测量结果进行及时的在线处理,对各种误差进行计算和补偿,精度和数据处理的质量都大为提高。例如,传统的数字万用表(DMM)只能测量电阻、交直流电压、电流等,而智能型数字万用表不仅能进行上述测量,还能对测量结果进行诸如零点平移、平均值、极值、方差、标准偏差、统计分析以及更加复杂的数据处理,并可对信息进行分析、比较和推理。又如,一些信号分析仪器在微型计算机的控制下,不仅可以实时采集信号的实际波形,在 CRT 上复现,并可在时间轴上进行展开或压缩,还可以对所采集的样本进行数字滤波,将淹没在干扰信号中的有用信号提取出来,也可以对样本信号进行时域或频域分析,这样可使仪器具有更深层次的分析能力。

(3)实现仪器功能多样化。利用微处理器,智能仪器的性能得到提高,功能得到扩展,甚至可以进行一些传统仪器无法进行的测量,使得智能仪器在测量过程、软件控制及数据处理等方面的功能易于实现。例如,智能仪器对于测量所得的数据可以进行多种运算、比较、逻辑判断等数据处理,然后再按要求输出显示。例如,智能型 8520 数字万用表具有自检、零点设置、数值运算、偏差百分比、峰值、超极限检查、统计运算、用电平表示电压或功率等功能,有的智能仪器还具有时钟、日历、自动记录、绘制曲线、打印输出、报警及控制等功能。这样多的功能如果不用微型计算机控制,在一台仪器中是不可能实现的。通过软件更新,智能仪器的功能还能得到进一步拓展。

智能仪器大都具有对外通信接口功能,如软驱、串口、GPIB 标准接口等,具有可程控的能力,能够容易地与计算机及其他智能仪器组成自动测试系统,有的甚至具有网络接口,可直接接入 LAN 或 Internet,实现异地遥控遥测,从而完成更复杂的测试任务。

(4)智能化、自动化程度高。在软件的控制下,智能仪器的智能化、自动化程度较高。它能够通过自校准(校准零点、增益等)保证自身的准确度;能够自选量程,甚至自动选择和调整测试点与仪器的工作状态,简化使用人员的操作,省去了烦琐的人工调节;智能仪器还常常利用显示器向使用者提供菜单以指导操作,例如可以利用菜单向使用者提示仪器可供选择的功能、可能的工作方式,指示操作步骤,引导选择各种参数,显示仪器当前的量程和工作状态,指出操作或参数选择上的错误等;能够自动补偿、自适应外界的变化(如自动补偿环境温度、压力等对被测量的影响),能补偿输入信号的非线性,并根据外部负载的变化自动输出与其匹配的信号等;具有自检、自诊断和自测试功能。智能仪器可对自身各部分进行检测,验证能否正常工作。自检合格时,显示信息或发出相应声音;否则,运行自诊断程序,进一步检查判定仪器故障位置,并显示相应的信息。若仪器中考虑了替换方案,还可在内部协调和重组,自动修复系统。

当测试测量过程步骤较多、较复杂时,可通过键盘或串口、GPIB 等编程设置,实现程控、自动化测试测量。这些都大大方便了使用,节省了测试时间,降低了测试强度。

2. 智能仪器的基本结构

智能仪器实际上是一个专用的微型计算机系统，它由硬件和软件两大部分组成。

1）智能仪器的硬件结构

智能仪器的硬件部分主要包括 CPU、存储器、仪器总线、各种 I/O 接口、通信接口、人机接口（键盘、开关、按钮、显示器）等，如图 11.1 所示。

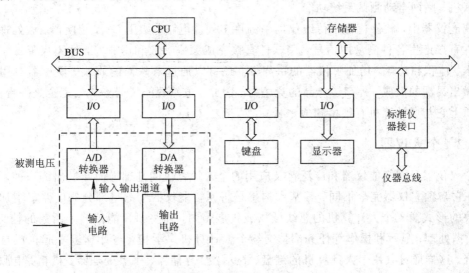

图 11.1　智能仪器的基本结构

智能仪器以微处理器系统为核心，通过内部总线及接口与仪器的输入/输出通道、键盘、显示器及通信接口相连。输入通道是智能仪器与一般的计算机系统的显著区别之处，前端部分与传统仪器的对应部分完全相似，包括输入放大/整形电路、抗混叠滤波器、多路转换器、采样保持器、A/D 转换器等部分，对于一些非电量的测量还包括传感器。对于输出通道，如果要求模拟输出，则需要 D/A 转换器、多路分配器、低通滤波器、输出放大等部分；如果是数字输出，则可与屏幕显示器相连，也可以与磁盘、移动存储器、X－Y 绘图仪或打印机相连，以获得硬拷贝，还可通过 GPIB 接口或 RS－232C 等标准通信接口与计算机或自动测试系统进行通信。人机接口是操作者与仪器之间进行交互的界面，主要由仪器面板上的键盘、开关、按钮及显示器等组成。键盘在微处理器管理和控制下工作，通过键盘，使用者可以选择仪器功能和设置测量参数，有些仪器还可通过键盘编程，以便于测量设备从多方面灵活地满足使用者的需要。

工作时，首先微处理器接收来自键盘或 RS－232C、GPIB 接口的命令，解释并执行这些命令；然后通过 I/O 接口发出各种控制信息给测量电路，用来设定测量功能，启动测量，测量数据被存储在内部的存储器中；当完成一次测量后，微处理器读取测量数据，进行必要的处理；最后输出至显示器、打印机、主控计算机、自动测试系统。测量过程中微处理器同时还可采用查询和中断等方式，了解测量电路的工作状况，并根据需要进行显示。

2）智能仪器的软件组成

智能仪器的软件是其灵魂，整个测量工作是在软件的控制下进行的。没有软件，智能仪器就无法工作，软件是智能仪器自动化程度和智能化程度的主要标志。智能仪器的软件部分主要包括监控程序和接口管理程序两部分。其中，监控程序是核心，主要完成的功能有：通过键盘操作输入并存储所设置的功能、操作方式与工作参数；通过控制 I/O 接口电路对仪器进行预定参数的设置、数据的采集；对数据存储器所记录的数据和状态进行各种处理；以数字、文字、图形等形式显示各种状态信息以及测量数据的处理结果等。接口管理程序面向通信接口，主要是接收并分析来自通信接口的各种有关功能、操作方式与工作参数的程控操作指令，通过通信接口远传仪器的现行工作状态及测量数据、处理结果等，实现联机、联网自动测试系统功能。

智能仪器中，软件代替了传统仪器中的许多硬件电路，如用 D/A 转换器、微处理器及其软件直接产生各种测量用信号，用软件直接完成频率计数和运算等，这不仅降低了仪器的成本、体积和功耗，增加了仪器的可靠性，还可以通过对软件的修改，使仪器对用户的要求做出灵活的反应，提高了产品的竞争力。因此，虽然智能仪器形式上完全是一台仪器，但实质上它与微计算机有很多相似之处。

11.2.2 个人仪器

个人仪器是在智能仪器和广泛普及应用的个人计算机的基础上而开发出的一种崭新的仪器，它与独立仪器完全不同，其基本构想是将原智能仪器中测量部分的电路以附加插件或模块的形式插入个人计算机的总线插槽或扩展箱内，而将原智能仪器中所需的控制、存储、数据处理、显示和操作等任务都移交给个人计算机来承担，与计算机一起构成自动测试系统。这样通过共用个人计算机的键盘、显示器、存储器、中央处理器、机箱、电源等部件，只需选择不同的仪器插卡，就可实现不同功能的智能仪器。图 11.2 示出了一种在微机内部的扩展槽及微机外部的插件箱中都插入仪器卡的混合式个人仪器结构。

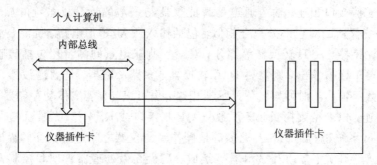

图 11.2　个人仪器系统的构成

个人仪器系统由于具有性能价格比高、开发周期短、使用方便、结构紧凑等突出优点而受到了广泛重视，它是自动测试系统中最廉价的构成形式，充分利用了 PC 的机箱、总线、电源及软件资源，但是也受 PC 机箱环境和计算机总线的限制，存在诸多不足，如电源功率不足，机箱内存在噪声干扰，插槽数目不多，总线面向计算机而非面向仪器，插卡尺寸较小，散热条件差等。由此诞生了由 VME 微机总线、计算机 PCI 总线在仪器领域扩展而成的 VXI、PXI 总线仪器，它们具有标准开放、结构紧凑、数据吞吐能力强、模块可重复利用、众多仪器厂家支持等特点，得到了广泛应用。

目前，以 GPIB 总线为特征的智能仪器、以 VXI 总线及 PXI 总线为特征的模块式仪器，以及新诞生的虚拟仪器，三者互为补充，共同发展。

11.3 自动测试系统

11.3.1 自动测试系统的组成

为解决大规模、高精度、实时性、重复性测试，以及人工难以完成的测试工作，获得准确、高效的测试结果，通过计算机及数据通信技术在电子测量领域的成功普及应用，20世纪70年代后期诞生了自动测试系统（ATS）。通常把以计算机为核心，在程控指令的指挥下，能自动完成特定测试任务而组合起来的测量仪器和其他设备的有机整体称为自动测试系统。通过统一的无源标准总线，自动测试系统把不同厂家生产的各种型号的通用仪器及计算机以组合式或积木式的方法连接起来，再在预先编写的测试程序的统一控制下，自动完成整个复杂的测试工作。这种积木化的组建方式简化了自动测试系统的组建工作，因而得到了广泛应用，它标志着测量仪器从传统的独立手工操作单台仪器走向程控多台仪器的自动测试系统。自动测试系统已成为现代测试技术中智能化程度和自动化程度高、测量准确度高、效率高的代表。

通常，自动测试系统包括以下五部分：

(1) 控制器：主要是计算机（如小型机、个人计算机、微处理机、单片机等），是系统的指挥及控制中心。

(2) 程控仪器设备：包括各种程控仪器、激励源、程控开关、程控伺服系统、执行元件，以及显示、打印、存储记录等的器件，能完成一定的具体的测试及控制任务。

(3) 总线与接口：是连接控制器与各程控仪器、设备的通路，完成消息、命令、数据的传输与交换，包括插卡、插槽及电缆等。

(4) 测试软件：为了完成系统测试任务而编制的、在控制器上运行的各种应用软件，如测试主程序、驱动程序、数据处理程序，以及输入/输出软件等。

(5) 被测对象：随测试任务的不同，被测对象往往是千差万别的，由操作人员通过测试电缆，接插件、开关等与程控仪器和设备相连。

图11.3为典型的电压和频率参数的自动测试系统，采用带GPIB接口的通用计算机作主控，带GPIB接口的频率计、数字多用表、频率合成器作测量设备，它们被预先分配了不同的地址。在计算机上运行预先编制好的测试程序，首先设定频率合成器的各种功能，并

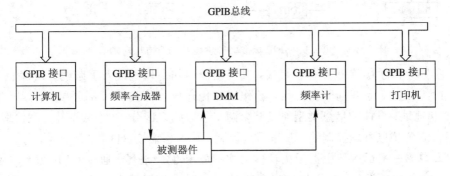

图 11.3 典型的 GPIB 自动测试系统

启动工作，让它输出要求的幅度和频率信号后加到被测器件上，然后控制数字多用表和频率计对被测器件输出信号的幅度和频率进行测量，最后将测量数据送到计算机系统的显示器处理、显示，或送到打印机进行打印。

11.3.2 自动测试系统的总线

自动测试系统通过开放、标准的仪器总线将不同种类不同厂家的仪器设备，以及计算机积木化地组合在一起，完成测试命令、测试数据、测试状态的传递。自动测试系统常用的总线有 GPIB 通用接口总线、VXI 总线、PXI 总线、现场总线等。

1. GPIB 总线

GPIB 总线又称 IEEE-488 总线。作为国际通用的仪器接口标准，目前生产的智能仪器几乎无一例外地都配有 GPIB 标准通用接口。它实现了仪器仪表、计算机、各种专用的仪器控制器和自动测试系统之间的快速双向通信，不但简化了自动测量过程，而且为设计和制造自动测试装置(ATE)提供了有力的工具。

GPIB 总线有点像一般的计算机总线，不过在计算机中其各个插卡电路板通过主板互相连接，而 GPIB 系统则是各独立仪器通过标准接口电缆互相连接。GPIB 标准包括接口与总线两部分，接口部分是由各种逻辑电路组成的，与各仪器装置安装在一起，用于对传送的信息进行发送、接收、编码和译码；总线部分是一条无源的 24 芯电缆，用作传输各种消息。GPIB 标准接口总线系统结构与连接如图 11.4 所示。

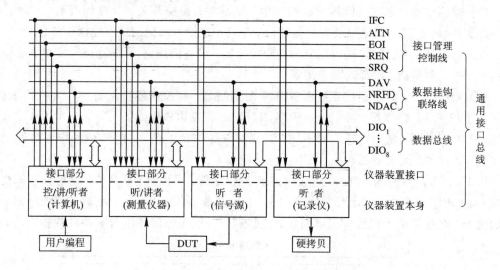

图 11.4　GPIB 标准接口总线系统结构与连接

24 芯电缆中的 16 条被用作信号线，其余则被用作逻辑地线及屏蔽线。16 条信号线按功能又分为三组：8 条双向数据总线，其作用是传递仪器消息和大部分接口消息，包括数据、命令和地址，具体的信息类型通过其余两组信号线来区分；3 条数据挂钩联络线，其作用是控制；5 条接口管理控制线，其作用是控制 GPIB 总线接口的状态。

GPIB 总线一般适用于电器干扰轻微的实验室和生产现场。通过 GPIB 总线可将总数不超过 15 台的仪器设备、计算机按串联或星形的形式连接起来，以组成一个自动测试系统。互连总线的长度不超过 20 m。总线上数据采用并行比特(位)双向异步方式传输,其最大传输速率不超过 1 MB/s。

　　总线上传递的各种信息统称为消息。由于带标准接口的智能仪器按功能可分为仪器功能和接口功能两部分,因此消息也有仪器消息和接口消息之分。所谓接口消息,是指用于管理接口部分,完成各种接口功能的信息,又称为命令,它由控者发出而只被接口部分所接收和使用,如总线初始化、对仪器寻址、将仪器设置为远程方式或本地方式等。仪器消息是与仪器自身工作密切相关的信息,又称为数据,它只被仪器部分所接收和使用,虽然仪器消息通过接口功能进行传递,但它不改变接口功能的状态,如编程指令、测量结果、机器状态和数据文件等。GPIB 接口消息和仪器消息的传递见图 11.5。

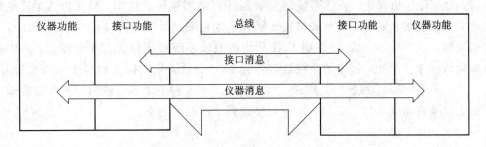

图 11.5　GPIB 接口消息和仪器消息

　　如图 11.5 所示,在一个 GPIB 标准接口总线系统中,要进行有效地通信联络,至少有"讲者""听者""控者"三类仪器设备,讲者、听者、控者被称为系统功能的三要素。讲者是通过总线发送仪器消息的仪器装置(如测量仪器、数据采集器、计算机等)。在一个 GPIB 系统中,可以设置多个讲者,但在某一时刻,只能有一个讲者在起作用。听者是通过总线接收由讲者发出消息的仪器装置(如打印机、信号源等),在一个 GPIB 系统中,可以设置多个听者,并且允许多个听者同时工作。控者是数据传输过程中的组织者和控制者,例如对其他设备进行寻址或允许讲者使用总线等,通常由计算机担任,GPIB 系统不允许有两个或两个以上的控者同时起作用。除了要控制管理接口系统外,控者还要与系统内各有关器件交换测量数据等消息,所以担任控者的设备一般要能控、能讲,也能听,如 GPIB 系统中的计算机。系统内另一类设备要能讲,也能听,例如数字电压表,它有时需要作为听者接收控者器件发来的程控指令,有时又要作为讲者把测得的电压值送给诸如打印机、计算机等。第三类设备则只需要听,不需要讲,例如打印机和绘图仪等。

　　GPIB 总线上的设备通过不同的地址来进行区分。采用单字节地址时,支持 31 个讲地址、31 个听地址;采用双字节地址时,支持 961 个讲地址、961 个听地址。

　　在价格上,GPIB 总线仪器覆盖了从比较便宜的到非常昂贵的,但是 GPIB 总线数据传输速度一般低于 500 KB/s,因而不适用于对系统速度要求较高的场合。

2. VXI 总线

　　为适应测量仪器从分立的台式和机架式结构向小型化、便携化、模块化方向发展,满足对更高的测试速度、更灵活高效的低成本测试的需求,一些著名的测试和测量公司于1987 年联合推出了一种新的、完全开放的、适用于多供货厂商环境的模块式仪器总线标准——VXI 总线结构标准。它将测量仪器、主机架、固定装置、计算机及软件集为一体,集中了智能仪器、个人仪器和自动测试系统的很多特长，其性能全面优于 IEEE - 488 总线系统，而且使自动测试系统的尺寸大大缩小，测试速度大大提高，满足目前自动测试系统向标准化、自动化、智能化、模块化及便携式方向发展的要求，被称为新一代仪器接口总线，标志着测量和仪器系统正进入一个崭新的阶段。

VXI 总线来源于 VME 总线结构，是 VME 总线在仪器领域的扩展。VME 总线是一种非常好的计算机底板结构，它和必要的通信协议相配合，数据率可达 40 Mb/s。用这样的总线结构来构成高吞吐量的仪器系统是非常理想的。

VXI 总线在系统结构及软、硬件开发技术等各方面都采纳了新思想及新技术，有以下一些主要特点：

（1）测试仪器模块化。VXI 系统的全部器件都采用插件式结构，插入以 VME 总线作为机箱主板总线的机箱内，插件和供插入插件的主机架尺寸满足严格的要求。VXI 总线仪器主机架结构如图 11.6 所示。采用 VXI 总线的测试系统最多包含 256 个器件，其中每台主机架构成一个子系统，每个子系统最多包含 13 个器件，它大体上相当于一个普通 GPIB 系统，但是多个 VXI 子系统可以组成一个更大的系统。在一个子系统内，电源和冷却散热装置为主机架内全部器件所公用，从而明显提高了资源利用率。

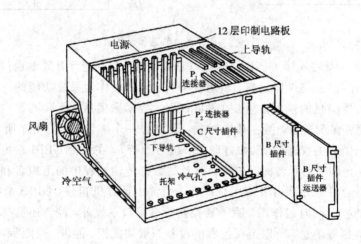

图 11.6　VXI 总线仪器主机架结构图

（2）具有 32 位数据总线，数据传输速率高。主板总线在功能上相当于连接独立仪器的 GPIB 总线，但具有更高的吞吐率，控制器也做成插卡挂接在主板总线上进行总线上的各种活动的调度和控制，基本总线数据传输速率为 40 Mb/s，远远高于其他测试系统总线的数据传输速率。除了使用数据总线外，VXI 系统中还可使用本地总线传输数据。它是一种链式总线结构，主机上每个插槽都有一组在相邻槽口之间相连的（特性阻抗为 50 Ω）短线，一组通向左侧插槽，一组通向右侧插槽，可在相邻插件间传递数据。例如，数字化仪表可以把它的采集数据经高速本地总线送入 FFT 分析模块，而不需要用公用数据传输总线来传送数据。由于本地总线极短，在 VXI 系统中它的数据传输速度最高可达 1 Gb/s。

（3）系统可靠性高，可维修性好。用 VXI 总线组建的系统结构紧凑、体积小、重量轻，简化了连接和控制关系，有利于提高系统的可靠性和可维修性。VXI 总线 C 尺寸主机箱平均无故障时间（MTBF）高达 10^7 小时，VXI 总线模块仪器的 MTBF 一般可做到几万至十几万小时，基本系统的 MTBF 可达 6000 小时。模块化结构与系统强大的自检能力使得其可维修性大大提高，一般系统的平均恢复时间（MTTR）少于 15 分钟。

（4）电磁兼容性好。在 VXI 总线的设计和标准的制定中，充分考虑了系统的供电、冷却系统和电磁兼容性能，以及底板上信号的传输延迟及同步等，对每项指标都有严格的标准，全部 VXI 总线集中在高质量、多层印制电路板内，这就保证了 VXI 总线系统的高精度及运行的稳定性和可靠性；而且频带宽，现已有从直流到微波的各种仪器模块。

（5）通用性强，标准化程度高。不仅硬件进行标准化，而且软件也进行标准化。软件的可维护性与可扩充性好，这也是 VXI 总线优于其他总线，得到迅速发展的一个重要因素。

（6）适应性、灵活性强，兼容性好。有 B、C、D 三种规格的机箱和 A、B、C、D 四种规格的模块供用户选择；支持 8 位、16 位、24 位和 32 位的数据传输。系统组建者可根据需要选择不同厂家、不同种类的器件进行组合，灵活方便地组建适应性极强的自动测试系统。为了充分利用资源，VXI 总线开发了与其他总线系统连接和转换的模块，这使得 VXI 总线系统具有巨大的包容性，可与任何总线系统的仪器或系统联合工作。

VXI 系统是计算机控制下的一种自动测试系统。在很多情况下，主机架上的各个插件由主机架外的主计算机通过插于主机架内最左侧插槽中的零槽插件上的 GPIB、RS-232C、RS-485、MXI 或以太网等进行控制。这时，主机架内各仪器可借助于主计算机的 CRT 进行人机交互控制和显示，在 CRT 上显示通过软件形成的"虚面板"，并可使用计算机的键盘进行控制。主机架外的控制计算机通常是个人计算机，也可以通过局域网接受计算机工作站或距离较远的主计算机控制，这为组成更大的测试网络提供了可能。这种测试网络使测试不再是单纯地提供数据，而是与计算机网相互配合，构成信息采集、交换和处理一体化的大型系统，使信息变成一种决策工具。

插件式仪器的内部也常包含微处理器，很多控制和处理工作可由主机架内的微型计算机完成，从而减少了与主机架外主控计算机的信息交换，大大提高了数据采集及处理能力。主机架内部可以是单 CPU（通常置于零槽插件内），也可以是多 CPU 分布式系统，还可以组成分级仪器系统，由主计算机指挥具有智能的命令者插件，再由它们指挥从属者插件，形成树状分布结构。

图 11.7 是选用 C 型主机架的 HP75000 VXI 仪器系统示意图。外部控制器采用一台个人计算机，通过 GPIB 总线（或 RS-232C、MXI、VME 总线、以太网等）与主机架相连接。主机架上的 0 号插槽指定插置指令模块，主要承担 VXI 系统资源管理以及 GPIB 总线与 VXI 总线间的转换；其他插槽中的每一个仪器和设备都是 VXI 总线仪器模块，最多可以插放 13 个标准宽度的模块。有的一个模块即构成一种仪器，有的仪器则需要用两个模块（例如本例中的数字变换器）来构成。与个人计算机相连的 GPIB 总线还可以方便灵活地接至其他 VXI 系统或其他仪器系统。本系统可以同时进行多种测试，来自各种仪器的信号经各种电子转换开关送到接口连接组件板（ITA），再接到被测设备中去。这种组件板被称为接口适配器，具有很强的适应性，只要改变一下内部的适配器和软件，便可测试各种电子产品。

VXI 总线实现了测试系统的模块化、系列化、通用化以及仪器的互换性和互操作性。但是 VXI 总线仪器的价格相对较高，适合于复杂、尖端的测试领域。

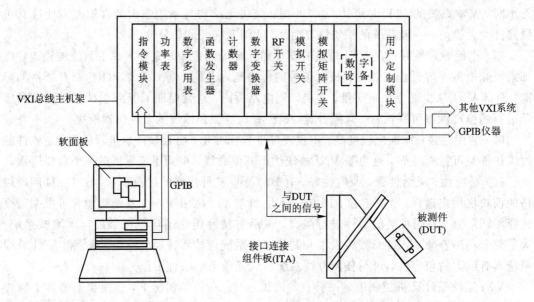

图 11.7　HP75000 VXI 仪器系统示意图

3. PXI 总线

PXI 总线标准是美国国家仪器公司(NI)于 1997 年推出的测控仪器总线标准,它是以目前广泛使用的 PCI 计算机局部总线(IEEE1014 - 1987 标准)为基础的模块仪器结构,目标是在 PCI 总线基础上提供一种技术优良的模块仪器标准,以求在采用 GPIB 的 PC 基系统与 VXI 系统之间寻求复杂性与经济性的折中。

1) PXI 总线的特点

PXI 总线是 PCI 总线的增强与扩展,并与现有工业标准 Compact PCI 兼容。作为一种开放的仪器结构,它在相同插件底板中提供不同厂商的互连与操作,以比较低的价格获得了高性能模块仪器,是 VXI 以外的另一种选择。

与 VXI 总线类似,PXI 总线也采用标准机架式结构,可在一个 PXI 机架上插入 8 块插卡(1 个系统模块和 7 个仪器模块),而且可以通过 NI 公司的多系统扩展接口 MXI - 3,以星形或菊花链连接多个 PXI 机箱,延长控制距离,扩大 PXI 的应用范围。系统的主控制器既可以是外部的 PC 机、工作站,也可以是内嵌式控制器。

由于利用了商品化的 PC 和数字技术,PXI 仪器能够提供自动测试设备独具的高性能,同时具有尺寸小、成本低以及灵活易用等特点,使之适用于众多领域,如现场测量和高档制造测试等。

2) PXI 软件特性

为了充分发掘 PXI 在提供高度集成化的测控平台方面的潜力,PXI 选用开放式软件体系结构,用以定义出一个与不同类型硬件相连的公共接口。它以 Windows 98/2000 为系统软件框架,通过主控制器上安装的工业标准应用编程接口,如 LabVIEW、LabWindows/CVI、Visual Basic、Visual C/C++或者 Borland C++等进行编程,以实现工业应用。

为降低 PXI 自动测试系统软件的开发难度与复杂度,PXI 标准要求所有的厂商都要为自己开发的测试仪器模块开发出相应的软件驱动程序,从而使用户从烦琐的仪器驱动程序工作中解脱出来。PXI同样要求外部设备模块或者机箱的生产厂商提供其他的软件组织。例如，完成定义系统设置和系统性能的初始化文件必须随PXI组件一起提供。这些文件提供了利用操作软件如何正确配置系统的信息，比如两个相邻的模块是否具有匹配的局部总线信息等。如果没有这些文件，则不能实现局部总线的功能。另外，虚拟仪器软件体系结构已经广泛应用于计算机测试领域，PXI规范中已经定义了VXI、GPIB、USB等的设置和控制，以实现虚拟仪器软件体系结构。

选择哪种总线技术是用户在组建测控系统时首先遇到的问题，这取决于具体的应用，取决于应用项目的复杂程序、要求的速度及用户的预算等。从价格上考虑，优先选择GPIB、PXI系统；而对于更大型、更复杂、要求测试速度更高的应用，可选择VXI系统。

4. 现场总线

在工业测试与自动化控制等领域，需要一种分布式的网络，它必须具有组网简单灵活、性能稳定可靠、通信实时快捷、成本低廉的特点，并能够很好地适应现场复杂甚至苛刻的环境，包括温湿度、电源波动、工业及电磁干扰等。通常用现场总线来满足这种通信组网需求。

现场总线是一种工业数据总线，是连接现场智能设备和自动化系统的高可靠的数字式、双向传输、多分支结构的通信网络，是自动化测试与控制领域数据通信体系中最底层的低成本网络。现场总线具有以下优势。

（1）降低费用。

现场总线采用一根总线连接所有现场设备的方式取代了大量的信号电缆，使电缆的配线、安装、操作及维修费用减少了60%以上。

（2）互操作性好。

遵循一定互操作规范的相同功能的不同厂商产品可以相互替代；相同协议、不同厂商的设备可相互通信。

（3）控制更加可靠灵活。

智能化的现场设备可以完成复杂的检测控制功能，不需要上层计算机的干预，上位机可通过网络方便地对设备进行功能组态以及数据的汇聚、处理与展现。

（4）提高系统安全性。

智能化的现场设备具有自诊断和自校验功能，操作人员可通过现场总线网络检查设备的诊断和状态信息，并快速地定位和排除故障。

正是由于现场总线具有以上诸多优点，因而现场总线在工业自动化测量测试与控制、楼宇智能化、车/船/飞机等运输工具等领域得到了非常广泛的应用，诞生了多种类型的现场总线，如ModBus、DeviceNet、LonWorks、CAN、i-Bus等。

下面以CAN总线为例进行简要介绍。

CAN总线是由德国BOSCH公司提出的一种多主机局部网，其优越的性能能很好地适应各种复杂现场环境的严苛要求，现在已被ISO国际标准化组织采纳为串行数据通信总线的国际标准（ISO 11898）。虽然CAN总线协议最初是为汽车的车身电子系统而设计的，但是由于它在性能、成本和特点等方面的独特优势，现在已成为现场总线领域内最有前景的总线技术之一，在工业自动化、智能建筑、车船电子、交通与电力监控、安防消防、智能家居以及其他众多行业中得到广泛应用。

CAN 总线结构如图 11.8 所示。CAN 总线主要具有以下特点。

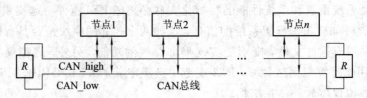

图 11.8　CAN 总线结构

（1）多主竞争式总线结构。

CAN 总线上的任意节点可在任意时刻主动向网络上的其他节点发送信息而不分主次，可灵活地实现节点间点对点、点对多点及全局广播通信，从而方便地构成分布式现场通信网络。

（2）简单的双线传输。

总线由 CAN_high 和 CAN_low 两条物理信号线共同构成一组差分信号线，数据的传递和接收以差分电平信号的方式在总线上进行异步传输。传输介质采用平常的双绞线或同轴电缆，无特殊要求。

（3）网络容量大。

CAN 总线上的单口节点数理论上可达 2000 个，实际系统可达 110 个。

（4）实时性好，并可分优先级。

CAN 总线采用短帧结构，每一帧数据字段最多为 8 个字节，传输时间短、受干扰的概率低，实时性好。

CAN 总线网络上的节点还可分成不同优先级。当多个节点同时发起通信时，优先级低的自动避让优先级高的，以此保证高优先级节点通信具有更高的实时性，且不会对通信线路造成拥塞。

（5）可靠性高。

CAN 总线每帧都有 CRC 校验及其他检错措施，以相应的错误处理机制（如自动重发）保证数据极低的出错率，适于在高噪声干扰环境下使用。

CAN 节点在错误严重的情况下，可切断与总线的联系，使总线上的其他操作不受影响。

总线收发器与主机可采用光电隔离电路，以此提高抗干扰能力及系统的可靠性。

（6）数据速率、通信距离灵活。

CAN 总线既支持近距离高速通信（40 m，1 Mb/s），也支持远距离低速通信（10 km，≤5 kb/s），以此适应不同现场环境的需求。

（7）成熟、成本低。

CAN 总线协议现已成为国际标准，其技术比较成熟，商品化芯片众多且性价比高，已被集成到许多工业微控制器芯片中，如 ST、瑞萨、飞利浦半导体、Atmel、Microchip、英飞凌等公司的系列 MCU。

（8）接口简单，编程方便，很容易构成用户系统。

11.4 虚 拟 仪 器

11.4.1 虚拟仪器的概念与特点

1. 虚拟仪器的概念

虚拟仪器(VI)是电子测量技术与计算机技术结合更加紧密产生的一种新仪器模式,是指以通用计算机作为核心硬件平台,配以相应的硬件模块作为信号输入/输出接口,利用仪器软件开发平台在计算机的屏幕上虚拟出仪器的面板和相应的功能,通过鼠标或键盘交互式操作完成相应测试测量任务的仪器。

与传统测量仪器相比,虚拟仪器的设计理念、系统结构和功能定位方面都发生了根本性的变化。传统的测量仪器通常由三大功能模块组成,即信号采集与控制、信号分析与处理、测量结果的存储显示与输出等,其共同特点是仪器由厂商制造、具有固定不变的操作面板、采用固化了的系统软件、采用固定不变的硬件电子线路和专用的接口器件,是功能都已经固定了的仪器,因而其灵活性、适应性和扩展性能差,用户只能用单台仪器完成单一的或固定的测试工作。

虚拟仪器技术的实质是充分利用最新的计算机技术来实现和扩展传统仪器的功能。虚拟仪器的基本构成包括计算机系统、虚拟仪器软件、测量接口模块(通常是一块通用的数据采集板)等,配以相应软件和硬件的计算机系统,实质上相当于一台多功能的通用测量仪器,能够完成许多仪器的功能。这样的现代化仪器设备的功能已不再由按钮和开关的数量来限定,而是取决于其上运行的软件,通过调用不同的软件来扩展或组成各种功能的仪器或系统。从这个意义上可认为,计算机与现代仪器设备日渐趋同,两者间已表现出全局意义上的相同性,软件变成了构建仪器的核心,因此,诞生了"计算机就是仪器"或"软件就是仪器"的概念。

在测试仪表的类型选择确定后,根据测试应用现场情况及具体的测试、分析处理要求,可选择不同结构形式的测试仪器仪表。

测试仪器仪表的结构主要有以下四种类型。

1) 独立仪器

如果要求很高的精度和灵敏度,台式仪器是最好的选择。台式仪器在传统仪器上增加了许多新的改进特性,例如图形显示、按键选择功能、菜单编程等。自带电源的可携带式数字多用表则主要供现场测试测量,一般来说,它没有台式仪器的灵敏度、精度等性能指标。

2) 与计算机连接的仪器

它是独立仪器的一个子集。当需测量的数据数量、类型、后处理需求等超过独立仪器所能承受的能力,需要一个终端显示器或者希望有灵活的软件控制与处理时,就可使用这类仪器。很多仪器提供独立的工作能力,也提供计算机通信控制模式,供复杂的测试和测量系统使用。将测试仪器与计算机连接起来的外部数据通信总线可以使用前述的以太网、GPIB、现场总线等若干种标准协议中的一种。

3）分布式仪器

对于分布于不同位置的被测量源，可由多台独立仪器通过总线网络将它们连在一起构成分布式测试测量系统。这种结构由一些小型化仪器组成，原则上可以放在测试测量区中的任何紧靠待测信号源地方。每台仪器本身可以有一个小的本地显示器，用来读出数据和查找故障。分布在不同测量点的多台仪器通过现场总线将测试测量数据传送给上位计算机，由计算机统一控制、管理测量流程，处理与呈现测量结果。由于各测试测量仪器紧靠需测试测量的信号源，能将感应噪声、干扰减到最小，因而降低了测量误差，很多测量精度能做到实验室测量等级的要求。同时，分布式仪器采用了分布式现场总线进行联网，简化了搭建测试系统的投资和工作量。

4）基于 PC 的测试仪器

基于 PC 的测试仪器如前述的个人仪器、虚拟仪器，最常见的形式是测试信号被连到一个 PC 插卡上，该插卡插于一个计算机总线插槽上，或连接于 PC 机的高速 USB 口上；另一种配置是许多用于测试测量的板卡安装在一个独立的机箱中，完成前端信号的调理与采集，机箱与 PC 机之间通过高速以太网、高速数据总线相连，从而获得高速、高精度、大数据量的测试测量及其结果的处理与呈现。

最初，虚拟仪器的概念是在个人仪器（PC 仪器）的基础上提出来的，PC 仪器由于自身不带仪器面板，有的甚至不带微处理器，必须借助 PC 机作为数据分析与显示的工具，利用 PC 机强大的图形环境，建立图形化的虚拟仪器面板，完成对仪器的控制、数据分析与显示，这便是虚拟仪器的雏形。1987 年虚拟仪器图形化编程环境 LabVIEW 及第一台虚拟仪器由美国国家仪器公司（NI）开发问世，随后，许多国外厂商如美国 HP 公司、Tektronix 公司、PC 仪器公司以及国内许多高校也加入了研制虚拟仪器的行列。作为虚拟仪器领域的领军者，NI 公司不仅能提供虚拟仪器系统所需的各种硬件产品（包括各种数据采集卡以及各种 GPIB、VXI 仪器控制产品等），还能为不同层次的用户提供简单方便的虚拟仪器软件开发平台，如 LabVIEW、LabWindows/CVI 等。此外，安捷伦（Agilent）公司、Tektronix 公司、Racal 公司也相继推出了虚拟仪器软件开发平台和数百种的虚拟仪器硬件。

近几年虚拟仪器正沿着标准化、开放性、多厂商的技术路线飞速发展，总线与驱动程序的标准化、硬/软件的模块化、硬件模块的即插即用化、编程平台的图形化等是其显著特征。所有 PC 机主流技术的最新进展，不论是 CPU 的更新换代，还是便携式计算机的进一步实用普及，不论是操作系统平台的提升，还是网络乃至 Internet 的应用拓展，都能为虚拟仪器系统技术带来新的活力和发展，计算机网络技术、多媒体技术、分布式技术与 VI 日益融合，如美国 Tektronix 公司、Agilent 公司以及 NI 等公司均已开发出通过 Internet 进行远程测试的开发工具。作为现代电子测量仪器发展的主流，虚拟仪器技术必将在更多、更广的领域得到应用和普及。

2. 虚拟仪器的特点

与传统仪器相比，虚拟仪器具有以下特点：

（1）它是一种功能意义上而非物理意义上的仪器，融合了计算机强大的硬件资源。虚拟仪器以计算机系统为主体，突破了传统仪器在数据处理、显示、存储等方面的限制，大大增强了传统仪器的功能。虚拟仪器将信号的分析、显示、存储、打印和其他管理集中交由计算机来处理。由于充分利用计算机技术，完善了数据的处理、传输、交换等性能，使得组建测试系统变得更加灵活、简单。高性能处理器、高分辨率显示器、大容量硬盘等已成为虚拟仪器的标准配置。

（2）它强调"软件就是仪器"的新概念，软件在仪器中充当了以往由硬件甚至整机实现的角色。"软件就是仪器"的概念克服了传统仪器的功能在制造时就被限定而不能变动的缺陷，摆脱了由传统硬件构成一件件仪器再连成系统的模式，而变为由用户根据自己的需要，在通用的硬件平台上，通过在计算机上编制不同的测试软件来组合构成功能不同的各种虚拟仪器，其中许多传统仪器的功能直接就由软件来实现，打破了仪器功能只能由厂家定义、功能单一、用户无法改变的模式，给用户提供了一个充分发挥自己能力和想象力的空间。仪器由用户自己定义，系统的功能、规模等均可通过软件修改、增减，可方便地与外设、网络及其他应用进行连接。同时，由于减少了许多随时间可能漂移、需要定期校准的分立式模拟硬件，加上标准化总线的使用，使系统的测量精度、测量速度和可重复性都大大提高。

（3）虚拟仪器具有友好的图形化用户界面，可实现人机交互。通过软件的图形用户界面(GUI)技术，传统仪器的控制面板在各种虚拟仪器中都由具有相应设置选项和结果输出控件的软面板所取代。采用 GUI 使虚拟仪器的使用更为容易，并可提供实时在线帮助，方便、直观、"所见即所得"。

（4）虚拟仪器更新速度快，可维护性好。虚拟仪器采用通用的计算机系统硬件平台，其核心是软件程序，用户可灵活地定制虚拟仪器的结构和功能。利用面向对象的可视化开发环境，用户可以对现有的虚拟仪器程序进行二次开发和修改，增加原有仪器的功能，更改其界面，调整其数据处理算法等。与开发电子仪器相比，开发周期可大大缩短。虚拟仪器还可以很快地跟上计算机的发展，升级、重建自己的功能。

（5）它采用模块化结构，系统具有良好的开放性和可扩展性。基于计算机总线和模块化仪器总线，虚拟仪器硬件实现了模块化、系列化，大大缩小了系统尺寸，可方便地构建模块化仪器(Instrument on a Card)。基于计算机网络技术和接口技术，VI 系统具有方便、灵活的互连能力，广泛支持诸如 CAN、Field Bus、PROFIBUS 等各种工业总线标准。因此，虚拟仪器既可以作为单台数字式测试仪器使用，又可以灵活方便地构成较为复杂的自动测试系统，甚至通过高速计算机网络构成分布式测试系统，进行远程遥测监控及故障诊断。虚拟仪器软件的开发也基于模块化的设计思想，并大量运用动态链接库、类库和函数库，代码具有良好的可重用性。

鉴于虚拟仪器的开放性和功能软件的模块化，用户可以将仪器的设计、使用和管理统一到虚拟仪器标准，使资源的可重复利用率提高，系统组建时间缩短，功能易于扩展，管理规范，使用简便，软/硬件生产、维护和开发的费用降低。此外，采用基于软件体系结构的虚拟仪器系统代替基于硬件体系结构的传统仪器，还可以大大节省仪器的购买、维护费用。

虚拟仪器实现了测量仪器的软件化、智能化、多样化和模块化，以及从传统仪器向虚拟仪器的转变，用户可以用较少的资金、较少的系统进行开发和维护，用比过去更少的时间开发出功能更强、方式更灵活、质量更可靠的产品和系统，从而为用户带来更多的实际利益。

11.4.2 虚拟仪器的架构

同传统仪器一样，虚拟仪器也必须实现测量仪器所必须完成的三大功能，即测试信号的采集、数据的处理、结果的输出与显示。这也决定了虚拟仪器的硬件与软件架构，它通常由输入/输出接口设备、设备驱动软件(或称仪器驱动器)和虚拟仪器面板组成。

1. 虚拟仪器的硬件构成

虚拟仪器的硬件架构如图 11.9 所示。数据的采集通过输入/输出接口设备来完成。输入/输出接口设备可以是以各种 PC 为基础的内置数据采集插卡、通用接口总线(GPIB)卡、串口、VXI 或 PXI 总线接口模块等设备，或者是其他各种可编程的外置测试设备，分别构成 DAQ、GPIB、VXI、PXI 等标准体系结构的虚拟仪器，其中最常见的是数据采集(DAQ)卡。

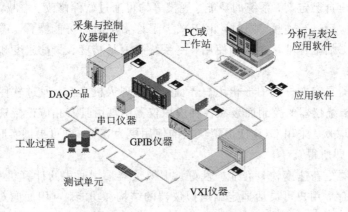

图 11.9　虚拟仪器的硬件架构

DAQ 卡是基于计算机标准总线(如 ISA、PCI、PC/104 等)的内置功能插卡。一块 DAQ 卡可以完成 A/D 转换、D/A 转换、数字 I/O、计数器/定时器等多种功能，再配以相应的滤波、放大、隔离、驱动、多路转换(MUX)等信号调理电路组件，即可构成能生成各种虚拟仪器的硬件平台。它更加充分地利用了计算机的资源，利用 DAQ 可方便快速地组建基于计算机的仪器，实现"一机多型"和"一机多用"，大大增加了测试系统的灵活性和扩展性。

在性能上，随着 A/D 转换技术、仪器放大技术、抗混叠滤波技术与信号调理技术的迅速发展，DAQ 的采样速率已达 1 GHz，精度高达 24 位，通道数多达 64 个，并能任意结合数字 I/O、模拟 I/O、计数器/定时器等通道。目前，许多仪器厂家生产了大量用于构建虚拟仪器的 DAQ 功能模块可供用户选择，如 NI 的 PCI-6013/6014 等。在 PC 计算机上挂接若干 DAQ 功能模块，配合相应

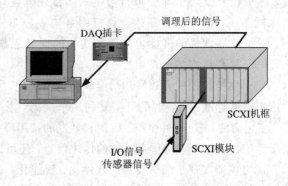

图 11.10　PC-DAQ 系统

的软件，就可以构成一台具有若干功能的 PC 仪器，如示波器、数字万用表、串行数据分析仪、动态信号分析仪、任意波形发生器等，如图 11.10 所示。

数据的分析与处理、存储显示与输出则由计算机硬件平台来承担。计算机硬件平台可

以是各种类型的计算机(如普通台式计算机、便携式计算机、工作站、嵌入式计算机等)。计算机管理着虚拟仪器的硬、软件资源,是虚拟仪器的硬件基础,在这个通用仪器硬件平台上,调用不同的测试软件就构成了不同功能的仪器。计算机技术在显示、存储能力、处理性能、网络、总线标准等方面的发展,推动了虚拟仪器系统的快速发展。

2. 虚拟仪器的软件结构

硬件平台是虚拟仪器的基础,仪器用软件是其核心。基本硬件确定后,要使虚拟仪器具有用户自行定义的功能与界面,就必须有功能强大的仪器用软件。

VXI总线虚拟仪器的软件结构如图 11.11 所示,包括应用软件开发环境、仪器驱动器、VISA API 三部分。

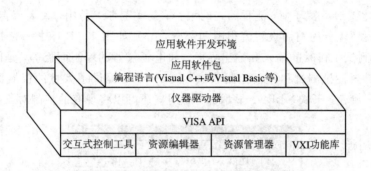

图 11.11 虚拟仪器软件结构

应用软件开发环境为用户自行开发虚拟仪器提供了必需的软件工具与环境。使用面向对象的可视化编程技术,可以大大提高软件编程效率,但是仅此还是不够的,因为不可能让所有测试人员都能掌握 C++、Visual Basic 等并成为编程专家。为降低虚拟仪器软件开发的复杂程度,提高开发效率,NI 公司推出了 LabVIEW 和 LabWindows/CVI,Aglient 公司推出了 VEE,Tektronix 公司推出了 Tek-TMS 等图形化应用软件开发环境,其中最有影响力的是 NI 公司的 LabVIEW。

仪器驱动器(设备驱动软件)是完成对特定仪器硬件进行控制与通信的驱动程序,是连接硬件与软件间的纽带和桥梁。虚拟仪器通过底层设备驱动软件与真实的仪器硬件进行通信,最后以虚拟仪器面板的形式在计算机屏幕上显示仪器操作界面与测量结果。为简化用户的开发工作,仪器驱动器通常都由仪器硬件制造商以标准设备驱动程序的方式随仪器硬件提供。

VISA 是 VXI Plug&Play(VPP)规范规定的生成虚拟仪器的软件结构和模式,它包括统一的仪器控制结构,与操作系统、编程语言、硬件接口无关的应用程序编程接口等。VISA规范的制定,统一了应用程序与系统硬件之间的底层接口软件,成为 VXI Plug&Play 的重要基础,已成为现代自动测试系统的关键组成。所有自动测试系统的控制器(包括 VXI 和 GPIB 控制器)只有在具备了相应的 VXI API 后,才能满足 VXI Plug&Play 的要求,也才能在其上开发开放的、具有较强兼容性的自动测试软件。

3. 虚拟仪器应用软件开发环境

目前,市场上可供选择的面向工程的虚拟仪器软件开发平台比较多,其大致可分为两类:

一类是图形化编程环境，如原 HP 公司的 HP VEE 和 NI 公司的 LabVIEW；另一类是传统的程序语言编程环境，如 NI 公司的 LabWindows/CVI，以及微软的 Visual C、Visual Basic 等。在这些传统的语言编程环境中，面向仪器的交互式 C 语言开发平台 LabWindows/CVI 以其简单直观的编程方式、程序代码的自动生成，以及众多源码级的设计驱动程序等优点，为用户快速设计自己的仪器系统提供了最佳环境，是目前国内应用较多的软件编程环境。

1) LabVIEW

LabVIEW 是实验室虚拟仪器工程平台的缩写，是由美国国家仪器（NI）公司于 1986 年推出的世界上第一个采用图形化编程技术的面向仪器的 32 位编译型虚拟仪器软件开发工具，其目的是简化程序的开发工作，以使用户能快速、简便地完成自己的工作。其主要特点有：

（1）可视化图形开发环境，流程图式的编程，简单易学、易用，大大节省了开发时间。LabVIEW 开发环境分为前面板和流程图两部分，分别如图 11.12 和图 11.13 所示。前面板是用户进行测试工作时的输入和输出界面，如电子仪器的控制面板等，是图形化的用户界面（GUI）。针对测试测量和过程控制领域，LabVIEW 提供了大量的仪器面板中的控制对象，如表头、旋钮、开关、LED、显示屏等，用户还可以将现有的控制对象改造

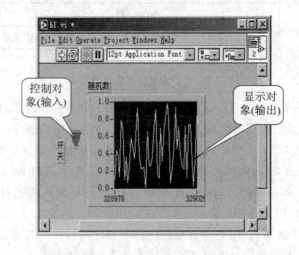

图 11.12　随机信号发生器的前面板

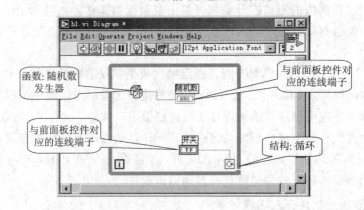

图 11.13　随机信号发生器的流程图

成适合自己工作领域的控制对象。流程图是完成程序功能的图形化源代码，它包括函数、结构、代表前面板上控制对象和显示对象的端子及连线等，用户可以根据制订的测试方案，通过选择不同的图形化模块，然后用连线的方法把这些节点连接起来，即可构成所需要的流程图。由于采用了工程人员所熟悉的术语、图标等图形化符号来代替常规基于文字的程序语言功能模块，使用图标间的连线表示在各功能块间的数据传递，把复杂、烦琐、费时的语言编程简化成大多数人熟悉的、简单、直观、易学的数据流程图式编程，真正实现了"所见即所得"，因而同传统的程序语言相比，可以节省约 80％的程序开发时间。这一特点也为那些不熟悉 C 及 C＋＋等计算机语言的开发者带来了很大的方便。

（2）LabVIEW 提供了丰富的程序调试功能。用户可以在源代码中设置断点，单步执行源代码，在源代码中的数据流连线上设置探针，观察程序运行过程中变量的值，以高亮的方式跟踪程序运行过程及其数据流的变化，在数据流程图中以较慢的速度运行程序，根据连线上显示的数据值检查程序运行的逻辑状态等。

（3）结构化、模块化编程，可移植性好。LabVIEW 继承了传统的编程语言中的结构化和模块化编程的优点，这对于建立复杂应用，提高代码的可重用性来说至关重要。

LabVIEW 的基本程序单位是 VI，通过图形编程的方法来建立一系列的 VI，进而完成用户指定的测试任务。对于简单的测试任务，可由一个 VI 来完成。对于一项复杂的测试任务，则可按照模块设计的概念，把测试任务分解成一系列的任务，每一项任务还可以分解为多项小任务，直至把一项复杂的测试任务变成一系列的子任务。设计时，先设计各种 VI 以完成每项子任务，然后把这些 VI 组合起来以完成更大的任务，最后建成的顶层虚拟仪器就可以成为一个包括所有子功能虚拟仪器的集合。

同时，LabVIEW 支持多种系统平台，如 UNIX、Windows、Macitosh、Power Macitosh、SunSPARC 等，在任何一个平台上开发的 LabVIEW 应用程序均可以直接移植到其他平台上。

（4）库函数丰富，开放性、可扩展性好。LabVIEW 提供了数百种的函数库、仪器驱动库供用户直接调用。从基本的数学函数、字符串函数、数组运算函数和文件 I/O 函数，到高级的信号产生、数字信号处理函数以及数值运算、概率统计分析函数等；从底层的 VXI 仪器的驱动程序、数据采集板和总线接口硬件的驱动程序，到世界各大仪器厂商的 RS－232 仪器、GPIB 仪器、VIX 仪器驱动程序，LabVIEW 都有现成的模块，如 VISA 库、GPIB 库、串口库、DAQ 库和 VXI 库等，以最大限度地减少软件开发的复杂度和工作量，帮助用户简便快速地组建自己的应用系统。同时，LabVIEW 是一个开发式平台，还提供 DLL 接口和 CIN 节点，使用户有能力在 LabVIEW 平台上调用其他软件平台编译生成的模块。

综上所述，对于建立虚拟仪器来说，LabVIEW 提供了一个理想的程序设计环境，大大降低了系统开发难度及开发成本，同时也增强了系统的灵活性。当测试需求发生变化时，测试人员可以根据具体情况，对面板和流程图做必要的补充、修改和调整，从而很快地适应变化了的测试需要。并且 LabVIEW 也不断发展，不断开辟新领域，如基于 Web 技术、XML（扩充标记语言）的快捷数据共享以及与无线设备的通信等。2002 年 8 月，NI 发布了 FPGA 芯片上的 LabVIEW 版本，它允许工程人员创建自己的 VHDL 代码，随后写入一块 FPGA 中。LabVIEW FPGA 让设计人员可以以硬件速率执行不同的分析与控制功能。

2) LabWindows/CVI

另一常用的虚拟仪器应用软件开发环境是 NI 的 LabWindows/CVI。LabWindows/CVI 是基于 ANSI C 的交互式 C 语言集成开发平台，它将功能强大、使用灵活的 C 语言平台与用于数据获取、分析和显示的测控专业工具有机地结合起来，它的集成开发平台、交互式编程方法、功能面板和丰富的库函数大大增加了 C 语言的功能，为熟悉 C 语言的开发人员建立检测系统、数据采集系统、过程监控系统等提供了一个理想的软件开发环境。具体来说，它具有以下特点：

（1）采用集成开发平台、开放式体系结构。LabWindows/CVI 将源代码编辑、32 位 ANSI C 编译、链接、调试及标准 ANSI C 库等集成在一个交互式开发平台中，因此，用户可以快速方便地编写、调试和修改应用程序，形成可执行文件，在 Windows 和 Sun Solaris 操作系统中运行。

LabWindows/CVI 建立在开放式软件体系结构之上，以项目文件为主体框架，将 C 源码文件、头文件、库文件、目标模块、用户界面文件、DLL、仪器驱动程序等多功能组件集于一体，并支持动态数据交换（DDE）和 TCP/IP 等网络功能，为用户在原来 C 语言开发的基础上建立新一代的虚拟仪器系统提供了完善的兼容性和很大的灵活性。

（2）采用可视化编程，使设计用户图形界面轻松自如。LabWindows/CVI 独有的人机交互界面编辑器，运用"所见即所得"的可视化交互技术，并通过弹出式菜单定义界面对象，使人机界面的实现直观、简便。

（3）采用交互式编辑方法，可自动生成程序源代码。LabWindows/CVI 对每一个函数都提供一个函数面板，用户可以在函数面板上交互式输入函数的各个参数，脱离 C 程序源码而直接在函数面板上执行函数操作，并把函数语句嵌入到 C 源代码中，用户还可以通过变量声明窗口交互式地声明变量。采用这种交互式编程技术，大大减少了源码语句的输入量，减少了程序的语法错误，提高了工程设计的效率和可靠性。

（4）运用丰富的库函数，使编程工作大大简化。LabWindows/CVI 针对测控领域的应用提供了大量功能强大、使用方便的库函数，如 ANSI 库函数、高级数据分析库函数等，其中包括 200 多种诸如信号发生、信号处理、数组和矩阵运算、线性估计、复数运算、数字滤波、曲线拟合、概率与统计等功能模块。另外，还具有包含 450 种以上的 40 多个厂家制造的仪器驱动程序库、DDE 和 TCP/IP 网络函数库等，包括 GPIB 仪器、RS-232 仪器、VXI 仪器和数据采集板等，其数目还在不断增长。用户可以随意调用仪器驱动器图像组成的框图，以选择任何厂家的任一仪器。

（5）运用方便灵活的程序调试手段。LabWindows/CVI 提供变量显示窗口来观察程序变量和表达式的值，提供单步执行、断点执行、过程跟踪、参数检查、运行间内存检查等多种调试手段。

总之，与 LabVIEW 一样，LabWindows/CVI 不失为一种功能强大、使用方便、编程效率高的 Windows 下的虚拟仪器编程环境，但同时它又可使用户能对程序的工作细节进行控制。在此环境下开发用户程序的各个阶段都有强大的工具可以使用，用户几乎不需直接写代码，而是由各种工具产生，但用户又可以具体地控制程序的结构和细节，因而在国内外的自动测试系统软件开发中得到了广泛的应用。

11.4.3 虚拟仪器的设计开发

虚拟仪器的设计包括测试需求的制订、虚拟仪器的硬件选择、仪器驱动器的开发和虚拟仪器软面板的设计等。

1. 测试需求的制订

明确用户想解决什么问题，即仪器要完成哪些功能，以及用户对面板操作上的要求，从而确定面板需要什么控制部件和指示部件，并进行面板布局构思。

2. 虚拟仪器的硬件选择

虚拟仪器的硬件一般分为基础硬件平台和仪器硬件设备。

基础硬件平台通常是各种类型的计算机，对于工业自动化的测试和测量来说，计算机是功能强大、价格低廉的运行平台。由于虚拟仪器需借助计算机实现图形界面、数据处理与显示输出，因而对计算机的 CPU 速度、内存大小、显示卡性能都有一定要求，其配置必须合适。

仪器硬件设备则主要有各种计算机内置插卡和外置测试设备。外置测试设备通常为带有某种接口的各种测试设备，如带有 HP‐IB 和 RS‐232 接口的数字万用表、带有 GPIB 接口的任意波形发生器、频谱分析仪等。

计算机内置 PC‐DAQ/PCI 插卡是仪器硬件设备最廉价的构成形式，从数据采集的前向通道到后向通道、定时/计数等各个环节都有对应的产品，A/D 转换技术、仪器放大器、抗混叠滤波器与信号调理技术的进一步发展使 DAQ 卡成为最具吸引力的 VI 选件之一。高达上百 MHz 甚至 1 GHz 的采样率，24 bit 的精度，仪器放大器、抗混叠滤波器可按 1/6 倍频程衰减 90 dB，多通道、完全可编程的信号调理等性能与功能指标只是 DAQ 卡先进技术性能中的几个例子。PC‐DAQ/PCI 卡充分利用了 PC 计算机的机箱、总线、电源及软件资源，可简便地设计成任意信号发生器、数字电压表、数字存储示波器、频率特性测试仪、频谱分析仪等多种虚拟仪器。但 PC‐DAQ/PCI 卡也受 PC 计算机机箱环境和计算机总线的限制，存在电源功率、机箱内噪声干扰、插槽数目、插卡尺寸、散热条件等诸多方面的不足。

GPIB 总线仪器可以将若干台基本仪器和计算机仪器搭成积木式的测试系统，在计算机的控制下完成复杂的测量，其产品种类数以万计，应用遍及科学研究、工程开发、医药卫生、自动测试设备、射频、微波等各个领域。

VXI 是结合 GPIB 仪器和 DAQ 卡的最先进技术而发展起来的高速、多厂商、开放式工业标准。VXI 技术优化了诸如高速 A/D 转换器、标准化触发协议以及共享内存和局部总线等先进技术和性能，具有标准开放、结构紧凑、数据吞吐能力强、定时和同步精确、模块可重复利用、众多仪器厂家支持的特点，是目前仪器与测试技术领域研究与发展的方向，现在已有数百家厂商生产的上千种 VXI 仪器产品面市。

美国 NI 公司提出的 PXI 总线是 PCI 总线在仪器领域的扩展，由它形成了具有性价比优势的最新虚拟仪器测试系统，但由于技术新、成本较高，目前产品种类和应用相对较少。

采用不同硬件体系结构的虚拟仪器系统性能比较如表 11.1 所示，用户必须根据测试功能与性能需求、资金情况等进行合理的选择。由于 PC‐DAQ 卡受到通用工业标准计算机结构尺寸的限制，其数字化能力低于 GPIB 和 VXI 仪器模块，但其价格低廉，并且 PC－DAQ 和 VXI 体系结构的系统性能明显优于 GPIB；从面市产品的品种来看，虽然目前 GPIB 仪器有上万种，但 PC－DAQ 和 VXI 模块也有上千种，其功能多样性、灵活性、可扩展性都较 GPIB 仪器强得多。因此，除非在 PC－DAQ 和 VXI 产品中找不到能满足特殊测试要求的硬件模块时，一般才考虑选用 GPIB 仪器。

表 11.1　不同体系结构虚拟仪器的系统性能

特　性	GPIB	PC－DAQ	VXI
传输宽度	8	8，16，32（可扩至 64）	8，16，32（可扩至 64）
吞吐率	1 MB/s(3 线) 8 MB/s(HS488)	1～2 MB/s(ISA) 132 MB/s(PCI)	40 MB/s 80 MB/s(VME64)
定时与控制能力	无	无	8 根 TTL 触发线 2 根 ECL 触发线
面市产品种类	＞10 000	＞1000	＞1000
扩展能力	用多接口卡	众多的第三方产品	标准 MXI 接口
结构大小	大	小	中

3. 仪器驱动器的开发

仪器驱动器是用来直接与一个特定仪器进行控制和通信的底层软件子模块，是联系上层软件与仪器硬件间的纽带与桥梁。有了它，仪器应用软件开发人员就不必了解仪器的硬件接口结构、编程协议、具体的编程步骤，只需调用这些相应的函数就可以完成对仪器硬件的各种控制与通信，这样就可大大简化仪器应用软件的开发，提高开发效率。

虚拟仪器的驱动程序通常具有以下特点：仪器驱动程序由仪器硬件供应厂家提供，除可调用的函数外，通常还包含其源代码；仪器驱动程序具有模块化、层次化的结构，具有良好的一致性、兼容性、开放性。

通常，仪器驱动器包括以下几个部分：

(1) 函数体。它是仪器驱动程序的主体，为仪器驱动程序的实际源代码。

(2) 交互式操作接口。它提供了一个图形化的功能面板，用户可以在这个图形接口上管理各种控制，改变每一功能调用的参数值。

(3) 编程接口。它是应用程序调用驱动程序的软件接口，通过此接口可方便地调用仪器驱动程序中所定义的所有功能函数。不同的应用程序开发环境有不同的软件接口。

(4) I/O 接口。它提供了仪器驱动器与仪器硬件的通信能力。

(5) 功能库。它描述了仪器驱动器所能完成的测试功能。

(6) 子程序接口。它使得仪器驱动器在运行时能调用其他所需要的软件模块(如数据库、FFT 等)。

购买仪器硬件时厂商通常都提供其驱动程序，但对于一些自行开发的非标准仪器硬件，就必须自行开发其驱动程序。进行虚拟仪器驱动程序的开发，通常可以采用两种编程方法进行软件编程。一种是传统的方法，采用高级语言如 Visual C++、Visual Basic、Delphi 等编写仪器驱动软件；另一种是采用前述的面向仪器和测控过程的图形化编程方法（G 语言），如 NI 公司的 LabVIEW、LabWindows/CVI 或 HP 公司的 VEE 等。

LabVIEW 是基于数据流的编译型图形编程环境，可以在不同操作系统下保持兼容，为数据的采集、分析、显示提供集成的开发工具，而且还可以通过 DDE 和 TCP/IP 实现共享，节约了 80% 的程序开发时间，而速度几乎不受影响，是常用的仪器驱动器开发手段。

4. 虚拟仪器软面板的设计

虚拟仪器软面板通常由主面板和副面板组成。主面板是主要的用户界面，在执行过程中始终打开。它可能处于非激活态，但在应用过程中必须保持打开并且是可见的。副面板是主面板调用的面板。主面板和副面板具有不同的特点和格式，但所有软面板都应提供一种退出或取消操作的办法。软面板的具体设计应注意以下几点：

（1）软面板应设计成能在不同平台和计算机显示器上完成各种操作，所以必须保证每个软面板在不同平台和不同分辨率的显示器之间是可移植的。

（2）字体选择应基于可移植性和易读性。字体应与显示器或平台无关，在不同平台或显示器上所使用的字体应显示相同的大小和形状。尽量选择大多数平台上都存在、移植性好而且显示都非常相似的字体（如 Times Roman 字体）。

（3）根据外观、效果、可移植性及打印的要求来选择颜色。不同的操作系统，甚至不同的窗口处理对颜色的处理都不一样；在不同显示器和平台上，同一种颜色应显示相同的色调。通常，应尽量用较少的颜色，只有表示不同的功能时才使用不同的颜色。

（4）仪器或公司的图标显示在主面板上。该图标不仅标识仪器制造商，而且还标识仪器本身，至少应显示该仪器的完整名称，包括型号、名称等。

主面板和副面板都应使用仪器名称和面板名称作为标题。面板名称应具有描述性。每个标题应使用与应用程序其余部分具有相同字体及大小的符号，但可使用不同的颜色组合。在软面板标题和其他文本中，文本用白色显示，背景用黑色显示，可以加大反差，使其看起来比较醒目。只有主面板例外，它包括仪器全称，可使用比较大的字符来显示标题（通常这个标题与图标大小相匹配）。

（5）不同面板上的控制器和指示器应该是一致的、易读的，应能容纳所表示的最大数字或选项。

（6）软面板应支持鼠标和键盘操作，应提供在线帮助功能。

11.5 网络化仪器与远程测控技术

网络化仪器是适合在远程测控中使用计算机网络进行通信与控制的仪器。这是计算机技术、网络通信技术与测量仪表技术相结合所产生的一种新型仪器。

通过 GPIB-Ethernet 转换器、RS-232/RS-485-TCP/IP 转换器，将数据采集仪器的数据流转换成符合 TCP/IP 协议的形式，然后上传到 Intranet/Internet；而基于 TCP/IP 的网络化智能仪器/虚拟仪器则通过嵌入式 TCP/IP 软件，使现场变送器或仪器直接具有 Intranet/Internet 功能。它们与计算机一样，成了网络中的独立节点，直接将现场测试数据输入网络。用户通过浏览器或符合规范的应用程序即可实时浏览到这些信息（包括处理后的数据、仪器仪表的面板图像等），把传统仪器的前面板移植到 Web 页面上，通过 Web 服务器处理相关的测试需求，通过 Intranet/Internet 实时地发布和共享测试数据。

网络化仪器具有以下优点：

（1）通过网络，用户能够远程监测控制过程和实验数据，而且实时性非常好。一旦过程中发生问题，有关数据也会立即展现在用户面前，以便采取相应措施（包括向远方制造商咨询等），可靠性大大增强。

（2）通过网络，可以把位于不同位置的测试仪器连接起来，可构造一个分布式的自动测试系统，如不同地区的环境监测等。

（3）通过网络，一个用户能远程监控多个过程，而多个用户也能同时对同一过程进行监控。例如工程技术人员在他的办公室里监测一个生产过程，质量控制人员在另一地点同时收集这些数据，建立数据库。

（4）通过网络，大大增强了用户的工作能力。用户可利用普通仪器设备采集数据，然后指示另一台功能强大的远方计算机分析数据，并在网络上实时发布。

（5）通过网络，用户还可以就自己感兴趣的问题在世界范围内进行合作和访问，比如，软件工程师可以利用网络化软件工具把开发程序或应用程序下载给远方的目标系统，进行调试或实时运行，就像目标系统在现场一样方便。

总之，网络改变了测量技术以往的面貌，打破了在同一地点进行采集、分析和显示的传统模式；依靠 Internet 和网络技术，人们已能够有效地控制远程仪器设备，可以实现在任何地方进行采集，在任何地方进行分析，在任何地方进行显示。相信在不久的将来，越来越多的测试和测量仪器将融入 Internet。

思 考 题 11

1. 简述自动测量技术的发展概况。
2. 什么是智能仪器？其主要特点是什么？
3. 智能仪器的基本结构是怎样的？
4. 什么是自动测试系统？其基本组成是什么？
5. GPIB 通用接口总线有哪些主要特征？
6. VXI 总线仪器有何优点？
7. PXI 总线有何特点？
8. 何为虚拟仪器？虚拟仪器是仿真仪器吗？它和真实的仪器有何区别？
9. 虚拟仪器有何优点？虚拟仪器的软、硬件系统结构是怎样的？
10. 虚拟仪器应用软件开发环境主要有哪些？简述 LabVIEW 和 LabWindows/CVI 两种软件的主要功能及特点。
11. 虚拟仪器的设计主要包括哪些内容？
12. 什么是网络化仪器？它有什么特点？

第 12 章　电子测量技术的综合运用

学习和研究电子测量技术的根本目的，在于能够正确运用电子测量的原理和技术，科学地解决电子测量工作中的各种实际问题，有效地完成电子测量任务。本章在这方面作粗略的探讨。

12.1　科学制订测量方案

面对实际的测量对象，应首先从以下几个方面来科学地制订测量方案。

12.1.1　测量任务的分析

在受理了测量任务之后，第一件工作就是要对该任务进行详尽的分析。要分清楚所要进行的是电量测量，还是非电量测量；是简单的直接测量，还是复杂的组合测量；是时间域测量、频率域测量，还是调制域测量；是低频测量，还是高频测量。此外，还要进一步分析该测量对实时性、准确度的具体要求。如果这些问题分析清楚了，就可以按照技术要求，制订出较佳的测量方案。

12.1.2　测量工具的选择

电子测量仪器是完成电子测量任务的基本工具。当测量任务与方法确定以后，十分重要的工作就是选择测量仪表。在具体的选择过程中要注意两方面的问题：一是测试功能的针对性，如测量波形要选用示波器，测量频率特性要选用扫频仪；二是技术等级的一致性。具有相同功能的电子测量仪表，其技术指标往往差异很大，精度高的仪表价格昂贵，精度差的仪表技术指标较低。比较合理的选择方法是，在定量测量的场合，选用比测量任务允许误差高一等级的测量仪表；在定性测量的场合，选用相近技术等级的仪表即可。例如，要考察一个输出为 48 V 的开关电源，假定要求开关电源输出不超过 $\pm 5\%$，则选用 2.5 级的万用表，在 50 V 挡时对其进行测量。同样地，如要考察该电源输出电压的纹波情况，可以选用普通的示波器，因为一般要求开关电源纹波幅度不大于某个值，比如 100 mV，用示波器的 50 mV、10 mV 挡是可以清楚地观察的。

12.1.3　测量环境的准备

任何测量都是有条件的测量。测量环境主要包括测量设备工作的温度、湿度、压力，供电电源的频率、幅度、平稳性等。有些对电磁干扰比较敏感的测量要在电磁屏蔽室里进行。另外，有些测量(如产品的可靠性测量)要在特定条件下长时间地连续进行。

12.1.4 测量系统的建立

实际的测量，可以是由一台仪器去测试一个或多个参数，也可以是由多台仪器相互配合测量一个过程的多个参数。现代电子测量更多的是将带有接口的程控仪器和被测对象、通用计算机组成测量系统。单一的测量系统构成如图 12.1 所示。

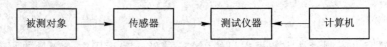

图 12.1　单一的测量系统构成

多仪器组成的自动测量系统如图 12.2 所示。

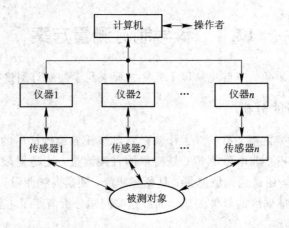

图 12.2　多仪器组成的自动测量系统

无论是单一系统，还是复杂系统，都需要测量人员严格按照技术标准，科学地安排系统内多种设备的连接与配合，使其能够协调而有效地工作。必须注意到，一个测试系统的整体性能往往由系统中最薄弱的部分决定。曾经有例证，一根不达标的连接电缆大大地降低了一个价格昂贵的进口综合测试系统的技术性能。

12.1.5 测量流程的设定

用单一仪器进行单一参数的测量，往往按仪器的技术规范进行操作。对于较为复杂的测量，特别是一些非标准和非常规的测量，在确定测量方案时，要制订具体的操作步骤、方法，形成测量程序，也称操作定义，以书面的形式，让实际测量者在测量时严格照章执行。例如，为测定某压控振荡器的压控特性，假定被测压控振荡器的工作电压为＋12 V，压控范围为 5～10 V，制订如下测量流程(见图 12.3)：

(1) 将 E312A 型数字频率计接于压控振荡器的输出端；

(2) 用 YB3203 型直流电源给压控振荡器加上＋12 V 直流电源；

(3) 将 YB3203 型直流电源的可调电压加于压控振荡器的压控电压端口，使控制电压为零；

(4) 可调电压调整稳定为 5 V，记录 E312A 的数值；

(5) 每次可调电压增加 0.5 V，重复(4)的操作过程；

（6）经过 10 次测试，按照记录的可调电压值和 E312A 的对应读数值，绘出 U-f 曲线。

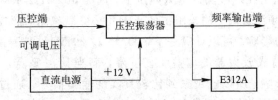

图 12.3　压控振荡器的压控特性测量

12.2　正确使用和维护电子测量仪器

电子测量仪器是以电子线路为核心的机电装置，只有正确使用，才能充分发挥其作用；只有精心维护，才能有效延长其使用寿命。

12.2.1　电子测量仪表的基本运用和基本操作

除了少数综合性电子测量仪器，一般的电子测量仪表仅具有相对单一的基本功能和明显的局部适应性。正确地运用电子仪表的基本功能，合理地进行基本操作，顺利完成电子测量任务，是对电子测量工作者的基本要求。

一般来说，元件类测试仪器功能比较单一，容易选择。比如电阻可用数字万用表来测量，电感与电容可以用电桥或 LC 测试仪表来测量。如果我们要测量一个电阻，选择万用表还是电桥，主要考虑精度问题，若精度要求不高，则取前者；若精度要求很高，则应取后者。对电信号参数的测量，情况要相对复杂。我们已经知道，频率计的基本功能是测量信号的频率，毫伏表用于测量信号的幅度，而示波器用于观察信号的波形。通过示波器上波形所占的横坐标与纵坐标的格数，亦可以推算出所测信号的频率与幅度。那么，是否有了示波器，频率计与毫伏表就成了多余的呢？答案是否定的。因为，示波器只能用于估算被测信号的频率与幅度，而频率计与毫伏表可以以很高的分辨率直接读出信号的频率与幅度，频率计的时钟精度在 10^{-6} 以上，毫伏表的精度可以达到 2‰以上。

在选择合适的测量工具去完成确定测量任务的过程中，测量工作者还必须足够地重视测量仪器对被测电路的影响，否则往往会得出错误的测量结果。例如，有如图 12.4 所示的电路，在该电路输入端加入幅度为 100 mV、频率为 20 MHz 的正弦信号，用一台 40 MHz

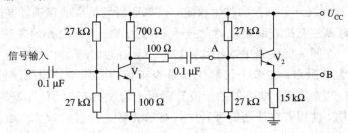

图 12.4　某放大器电路

的示波器分别观察 A 点与 B 点的波形,当示波器探头衰减器处于 1:1 状态时,测量者会发现 B 点波形大于 A 点的波形,似乎以 V_2 为核心的射随电路有放大作用,这是与电子线路理论相对立的。问题出在示波器的输入阻抗上,因为 40 MHz 示波器的输入阻抗表示为 1 MΩ/25 pF,进行低频测量时,输入阻抗的影响几乎可以忽略,而在测量 20 MHz 高频信号时,则有十分明显的影响。可以计算一下,20 pF 对 20 MHz 信号的容抗为 400 Ω,这样的电阻并在 A 点,会造成放大器的增益明显下降,而当其在 B 点,由于射随器的隔离作用,对电路几乎没有影响,所以能观察到比较真实的输出信号。通过此例可以看出,有些电路特别是高阻电路是不能用低阻抗的仪器去直接测量的,对高频信号的幅度测量最好采用具有高阻探头的毫伏表。对于图 12.4 所示电路,如果用高频毫伏表直接去检测 A 点与 B 点的信号幅度,会发现它们是相当的。

至于电子测量仪表的基本操作,只需按照仪器的技术规程和使用说明进行即可。作为测试仪表,特别是测试系统,要十分注意多个测量仪表的可靠接地,这样既可以减小外界干扰,保证测量的稳定可靠,又可确保测量者的人身安全。

12.2.2　电子测量仪表的变通使用与功能扩展

在测量条件受限或测量精度要求不是十分苛刻的场合,往往可以通过对现有测量仪表的变通使用或适当增加附加设备来扩展其功能,以完成在通常规则下难以完成的测量任务。例如,选频电平表是一个窄带选频测量仪表。如果我们在没有频谱分析仪的情况下,要对 3～100 kHz 的信号进行定量频谱分析,可以用选频表按照逐频测量的方式去完成。同样地,高频微伏表是一个超内差式选频接收机,在特殊的情况下,我们可以用于粗略分析在其工作频率范围内的信号频谱。更为常见的例子如,我们用 40 MHz 的示波器去检测一个 100 MHz 的信号,虽然在屏幕上不能清楚地展示其频率,但通过观察其纵坐标的高度,判断其存在与否或相对大小还是完全可行的。至于功能的扩展,特别是测量量程的扩展,例子则更多了。比如我们可以设计一个高频放大与整形模块及一个四分频电路,即可以将一个 30 MHz 的频率计扩展为 100 MHz 的频率计。同样,可以通过增加一个 10 倍的高频衰减器,将一个量程为 1000 mV 的高频电压表量程扩展到 10 V;通过增加高压电阻器或电容分压器,可以利用数字万用表检测数万伏的直流高电压或交流高电压。

12.2.3　电子测量设备的检查、校准与维护

作为一种电子产品,电子测量仪器经过一段时间的使用,免不了会出现一些问题。关键是要及时发现,并加以维修与校正。按照国家的有关规定,生产企业与科研机构的电子仪器每年均要经过多级计量部门的技术检定,以保证测量结果的正确性与有效性。在日常测量工作中,应时刻注意检查测量仪器的技术状态是否正常。检查的方法主要是比较法。首先是与标准比,在同一批仪器中,可以将其中一台经过计量部门检定的作为"标准机",其余仪器均以此为参照系。在单个仪器工作是否正常的判断中,如果该仪器自身有其标准,可以通过"自校"来完成。如一般的示波器面板上均设有 $U_{P-P}=0.5$ V,$f=1$ kHz 的标准方波信号输出端,使用者在使用前可利用其对示波器进行自我检测,如显示正确,则表示示波器包括探头等各部件均是正常的。早期的毫伏表均带有调零旋钮和 100 mV 校正源,每次测量前均应进行校零和 100 mV 校正。在没有明显标准的情况下,可以通过多种

仪表相印证的方式进行检查。比如，我们手中有一块数字万用表、一台数字毫伏表和一台示波器，如果有一频率为 1 kHz 的信号，示波器显示的 U_{P-P} 为 3.0 V，数字万用表的交流电压挡指示为 1.08 V，交流毫伏表的指示为 1.1 V，则这几种仪表均是正常的。如果其中有一台仪器与其他仪器的指示值出入太大，则这台仪器肯定是有问题的。

对电子测量仪器的维护包括按技术规范进行使用和按正常规程进行维修两个方面。所谓按技术规范进行使用，就是要在仪器生产厂家给定的电源、温度、湿度、气压等条件下使用，并且注意通风、散热，防止震动、冲击等，对于有机械装置的特殊仪器需定期加润滑油，对于有使用寿命限制的元件（如老式仪表的电子管）要定期更换等。此外，用量程为 3 V 的毫伏表去检测 220 V 的交流电，会造成毫伏表的检测探头损坏，用万用表的电流挡去测量实际电路的电压，会造成万用表的核心电路损坏，用低压电压表去检测数万伏的高压，不仅易损坏电压表，还可能造成意想不到的外电路损坏。因此，必须注意避免此类误用或误操作的发生。

在发现测量仪器不能正常工作的情况下，维护工作的要求主要是按技术规程查明故障原因，尽快修复，如不能自行修理，需送专业部门或生产厂家修理，如最终确定不能修复，则申请作报废处理。

12.3　电子测量设备的优化配置与优化设计

12.3.1　电子测量设备的优化配置

在组建一个测试中心或实验中心时，需要配置大量的电子测量仪器，以满足多种电子测量任务的需要。这里面就有一个如何配置电子测量仪表以提高仪器设备的使用效率和工程投资效益的问题。

要做好电子测量设备的优化配置，大致需遵循以下几项原则：

（1）系统性原则。建立一个测试中心或实验中心，例如一个综合性电子实验室，涉及元件测量、基本电信号测量、高频信号检测与分析等多种测量。在配置电子测量设备之前，应建立系统的概念，根据总体的规划统筹安排各种仪器设备的种类与数量，合理确定多种仪器设备的比例，以使所配置的仪器设备具有层次性与互补性，从系统的角度发挥最佳的效能。

（2）先进性原则。电子测量设备与电子技术同步发展，变化很快，而常规的电子测量设备具有较长的使用周期。因此，在配置电子测量设备时，在经费允许的情况下，应优先考虑选购以新技术为标准的新型仪表，这样不仅能在测量性能、操作便利性、占用空间等方面占据优势，而且易于升级换代。应避免选用正在逐步淘汰的产品，力求所构建的测量系统不仅技术先进，而且便于延续和维护。

（3）经济性原则。少花钱、多办事是完成一切与经济有关的工作时的准则，电子测量工作也不例外。因此，在构建一个测试系统，具体到一个电子实验室时，不可以盲目地追求设备标准越高越好，应在保证测量技术标准的前提下，做好高、中、低档仪表的合理搭配，应按"两头小，中间大"的原则分配设备经费。对于数字万用表之类廉价的基本工具，应全额配置；对于高频频谱分析仪、高频数字存储示波器、高级逻辑分析仪之类价格在数万元甚至几十万元以上的高档仪器，按单套配置即可，这样投入的经费也不至于太多；对于一般示波器、信号源、毫伏表等价格数千元的中档仪表，按较多的数量配置，投入资金较多。另外，在配置某种数量较多的测试设备时，可选择技术指标能满足（或基本满足）要求的一般产品，而配置少量高一技术等级的产品。如当我们需要在一个高频电子教学实验室配置 50 套示波器时，可选购 48 套 40 MHz 示波器，而另配 2 套 100 MHz 示波器。少量较高一级仪器设备的配置，既可以满足研究性工作的需要，也可以作为下一级仪表的参考标准。这样，既保证了测试系统的先进性，也满足了基本的测量要求，还避免了高档仪器的闲置和降级使用，提高了投资效率。

12.3.2　电子测量设备的优化设计

为了充分提高经济效益，人们既可以通过对单个仪表的合理组合（即优化配置）来实现，也可以通过设计性能价格比较高的新型仪表（即优化设计）来满足电子测量工程的需要，而且这是一种更积极、更有效的方法。

电子测量设备的总体发展趋势是数字化、多功能，对于诸如通信工程领域的专业测量仪表，其技术水准上升十分迅速，多种数字化、综合性专用测试仪器层出不穷。相对来说，常用电子测量设备虽然也在不断进步，但前进的步伐要慢得多。常用电子测量仪表品种繁多、功能单一、体积较大的缺陷仍未得到根本改观，而目前微电子技术与电子测量技术水平已为常用电子测量仪表的升级换代提供了基本条件。值得关注的不仅是单个功能仪表的优化设计，更多的是具有综合性优势的多功能测试工具的研制。

具体设计要求可概括为以下几点：

（1）技术要新。广泛采用专业测量仪表所采用的微电子技术和电子测量技术的最新成果。

（2）功能要全。可以进行波形、电压、频率等各种电参数的测量、分析与显示，也可以对电阻、电容、电感等电子元件进行测定，还可以进行频率特性扫描、逻辑分析、频谱分析、误码分析等网络化的测试与分析，一台仪表即可完成大多数电子测量任务。

（3）成本要低。按中档仪表的技术指标，合理选取核心电路模块和电子元件，充分挖掘系统潜力和发挥资源共享功能，总体成本保持在常用仪表的大致范围内。

（4）应用要广。按优化设计原则研制出的多功能通用电子测量平台，不仅可以完成多种基本电子测量，而且由于具有与计算机进行信息交换的功能，能够作为信息采集的前端，广泛用于多种自动化的信息处理与控制系统。